酒茶香

陈金恩　高　阳◎主编

中国商业出版社

图书在版编目（ＣＩＰ）数据

酒茶香 / 陈金恩, 高阳主编. -- 北京：中国商业
出版社, 2021.12
ISBN 978-7-5208-1948-0

Ⅰ.①酒… Ⅱ.①陈… ②高… Ⅲ.①酒文化—中国
②茶文化—中国③香料—文化—中国 Ⅳ.①TS971.22
②TQ65

中国版本图书馆CIP数据核字(2021)第265153号

责任编辑：吴 倩

中国商业出版社出版发行

（www.zgsycb.com 100053 北京广安门内报国寺1号）
总编室：010-63180647 编辑室：010-83128926
发行部：010-83120835/8286
新华书店经销
福建省天一屏山印务有限公司印刷

*

787毫米×1092毫米 16开 19印张 275千字
2021年12月第1版 2021年12月第1次印刷
定价：68.00元

****

（如有印装质量问题可更换）

前言

　　纵观中华文明历史，酒、茶、香伴随着历史的长河绽放出灿烂的色彩。从古至今，酒、茶、香的每一次升华都彰显了中华民族的智慧和对自然的敬畏之心。

　　酒藏天下事，茶语心中人，香满乾坤境，展现的是几多悲欢离合、跌宕起伏的人或事。透过酒、茶、香里的文化，看到的是中华民族上下五千年对品质生活的追求和对大自然的探索，更是对信仰和人文高尚的追求，体现着中华民族物质文明和精神文明的和谐统一。

　　进入现代社会，酒、茶、香依然在人文传承和人们的生活中扮演着重要的角色。如今，人们在追求物质生活的同时，更加注重亲近心灵的生活方式，而酒、茶、香成为人们亲近心灵生活方式的助推器。

　　酒、茶、香是人们生活中不可或缺的重要内容，但是它们的文化发展史，并未为大众所了解。在认真回顾我国酒、茶、香的发展历史，系统整理古今有关的学术文献，并深入总结从业近三十年的经验后，上海五指网络集团旗下上海酒茶香文化传播有限公司创始人陈金恩与旅日茶文化大师高阳老师共同编写了新作《酒茶香》，以期唤起人们对酒、茶、香的热爱，引领社会创造更加亲近心灵的生活方式！

　　本书分为酒、茶、香三大部分，主要介绍酒、茶、香千年的发展历程、日常相关礼节及使用方法，以及酒、茶、香相关产业经济的发展状况。全书内容丰富，语言通俗易懂，实用性强，既可作为酒、茶、香爱好者的入门书籍，也可作为专业酒、茶、香从业者的参考资料！

　　因水平有限，书中难免有不足之处，敬请同行雅正。

让劳动人民创造的酒茶香文化更好地造福全人类

　　中秋刚过，五指数字科技集团创始人陈金恩先生、幸福名媛荟创始人高阳女士主编的新作《酒茶香》即将出版，并邀请我为该书作序。

　　这本书分为酒、茶、香三大部分，分别梳理了酒、茶、香的发展历史，阐述了酒、茶、香对人们生活和经济发展的影响，让人们更加热爱中华传统文化，养成健康的生活方式。全书内容丰富，通俗易懂，实用性强，既可作为酒、茶、香爱好者的入门书籍，也可作为专业人士的参考资料。《酒茶香》是陈金恩先生、高阳女士从业三十年的经验总结，是认真研究有关酒、茶、香历史文化的最新学术成果，是对丰富人民幸福生活的贡献，这种研究创新的精神值得学习。

　　贯穿中华千年历史，酒、茶、香是中国传统文化的组成部分，传播丰富多彩的文化内涵，在历史的长河中绽放出卓越的色彩，彰显着民族的智慧和对自然的敬畏。透过酒、茶、香文化，看到的是中华民族上下五千年对大自然的不断探索，对生活品质和人文素质的高尚追求，体现着物质文明和精神文明的完美结合。进入现代社会，酒、茶、香已然成为人们充实生活方式的内容，在人文传承和社会活动中扮演着重要角色，发挥着重要的作用，对推动文明发展、促进经济建设、丰富生活内容具有深远意义。它不仅给人以感官的享受，而且给人以美的启迪和力的鼓舞。人们在追求精神和物质生活的同时，更加注重亲近自然，向往绿色生活。

　　什么是生活？生活是指人类为生存而进行的各种活动。什么是健康的生活？符合自然规律的生活，就是有益身体健康的生活。我们要真心地热爱生活，主动

酒茶香

地亲近生活，正确地对待生活，积极地创造生活，乐观地拥抱生活。只有用生活充实生命，用生命充实时间，用时间充实生活，才能在有限的时间里活出精彩，创造无限的价值，使人生更加富有意义。我想，绿色健康的生活，才是人民所需要的幸福生活。

李来柱

2021年5月1日

于北京南池子

以文化推产业 以知识引创新

酒发于杜康，茶源于神农，香见诸屈子笔端，三者皆以各自独特的物质属性与历史悠久的华夏文明与中华文化紧密相关。作为礼仪之邦，中国赋予了酒、茶、香以"礼"的文化内涵与外延。正如我们今天所见：酒礼文化，洒脱有序；茶礼文化，温良恭俭；香礼文化，高洁隆重。三者又相互呼应，以不同的文化特征展现着完整的中华文明，融入中华儿女的日常生活。

非常欣慰能够为陈金恩先生、高阳女士所主编的《酒茶香》一书作序。纵观全书，结构严谨、实用性强，融趣味性与知识性于一体；遵循历史脉络，介绍酒、茶、香的千年发展历程、日常礼节、食（使）用方法、对现代经济发展的影响，以及酒、茶、香中所蕴含的中国传统文化。书中三大部分相对独立又互有承接，阅读时犹如在历史的时空转换中品味中国酒醇、茶韵、香熏，感触中国传统文化的古典魅力。书中讲述的一些典故，涉及史、文、曲、艺，更是有着特殊含义，体现了作者的家国情怀和进取追求，让人不胜感慨：总有这样一群人，他们默默耕耘，在光鲜的品牌背后、在经营店铺的同时，自觉或不自觉地传播和弘扬着中国的酒文化、茶文化、香文化；作为行业的有机组成部分，他们在行业升级转型的过程中不断探索、努力前行，为促进行业的繁荣和升级而殚精竭虑，令人肃然起敬。

文化的传承离不开经济的支撑。对历史悠久、蕴含文化的酒、茶、香行业而言，亦是如此。作为一名经济战线的老兵，我在阅读本书的同时，看到作者颇具新意地提出了文化为魂、产业为基，以文化传播为发展推手、以知识融合为创新引擎、以消费市场为发展导向、以产品提升为产业基础的产业融合发展思路；看到了酒、茶、香三个产业进行共融互通，在为人民群众带来物质和精神双重享受的同时，带动产业发展与繁荣的努力。这些思考与努力都值得行业同仁认真研究与努力探索。

茶香酒意鉴风雅，一脉书香围乾坤。未来，如何更好地满足人民群众日益增长的物质文化需求将是新时期的工作主题。酒、茶、香三个行业的同仁可以此书为参考，共同为弘扬中国传统文化、构建适合中国人的美好生活新模式而开启有益的思考。

是为序。

中国茶叶流通协会会长

2021 年 5 月，于北京

第一章 酒

第二章 酒之道

第三章 酒之未来

第四章 茶

第五章 茶之雅

第六章 中国茶对世界的影响

·第一章·

酒

第一节 酒之溯源

纵观世界发展史，人类起源于森林古猿，从灵长类到现代人类，经历了漫长的进化过程。酒是大自然的恩赐，这种散发着浓郁芬芳的神奇液体，注定将深刻地融入人类历史当中。

中国作为卓立世界的文明古国，是酒的故乡。在中国，关于酒的起源，有猿猴酿酒、杜康造酒、仪狄作酒的说法。世界文明历史，几乎是蘸着酒书写下来的。饮酒是中华民族的传统文化，中国酒文化博大精深，浓郁悠长。中国也由此成为世界最早用酒曲酿酒的国家。

猿猴酿酒

人类是由古猿进化而来。原始人类以采集野果为生，古猿把吃不完的果实藏于岩洞石洼中，时间久了果实腐烂，含有糖分的野果，通过附在果皮上的酵母菌，自然发酵成含有酒精的液体，这就是原始酒的由来。这就是酒的1.0版本。

《美国科学院院刊》研究发现，大约1000万年前，那时的人类还是古猿。古猿体内某个基因突变，增强了人类祖先的酒精代谢能力，使人类更容易生存下来。

杜康造酒

杜康，在中国传说中被尊称为酿酒始祖。汉《说文解字》载："杜康始作秫酒。又名少康，夏朝国君，道家名人。"

杜康善酿酒，后世将杜康尊为酒神，制酒业则尊杜康为祖师爷，多以"杜康"借指酒。传说杜康用了九天时间，以三滴血酿造制酒，这也是"酒"字的由来。

谷物酿造酒

人类在进化，酒也在发展。人类最早开始酿酒是从大自然中模仿而来，因为水果和动物的乳汁极易发酵成酒，所需要的酿造技术也相对简单。因此，考古学家及科学家普遍认为,人类最早学会酿造的酒,应该是果酒和乳酒。

公元前5000年至公元前3000年,中国仰韶文化时期,已出现耕作农具,也就是农业的开始,开创了谷物酿造酒的时代,并延续至今。酒也随之进化到2.0版本。

酒器具时代的开启

约公元前2800年至公元前2300年,在新石器时代晚期的龙山遗址中,发掘了不少陶罐、瓮、盂、碗、杯等器具,以及种类繁多的酒杯,如平底杯、圈足杯、高柄杯、斜壁杯、曲腹杯、觚形杯等。这些出土文物不仅证明当时已经盛行酿酒,也反映了在那个时代已经初步形成酒文化。酒器具的产生标志着酒文化进入了3.0版本。

用酒曲酿酒

到了殷商时代,充满智慧的中华民族已经发明了用酒曲酿酒,中国成为世界上最早以酒曲酿酒的国家。

中国古人在与自然界的和谐相处中发现了奥秘。在长期观察中发现,发芽、发霉的谷物可以变成酒。植物中的曲霉菌、毛霉菌、根霉菌和酵母,将植物中的淀粉分解成糖,酵母再将糖转化为酒精,大量繁殖形成酒曲。谷物产生淀粉酶,把淀粉转化为糖,作为培养基接种霉菌,形成了蘖。

中国古人很早就发现了曲和蘖,在周朝著作《书经·说命篇》就有记载"若作酒醴,尔惟曲蘖"。秦汉以前一直是曲蘖共用,酿出的黄酒酒体混浊,酒精度低。因为曲的发酵能力比蘖强,秦汉以后,曲彻底取代了蘖,并在以后的酒文化历史中成为绝对的主角。

南北朝时期,古人制曲已经达到了非常高的水准。据北魏《齐民要术》记载,足足有12种制造酒曲方法,包括神曲五种、笨曲三种、白醪曲、女曲、黄衣曲、黄蒸曲各一种,至今人们酿造高粱酒仍在沿用。酿酒技术的提升和中国人的智慧,快速把酒进化到了4.0版本。

蒸馏酒

宋朝以前黄酒的酿造技术已经非常成熟，酒馆遍天下，但中国古人从未停止对酒的极致追求，随后酒的5.0高阶版本——蒸馏酒也随之登场。

有关蒸馏酒的起源，现今有东汉、唐、宋、元等若干说法，而李时珍在《本草纲目》中记载的"烧酒非古法也，自元时始创"被后世认为是最让人信服的依据。《本草纲目》中记载，酿造蒸馏酒与酿造黄酒不同之处，在于增加了关键的蒸馏工艺。中国古代蒸馏酒采用俗称天锅的蒸馏器来完成。

经过窖池发酵老熟的酒母，酒精度低，需要进一步蒸馏和冷凝。天锅分上下两层，下面装酒母，上面装冷水。在基座下烧柴火蒸煮酒母，含有酒精的气体上升，遇到冷水冷却，凝固成液体流出，这就形成了蒸馏酒，俗称烧酒。

烧酒区别于黄酒的是，黄酒酒精浓度很难超过20%，以口粮谷物为原料，冬季酿造，不易保存。而烧酒以非口粮的高粱为原料，以大麦制造酒曲，一年四季可酿造，易保存，酒精浓度最高可达70%。

中国人发明了蒸馏法，从此白酒成为中国人饮用的主要酒类。酒渗透于整个中华民族上下五千年的文明历史中，涉及从文化创作、文化娱乐到饮食烹饪、养生保健等各个方面，在中国人生活中占有重要的位置。

明代中期之后，烧酒逐渐取代黄酒占据主导地位，尤其是在北方非常受欢迎，逐渐承担了中国酒文化的重要角色。而在蒸馏酒发展的同时，黄酒、葡萄酒、药酒、果酒也得到了推广和提高，五类酒竞相发展，也反映了当时中国人民的精神面貌。另外，菊花酒、桂花酒等多种鲜花酒竞相登场，中国的酒文化也由此迎来了百花齐放的时代。

酒名称的历史变迁

酒的名称也在环境生活、人文影响中有了改变，一些根据典故演绎而成，一些根据酒的味道、颜色、功能、作用、浓淡及酿造方法而定。

酒的很多绰号在民间流传甚广，所以在诗词、小说中常被用作酒的代名词。

这也是中国酒俗文化的一个特色。如欢伯、杯中物、金波、秬鬯、白堕、冻醪、壶觞、壶中物、酌、酤、醑、醍醐、黄封、清酌、昔酒、缥酒、青州从事、平原督邮、曲生、曲秀才、曲道士、曲居士、曲蘖、春、茅柴、香蚁、浮蚁、绿蚁、碧蚁、天禄、椒浆、忘忧物、扫愁帚、钓诗钩、狂药、酒兵、般若汤、清圣、浊贤等。

我国酿酒历史悠久，酒的品种繁多，自产生之日，就受到欢迎。人们在饮酒、赞酒的同时，总要给所饮的酒起个饶有风趣的雅号或别名，逐渐为酒文化的形成打下坚实的基础。

第二节 酒的类别

发展到今天，白酒、白兰地、威士忌、朗姆酒、伏特加和金酒是世界著名的六大蒸馏酒。而白酒作为世界最古老的酒之一，也是目前中国饮用最多的酒，深刻影响着人们的生活。

白酒芳香浓郁，醇和软润，风格多样，因主要采用烧（蒸）工艺，亦称烧酒。因含酒精量较高，所以有些地方直称为烈性酒或高度酒。

随着中国历史的发展，酒的种类也越来越多，历史学家和酿酒专家们为酒做了如下分类。

按酿造方法分类

蒸馏酒

蒸馏酒又称烈性酒，是先将水果、谷物等淀粉质原料进行发酵，然后利用培养的曲类或者麦芽、酒母等为糖化发酵剂，将含有酒精的发酵液进行蒸馏、勾兑而成。蒸馏酒酒精度较高，一般均在20度以上，刺激性较强，如白兰地、威士忌、中国的各种白酒等。

发酵酒

发酵酒又名"酿造酒"，是以粮谷、水果、乳类及其他可食用的植物为主要原料，经发酵后过滤或压榨而得的酒。一般都在20度以下，刺激性较弱，如葡萄酒、啤酒、黄酒等。

配制酒

配制酒相对来说比较复杂，又名兑制酒、露酒、花果酒。配制酒是在各种酿造酒、蒸馏酒或食用酒精中加入一定数量的水果、香料、药材等浸泡后，经过滤或蒸馏而得的酒，如杨梅烧酒、竹叶青、三蛇酒、人参酒、利口酒、味美思等。

按酿造原料分类

粮食酒

粮食酒是以大米、高粱、玉米等粮食为主要原料酿制的饮用酒。

薯干酒

薯干酒是以鲜薯、薯干为原料酿造的饮料酒。

代用品酒

代用品酒是以野生淀粉或含糖原料为主酿制的饮料酒。

按酒精含量分类

低度酒

酒精度40度以下。

中度酒

酒精度40～50度。

高度酒

酒精度51度以上。据调酒专家的经验，浓香型白酒52度口感最佳，酱香型则是53度风味最佳。这就是泸州特曲、五粮液、剑南春等浓香型白酒52度品种最为常见，而茅台等酱香型白酒多是53度的原因。

按生产方法分类

固态发酵法白酒

固态酿酒即蒸馏生产过程中，原、辅料的状态是在固态下进行的。它包括大曲酒、麸曲酒等。

半固液发酵法白酒

半固液发酵法白酒是指原、辅料在酿酒和蒸馏过程中呈现出不同的状态，糖化、培菌过程中是固态，发酵、蒸馏过程中是半固态、半液态。小曲米香型白酒的生产。

液态发酵法白酒

液态发酵法白酒又称"一步法"白酒，是指原、辅料在酿酒和蒸馏过程中均在液态下进行。这类生产方法包括串香法、固液勾兑法和调香法。

机械法白酒

机械法白酒指采用传统的白酒生产方式，用机械设备替代手工操作生产的白酒。

手工生产白酒

手工生产白酒指采用传统的白酒生产方式，各个工序均为手工操作生产的白酒。

按酒曲种类分类

大曲酒

大曲呈大块状，主要包含曲霉菌和酵母，利用以小麦、大麦、豌豆等原料制作成的块状大曲为糖化发酵剂，常用边糖化、边发酵开放式自然发酵工艺酿酒。大曲又分为中温曲、高温曲和超高温曲。一般是固态发酵。大曲所酿的酒质量较好，多数名优酒均以大曲酿成。

小曲酒

小曲呈小块状，主要包含毛霉菌、根霉菌和酵母。以大米或者小麦等原料，以纯菌种或母曲制成小曲，再以小曲为糖化发酵剂，先经培菌、糖化过程（或直接双边发酵），然后发酵酿酒。

小曲又称酒药，有无药小曲和药曲之分，多采用半固态发酵。小曲发热量低，南方白酒多是小曲酒，所用药材亦彼此各异。

麸曲酒

以麸皮等为原料，以纯培养的曲霉菌种制成麸曲，并辅以酵母菌作为糖化发酵剂来酿酒。这类酒采用固态发酵，固态蒸馏，发酵期较短，出酒率较高，可以制作成各种香型白酒。

中国白酒的香型及典型代表

按香型分类，白酒又可分十余种，包括酱香型、浓香型、清香型、米香型、凤香型、兼香型、董香型、芝麻香型、特香型、豉香型、老白干香型、馥郁香型等。

酱香型酒

所谓酱香，就是有一股类似豆类发酵时发出的酱香味。酒色微黄而透明，酱香、焦香、糊香配合协调，口味细腻、优雅，空杯留香持久。酱香型酒以茅台酒最为经典，又称为"茅香型"。

浓香型酒

这是白酒市场上占比最多的一种香型。这种香型的白酒，以酒香浓郁、绵柔甘洌、入口绵、落口甜、尾子干净、回味悠长以及饭后尤香而著称。

浓香型白酒阵营也分为几大类：一种是以五粮液酒为典型的循环式跑窖法；另一种是以泸州老窖为代表的以高粱为原料的定窖生产法；还有一种是江淮一带出产的纯浓香型白酒，采用老五甑生产工艺，口感相对前两者更加柔和雅致，以洋河大曲、双沟、古井贡、宋河粮液为代表。

清香型酒

酒色清亮透明，口味特别净，清香纯正，后味很甜，甘润爽口，醇甜柔和。以汾酒为代表，又称为"汾香型"。山西杏花村汾酒、石花酒是此类香型的代表。

米香型酒

桂林三花酒、冰峪庄园大米原浆酒、全州湘山酒、广东长乐烧等是此类白酒的代表，以清、甜、爽、净见长、蜜香清雅、入口柔绵、落口爽冽、回味怡畅。如果闻香的话，有点像黄酒酿与乳酸乙酯混合组成的蜜香。

董香型酒

董香型酒又称药香型酒是大、小曲混合使用的典型，且曲中加入多味中药材，既有大曲酒的浓郁芳香，又有小曲酒的柔绵醇和、回甜之特点。酒液清澈透明，浓香带药香，香气典雅、酸味适中、香味协调、尾净味长。代表酒为贵州董酒，又称"董香型"。

兼香型酒

兼香型又细分为两类：一类是酱中带浓型，表现为芳香舒适，细腻丰满，酱浓协调，余味爽净悠长，以湖北白云边酒为代表；另一类是浓中带酱型，酒体诸味协调，口味细腻，余味爽净，以黑龙江的玉泉酒为代表。

凤香型酒

凤香型酒以陕西凤翔西凤酒为代表，因发酵期短，工艺和贮酒容器特殊，而自成一格。酒液无色透明，醇香秀雅、醇厚丰满、甘润挺爽、诸味协调、尾净悠长。

特香型酒

浓香型酒以江西樟树四特酒为代表，酒色清亮，酒香芬芳，酒味醇正，酒体柔和，香味悠长，浓、清、酱兼而有之。

豉香型酒

豉香型酒以广东佛山玉冰烧为代表，是我国白酒中酒精度最低者。玉洁冰清，豉香独特，醇厚甘润，余味爽净。

芝麻香型酒

芝香型酒以山东景芝白干为代表，香气清冽，醇厚回甜，尾净余香，具有芝麻香风格。

老白干香型酒

老白干香型酒以河北衡水老白干为代表。老白干型是以清香型为基础衍生的香型，具有蒸煮整粒高粱的甜香，酒液无色或微黄透明，醇香清雅，酒体协调，醇厚挺拔，回味悠长。

馥郁香型酒

馥郁香型酒以酒鬼酒为代表，酒香馥郁，入口绵甜，醇厚丰满，香味协调，回味悠长。

第三节 酒的酿造工艺

经过人类千百年的生产实践，酿酒工艺已不再是单纯地模仿自然界生物的自酿过程。在科技现代化的今天，人们在总结前人酿酒经验的同时，利用现代科学不断完善酿造技术。酿造酒品已经形成了一套专门学科，称为酿酒工艺。

白酒的工艺流程：原料—粉碎—密封发酵—搅拌—蒸馏—过滤—勾兑—过滤杀菌—灌装封口—成品。酿酒工艺根据自然、水质、谷物等多种情况，因地制宜，形成了每一种酒品与香型都具有特色的酿造方法。这些方法存在着普遍规律，被称为酿酒工艺的基本原理——酒精发酵和淀粉糖化。

酒精发酵的工艺

酒精形成需要具有一定的物质条件和催化条件。糖分是酒精发酵最重要的物质，酶则是酒精发酵必不可少的催化剂。在酶的作用下，单糖被分解成酒精、二氧化碳及其他物质。

法国化学家路易斯·帕斯特发现，酒精发酵可在没有氧气的条件下进行，提出了"发酵是没有空气的生命活动"的著名论断。酒精发酵是最重要的酿酒工艺原则之一，酒精发酵的方法很多，如白酒入窖发酵、葡萄酒的糟发酵室发酵、黄酒的落缸发酵、啤酒的上发酵下发酵等。但随着科学技术的迅速发展，人们通过人工化学合成的方法也可制成酒精，而不仅仅局限在发酵这一方法上。

淀粉糖化的工艺

酒精的生产离不开糖，但是一些酿酒原料中不一定都含有糖，这时就需要对一些不含糖的原料进行工艺处理，从而得到所需糖分。采用淀粉酶进行淀粉水解。当水温超过50摄氏度时，淀粉溶解于水，淀粉先经液化酶液化生成糊精和麦芽糖等中间产物，再经酶糖化使麦芽糖最后逐渐变为葡萄糖。我们称这一过程为淀粉糖化。

从理论上说，100千克淀粉可掺水11.12升，生产111.12千克糖，可生产56.82升酒精（但在实际工作中达不到这个数字，原因是多种多样的）。糖化淀粉过程一般需用4~6小时，糖化好的原料可以用来进行酒精发酵。

酒曲的种类及制作酒曲的工艺

曲是一种糖化发酵剂，是酿酒发酵的原动力。要酿酒先得制作酒曲，要酿好酒必须用好曲。制曲本质上就是扩大培养酿酒微生物的过程。用曲促使更多谷物经糖化、发酵酿成酒，曲的好坏直接影响着酒的质量和产品。根据制作酒曲方法和曲形的不同，中国白酒的糖化剂可以分成大曲、小曲、麸曲、酒糟曲等种类。

①大曲：又称块曲、陈曲，以大麦、小麦、豌豆等为原料，经过粉碎，加水混捏，压成曲醅，形似砖块，大小不等，让自然界各种微生物在上面生长而制成，统称大曲。

②小曲：又称药曲、南曲、酒药，曲坯较小，主要用大米、小麦、米糠、药材等原料制成。

③麸曲：又称皮曲、块曲，是采用纯种霉菌菌种，以麸皮为原料经人工控制温度和湿度培养而成的，它主要起糖化作用。酿酒时，需要与酵母菌（纯培养酒母）混合进行酒精发酵。

④酒糟曲：用酒糟加麸皮制成。纤曲用纤维素酶菌制成。液体曲将霉菌接入液体培养基中制成。

原料处理的工艺

酒品质地优劣首先取决于原料处理的好坏，酒品酿造务必在原料处理上下功夫。酒业圈中有一句俗话"三分技术，七分原料"，说的是要酿出好酒，原料是根本，技术是关键。我国地域辽阔，酿酒原料种类甚多。如黑糯米、薏仁米、荞麦、小米等五谷杂粮，都是酿酒的绝好原料。不同酿酒原料的处理方法也有所不同，流程有选料、洗料、浸料、碎料、配料、拌料、蒸料、煮料等。

蒸馏提取酒液的工艺

蒸馏是提取酒液的主要手段。酿酒原料经过发酵后获得酒精和水分，同时还含有一部分香型物质。而如何将酒精分离为气体和液体呢？酒精的理化性质是：酒精汽化温度为78.3摄氏度，发酵过的原料只要加热至78.3摄氏度以上，就能获得气体酒精，冷却之后即为液体酒精。不同质量酒液的形成是因为温度作用，在加热过程中，水分和其他物质掺杂在酒精中，随着温度的变化，掺杂情况也随之发生变化。

蒸馏温度在78.3摄氏度以下取得的酒液被称作"酒头"；78.3~100摄氏度取得的酒液被称作"酒心"；100摄氏度以上取得的酒液被称作"酒尾"。酒头和酒心的质量较好，杂质含量较低。为了保证酒的质量，酿酒者常常有选择地取酒。我国名酒用"掐头去尾"工艺进行蒸馏取酒，世界名酒酿造大多采用此方法。

勾兑酒的工艺

白酒在生产过程中，将蒸出的酒和各种酒互相掺和，称为勾兑，这是白酒生产中的一道重要工序。因为生产出的酒质量不可能完全一致，勾兑能够取长补短，统一标准，使酒的质量差别缩小，整体质量得到提高，并保持出厂前的稳定。勾兑好的酒，称为基础酒，质量上要基本达到同等级酒的水平。

调味与基础酒的关系

调味是对勾兑后的基础酒的一项加工技术。调味的效果基础与酒是否合格有着密切的关系。如果基础酒好，调味就容易，调味酒的用量也少。调味酒又称精华酒，是采用特殊少量的调味酒来弥补基础酒的不足，加强基础酒的香味，突出其风格，使基础酒在某一点或某一方面有较明显的改进，质量有较明显的提高。

白酒的主要成分是乙醇和水，二者占总量的98%以上。其余的微量成分含量不到2%。白酒中的微量成分虽然含量极少，但对白酒质量有极大影响，决定白酒的香气和口味，构成白酒的不同香型和风格。

乙醇即酒精，是白酒中含量最多的成分，微呈甜味。乙醇含量的高低，决定了酒的度数，含量越高，酒度越高，酒性越强烈。有些人认为酒度越高，酒的质量就越好，这是一种错误的看法。酒分子与水分子在酒53～54度时亲和力最强，酒的醇和度好，酒味最协调。茅台酒就巧妙地利用了这一点。

白酒品鉴的方法

望：在旦形高脚玻璃杯中倒入适量的酒液，迎着光亮处观望，应无色透明，玉洁冰清。

闻：以手指轻握旦形杯底，微荡酒液，将鼻子靠近杯口轻轻吸闻酒液弥漫出来的芳香，再移开酒杯呼气。如此反复数次，浓郁的酒香便沁入腔腑，回荡悠悠，愉悦舒畅的感受便油然升起。

啜：从杯中轻轻啜入少量（1～2毫升）酒液，停留在舌尖几秒钟。然后把舌头上抵上颚，让酒液渗润全舌。再在口腔中轻咂几回。此时酒液的醇厚绵柔、回甜丰满、爽滑纯净使您感受到琼浆玉液的滋味。

咽：把口腔中的酒液轻轻咽入喉内，此时酒液温热而醇厚，一脉而下。稍后再轻呼吸，回味如涌芳泉。

白酒不标保质期的原因

酒精具有杀菌作用。经过科学实验，一些有害微生物即使在酒精含量10%的液体里，也不能生长繁殖，不产生有害物质。

度数高的白酒化学变化会非常小，加上现在密封技术发达，长期存放白酒质量也相对稳定，所以不需要标注保质期。

需要注意的是，一些低度白酒不适合长期存放，即便密封再好，也会因为长时间存放而"透气"，导致酒精挥发，微生物繁殖，使酒"变味"。

白酒收藏的魅力

高度白酒更适合收藏。低度酒里面的酒精更容易挥发掉，不建议长期保存。

收藏有品牌或者有价值的酒。收藏白酒和集邮很相近，既讲究品牌又讲究成套和特殊意义。类似茅台、五粮液等名酒主打产品都适合收藏，同时一些有品牌的特殊年份、特殊意义、特殊事件的产品是收藏白酒的首选。

酱香型白酒更适合长期存放。酱香型白酒的特殊特点，使得其存放后口味提升的效果更明显，比较适合收藏和长期存放。

白酒的成分非常复杂，经过多年研究已知，白酒中散发香味的物质是乙酸乙酯。但是，新酒中乙酸乙酯的含量非常少，相反，一些醛、酸物质很多，这些物质不仅没有香味，还会刺激喉咙，所以新酿的酒并不太好喝。

经过存放后，酒里的醛、酸等物质不断地氧化和挥发，而且逐渐生成具有芳香气味的乙酸乙酯，使酒质醇厚，产生酒香。所以，有人也会说酒是有生命的，每天都在变化。但变化的速度慢，有的名酒往往需要存放几十年的时间，才能使口感达到最佳。我们熟知的茅台酒从酿造到出厂就需要五年时间。

现在有一些白酒在生产过程中会添加香精、香料。所以，在长时间储存后，香精、香料发生变化，酒的味道也会发生变化，这种酒就不建议收藏了。

白酒保存的方法

现在白酒都会有盒子或者密封的坛子包装，有了这层防护之后，放到一个少见光的地方保存即可。

但是，我们也要注意，因为白酒密封好了，才不会漏酒，现代的密封手段基本禁不住高温和潮湿环境，因此环境的温度和湿度也很重要。建议不要将酒放到比较湿或者温度超过40摄氏度的地方。

另外，一些存放超过三年的酒，要定期检查一下瓶盖，一些塑料瓶盖要稍微再拧紧一下。

第四节　酒之器具

我国酒的历史源远流长，用来盛酒的器具更是五花八门、形状各异。中国古人的智慧、创造力被鲜活地彰显在各种酒器之上，各时期的酒器也反映了当时高超的制作工艺，为后世研究当时的人文、生活、制造工艺等提供了重要依据。那么，我国古代不同时期的酒器有哪些种类呢？

尊

尊是商周时代的一种大中型酒器，用于祭祀或宴享宾客，后来变成日常盛酒的器皿。青铜器时代，尊的形制为圈足，圆腹或方腹，长颈，敞口，口径较大。尊盛行于商代至西周时期，春秋后期已经少见，其中最著名的是四羊方尊。

彝

商周至战国时期，还有另外一类形制特殊的盛酒器——彝。彝通常呈鸟兽状，有羊、虎、象、豕、牛、马、鸟、雁、凤等形象。《周礼·春官·司尊彝》记载："春祠夏禴，裸用鸡彝鸟彝……追享朝享，裸用虎彝蜼彝。"彝纹饰华丽，在背部或头部有尊盖。

壶

古代用于盛酒或食品，也用于盛其他液体。后世多用"箪食壶浆"这个词来形容犒劳军队。

觯

觯主要用陶、木、兽角或青铜等材料制成。盛行于商代及周初。圆腹，侈口，圈足，形状像小瓶，大多数有盖。这种形状的觯多为商代器。西周时有作方柱形而四角圆的，春秋时演化成长身、侈口、圈足觯，形状像觚，自身铭文称为"鍴"而不叫觯。青铜器中习称的觯有两类，一类是扁体的，另一类是圆体的，此两类器商代晚期和西周早期皆有，后者沿用至东周。

角

角是中国古代饮酒器，形制与爵相似，最初当为普通饮酒器皿，供低级别贵族使用。《礼记·礼器》说："宗庙之祭，尊者举觯，卑者举角。"角的出土和传世数量远远少于爵，商周之际发展为造型精美的礼器，流行于周中期之前，之后开始衰落。

觥

觥（读音gōng），是古代盛酒器，流行于商晚期至西周早期。椭圆形或方形器身，圈足或四足，带盖，盖做成有角的兽头或长鼻上卷的象头状。

有的觥全器做成动物状，头、背为盖，身为腹，四腿做足。且觥的装饰纹样同牺尊、鸟兽形卣相似，因此有人将其误以为兽形尊。然而觥与兽形尊不同，觥盖做成兽首连接兽背脊的形状，觥的流部为兽形的颈部，可用作倾酒。

杯

杯椭圆形，是用来盛羹汤、酒、水的器物。杯的质料有玉、银、瓷器。小杯为盏。

盅

酒缸容量较大，用于储酒；酒坛容量较小，用于存放少量名贵酒类；而酒壶用于斟酒，酒盅用于饮酒。

使用陶瓷酒具时，一是要经常清洗、擦抹和消毒；二是防止磕碰。

古代酒器的种类、形状不胜枚举，除上述几种之外，还有许多种酒具是考古学家至今无法考证的。

第五节　中国名酒鉴赏

中国现存最古老的酒，是1980年在河南商代后期（距今约三千年）古墓出土的酒，保存于故宫博物院，很好地证明了中国是酒的最早产地之一。虽然对天气、气候、水质有着极高的要求，但是酒产地分布我国大江南北。发展到现在，中国主流白酒以十大名酒为首，占据着中国乃至世界的市场。

茅台酒

茅台酒独产于我国贵州省遵义市仁怀市茅台镇，是与苏格兰威士忌、法国科涅克白兰地齐名的三大蒸馏酒之一。茅台酒是中国大曲酱香型酒的鼻祖，具有酒液纯净透明、醇馥幽郁的特点，由酱香、窖底香、醇甜三大特殊风味融合而成，酒度53度，现已知香气组成成分多达300余种。

1996年，茅台酒工艺被确定为国家机密加以保护。2001年，茅台酒传统工艺被列入国家级首批物质文化遗产。2006年，国务院又批准将"茅台酒传统酿造工艺"列入首批国家级非物质文化遗产名录，并申报世界非物质文化遗产。2003年2月14日，原国家质检总局批准对"茅台酒"实施原产地域产品保护。2013年3月28日，原国家质检总局批准调整"茅台酒"地理标志产品保护名称和保护范围。茅台酒出口已遍及世界150多个国家和地区，年创外汇1000多万美元，成为中国出口量最大、所及国家最多、吨酒创汇率最高的传统白酒类商品。

2017年6月6日，《2017年BrandZ最具价值全球品牌100强》公布，茅台名列第64位。英国《金融时报》发布2008年全球上市公司500强企业排行榜（FT Global 500）——国酒茅台榜上有名，列全球500强企业排行榜第363位，在全球饮料行业排名第九位。这也是中国饮料行业唯一上榜的企业。

汾酒

汾酒是我国名酒之始祖，是"最早国酒"。汾酒为清香型白酒的典型代表。因产于山西省汾阳市杏花村，又称"杏花村酒"。汾酒有着4000年左右的悠久历史，1500年前的南北朝时期，汾酒作为宫廷御酒受到北齐武成帝的极力推崇，被载入二十四史，一举成名。

汾酒的原料是产于汾阳晋中平原的"一把抓"高粱，甘露如醇的"古井佳泉水"与传统酿造工艺使汾酒清亮透明、气味芳香、入口绵绵、落口甘甜、回味生津，一直被推崇为"甘泉佳酿"和"液体宝石"。

汾酒酿造有一套独特的工艺，"人必得其精，粮必得其实，水必得其甘，曲必得其明，器必得其洁，缸必得其湿，火必得其缓"，形成了汾酒独特的品质和风味。汾酒虽为60度高度酒，却无强烈刺激的感觉，有色、香、味"三绝"的美称，为我国清香型酒的典范。

汾酒生产企业秉承优质的核心酿造技术，拥有一流的配套设备和酿酒研发队伍，并且通过了ISO9001国际质量体系认证、方圆标志产品质量认证。以生产汾酒、竹叶青酒为主营业务，同时拥有我国驰名品牌"杏花村"，是久负盛名的大型综合性国有企业，也是国家520户重点企业和山西省12户授权经营企业之一。

泸州老窖

泸州老窖作为大曲酒的始祖、中国最古老的四大名白酒、浓香型大曲酒的典型代表，被尊为"浓香鼻祖，酒中泰斗，浓香正宗"。其1573国宝窖池作为行业唯一的"活文物"，于1996年被国务院命名为"全国重点保护文物"，"国窖1573"酒因此成为中国白酒鉴赏标准级酒品。2006年5月，泸州老窖作为浓香型白酒的唯一代表，入选首批国家非物质文化遗产代表作名录，与"1573国宝窖池群"并称为泸州老窖的文化遗产双国宝。

泸州老窖最老的窖已有370多年的历史。筑窖时要求泥质必须黏性好，含有丰富的磷、氮，适宜细菌繁殖。窖越老，菌越多。采用老窖发酵，续槽配料，因之酒香很浓。特曲具有"浓香、醇和、味甜、回味长"的特色，饮后心神愉快，已成为浓香型白酒的典型。分为60度和55度两种，喝时无辛辣感，只觉回肠转气，香沁肌骨。

五粮液

五粮液酒是浓香型白酒的杰出代表。产于四川宜宾市，因以五种粮食（高粱、大米、糯米、玉米、小麦）为原料而得名。五粮液取水自岷江江心，质地纯净。五粮液运用3000多年的古法技艺，发酵剂用纯小麦制的"包包曲"，香气独特，酒液清澈透明，浓郁扑鼻，柔和甘美，酒味醇厚，香醇甜净，风格独特。

"2021年全球品牌价值500强"榜单发布，五粮液位列全球烈酒品牌第二，品牌居"全球品牌价值500强"第272位、"亚洲品牌500强"第37位、"中国品牌价值100强"第3位。

2020年，五粮液集团拥有全国最大的纯粮固态发酵白酒生产基地，具有商品酒生产能力20万吨/年，有年产4万吨级的世界最大酿酒车间及60万吨的原酒储存能力；有窖池3.2万余口，最老的明代古窖池从1368年连续生产至今，已达653年。2019年，五粮液集团实现销售收入1080亿元。

洋河大曲

洋河大曲现产于江苏省泗洋县洋河镇洋河酒厂，用当地"美人泉"的水酿制而成。清初已闻名于世，"闻香下马，知味停车；酒味冲天，飞鸟闻香化凤；糟粕入水，游鱼得味成龙；福泉酒海清香美，味占江南第一家"。洋河大曲酒度分64度、62度和55度。酒液无色透明，醇香浓郁，余味爽净，回味悠长，是浓香型大曲酒，有"色、香、鲜、浓、醇"的独特风格。

剑南春

剑南春酒的前身剑南烧春，据记载是大唐御酒。"天益老号"1500年窖池——世界上最古老的窖池，695条古窖池构成规模宏大的古窖池群，为世界上规模最大、功能最齐全的古窖池群。

中国酒谚道出了"千年老窖万年糟"的珍贵。从现代微生物的角度看，"天益老号"古窖池群已不是简单的泥池酒窖，而是集发酵容器、微生物生命载体和孕育摇篮于一身。在漫长的酿酒过程中，每一轮窖藏投入酿酒的粮食，都是窖内微生物新鲜的养料。微生物吸收养料，得以不断生长繁殖并进行酿酒代谢，不仅形成了超出一般窖池400多种的酿酒微生物，而且规模宏大的古窖池群在集群效应下，形成了剑南春古窖车间特有的酿酒微生物环境，帮助剑南春酒形成了特殊的香味物质。

旗帜鲜明的"每一滴100%够年份"一步就将剑南春年份酒的标准推向了极致。人们经过上千次实验发现：白酒随着贮存时间的延长，酒体中微量香味物质挥发系数减小。通过测定相同规格、不同陈酿年份酒中不同微量香味成分的挥发系数（指当溶液的蒸汽与溶液达到热力学平衡时，蒸汽中某种挥发性物质的含量与溶液中该种挥发性物质的含量之比），剑南春科研人员建立起相应的数据库，然后根据挥发系数值与贮存时间的标准曲线图谱，即可准确地鉴别出酒的贮存年份。

剑南春产于四川绵竹，相传唐代李白曾在绵竹"解貂续酒"，有"士解金貂，价重洛阳"的佳话。剑南春以高粱、大米、糯米、玉米、小麦五种谷物为原料，经精心酿制而成，属浓香型白酒。酒度有62度和52度两种。特点为芳香浓郁，醇和回甜，清洌净爽，余香悠长。

古井贡酒

古井贡酒产于安徽亳州古井贡酒厂。厂内一口古井已有1400年历史。当地多盐碱，水味苦涩。独此井之水清澈甜美，用以酿酒，酒香浓郁，甘美醇和，该井被称为"天下名井"。

古井贡酒在中国酿酒史上拥有非常悠久的历史，其渊源始于东汉建安元年（公元196年）曹操将家乡亳州产的"九酝春酒"和酿造方法进献给汉献帝刘协。古井贡酒以"色清如水晶、香醇似幽兰、入口甘美醇和、回味经久不息"的独特风格，赢得了海内外的一致赞誉，有"酒中牡丹"之称、被称为中国八大名酒之一。古井贡酒酒液清澈透明，香如幽兰，黏稠挂杯，余香悠长。属浓香型酒，其酒度为60～62度。

董酒

董酒产于贵州省遵义市董酒厂，酒度60度，因厂址坐落在北郊董公寺而得名。董酒是我国白酒中酿造工艺最为特殊的一种酒品。它采用优质黏高粱为原料，以"水口寺"地下泉水酿造，小曲、小窖制取酒醅，大曲、大窖制取香醅，酒醅香醅串烧而成。风格既有大曲酒的浓郁芳香，又有小曲酒的柔绵、醇和、回甜，还有淡雅舒适的药香和爽口。2008年8月由国家主管部门正式确定"董香型"白酒地方标准，而董酒则是国内"董香型"白酒的典型代表。

中国人民的智慧和天地自然馈赠的完美结合，缔造了各地的美酒佳酿，传承了中国文化的精髓。因酒而生的礼仪更是彰显了千年以来中华民族的气节和德行，而注重礼仪也成了中国情感的表达方式。

第六节　酒之仪

在我国古代，酒被视为神圣的物质，酒的使用，更是庄严之事，非祀天地、祭宗庙、奉嘉宾而不用，形成远古酒事活动的俗尚和风格。随着酿酒业的普遍兴起，酒逐渐成为人们日常生活的用物，酒事活动也随之广泛，并经过人们思想文化意识的观照，使之程式化，形成较为系统的酒风俗习惯。这些风俗习惯内容涉及人们生产、生活的许多方面，其形式生动活泼、姿态万千。

酒仪与民俗

酒能传情达意，是中国人表达情感的方式，中国人开心时举杯庆祝，不开心时饮酒消愁，独处时候自斟自饮，团聚时刻把盏言欢。宋代过年喝酒的风气，是历朝历代最浓烈的，无论贫穷或富贵，但凡过新年，必须要喝酒。吴自牧的《梦粱录》里就曾记载："家家饮宴，笑语鼓噪。"

酒是文化艺术发展的重要催化剂。如果没有酒，就没有草圣张旭借酒发狂，以头发蘸墨挥毫狂草。如果没有酒，就没有王羲之的曲水流觞，借酒助兴，留下罕世瑰宝《兰亭集序》。如果没有酒，"八大山人"朱耷的字画，人们将无从见得。

生期酒

老人生日，子女必为其操办生期酒。届时，大摆酒宴，至爱亲朋，乡邻好友携赠礼品以贺。酒席间，邀请民间艺人（花灯手）说唱表演。在贵州黔北地区，花灯手要分别装扮成铁拐李、吕洞宾、张果老、何仙姑等八个仙人，依次演唱，边唱边向寿星老献上自制的长生拐、长生扇、长生经、长生酒、长生草等物。献物既毕，要恭敬献酒一杯，"仙人"与寿星同饮。

婚礼酒

提亲至定亲间的每一个环节中，酒是常备之物。打到话（提媒）、取同意、索取生辰八字，媒婆每去姑娘家议事，都必须捎带礼品。其中，酒又必不可少。婚期定下，男家又酒肉面蛋糖果点心一应俱全，恭请姑娘的舅、姑、婆、姨，三亲四戚。成亲时，当花轿抬进男家大院，第一件事就要祭拜男家列祖列宗，烧酒、猪头、香烛摆上几案，新人双跪于下，主持先生口中念念有词，最后把猪头砍翻而将酒缓缓洒于新郎新娘面前。之后，过堂屋拜天地，拜毕，新人入洞房，共饮交杯酒，寄托白头相守、忠贞不贰的爱情。洞房仪式完毕，新人要向参加婚礼酒宴者敬酒致谢。此时，小伙们少不了向新婚夫妇劝酒，高兴起来，略有放肆，逗趣、玩笑自在其间。婚礼酒宴充满民间特有的欢乐情趣。

月米酒

妇女分娩前几天，要煮米酒一坛，一是为分娩女子催奶，二是款待客人。孩子满月，要办月米酒，酒宴上烧酒管够，每人另有礼包一个，内装红蛋、泡粑等物。

祭拜酒

涉及范围较宽，一般有两类。一是立房造屋、修桥铺路要行祭拜酒。凡破土动工，有犯山神地神，就要置办酒菜，在即将动工的地方祭拜山神和地神。鲁班是工匠的先师，为确保工程顺利，要祭拜鲁班。仪式要请有声望的工匠主持，备上酒菜纸钱，祭拜以求保佑。

二是逢年过节、遇灾有难时，要设祭拜酒。除夕夜，各家各户要准备丰盛酒菜，燃香点烛化纸钱，请祖宗亡灵回来饮酒过除夕。此间，家有以长幼次序磕头，随即肃穆立候于桌边，三五分钟后，家长将所敬之酒并于一杯，洒于餐桌四周，祭拜才算结束，全家方得起勺用餐。祭拜酒因袭于远古对祖先诸神的崇拜祭奠。在民间传统意识中，认为万物皆有神，若有扰神之事不祭拜，就不会清净。

酒仪与民俗密不可分。诸如农事节庆、婚丧嫁娶、生期满日、庆功祭奠、奉迎宾客等民俗活动，饮酒都成为中心环节。农事节庆时的祭拜庆典若无酒，缅怀先祖、追求丰收富裕的情感就无以寄托；婚嫁若无酒，白头偕老、忠贞不贰的爱情无以明示；丧葬若无酒，后人忠孝之心无以表述；生宴若无酒，人生礼趣无以显示；饯行洗尘若无酒，壮士一去不复返的悲壮情怀无以倾诉。总之，无酒不成礼，无酒不成俗，离开了酒，民俗活动便无所依托。

·第二章·

酒之道

第一节 黄酒文化

黄酒是世界上最古老的酒类之一。黄酒源于中国，并且只有中国生产，与啤酒、葡萄酒并称世界三大古酒，在世界酿造酒中占有重要的一席。

黄酒含有丰富的营养，有21种氨基酸，其中有8种人体自身不能合成的氨基酸，故被誉为"液体蛋糕"。黄酒是中国的汉族特产，酿酒技术独树一帜，成为东方酿造界的典型代表和楷模。

黄酒的历史

中国是世界上最早用曲药酿酒的国家。曲药的发现、人工制作、运用可以追溯到公元前2000年的夏王朝到公元前200年的秦王朝这1800年的时间。

根据考古发掘，我们的祖先早在殷商武丁时期就掌握了微生物"霉菌"生物繁殖的规律，已能使用谷物制成曲药，发酵酿造黄酒。

到了西周，农业的发展为酿造黄酒提供了完备的技术和物质条件，人们的酿造工艺，在总结前人"秫稻必齐，曲药必时"的基础上有了进一步的发展。秦汉时期，曲药酿造黄酒技术又有所提高，《汉书·食货志》载："一酿用粗米二斛，得成酒六斛六斗。"这是我国现存最早用稻米曲药酿造黄酒的配方。《水经注》又载："鄳县有鄳湖，湖中有洲，洲上居民，彼人资以给，酿酒甚美，谓之鄳酒。"在那个时代，人们心中已有了品牌意识——喝黄酒必首推鄳酒。鄳酒誉满天下，是曲药酿黄酒的代表。

汉族人独特的制作酒曲方式、酿造技术广泛地流传到日本、朝鲜及东南亚一带。曲药的发明及应用，是汉民族的骄傲，是中华民族对人类的伟大贡献，被誉为古代四大发明之外的"第五大发明"。

黄酒发源地

湖南师大副教授、湖南经济发展研究中心研究员蒋雁峰在《湖湘文库·酒篇》中认为，浙江谷物的历史，最早可追溯到6000年前的河姆渡文化中期，而湖南以稻为主的农业种植，可以追溯到8250～9100年前。有典故记载，衡阳古酒的酿酒技术与黄酒酿造工艺基本一致，这也说明，过去衡阳的酃酒就是今天的黄酒。绍兴酒有2500多年的历史，而衡阳的酃酒（亦称酃湖酒、醽醁酒）已有3000余年的历史，其历史要早于绍兴黄酒。因此，可以这样推测，酃酒才是黄酒的真正"鼻祖"，绍兴黄酒很可能是从衡阳酃酒的基础上发展起来的。

无锡惠泉酒、绍兴加饭酒、丹阳封缸酒和福建沉缸酒并称为中国古代四大名酒。黄酒也是吴越文化中最典型的代表之一，具有2000多年的历史。众所周知，以惠泉黄酒为代表的吴文化和以绍兴黄酒为代表的越文化，是中华黄酒文化中的两支风格各异的杰出流派。

绍兴酿酒业在春秋战国时期已较为普遍，历经秦、汉、唐、宋、元、明、清，经久不衰，并逐步发展成为绍兴的传统支柱产业之一。著名的绍兴"花雕酒"又名"女儿酒"。中国晋代上虞人嵇含《南方草木状》记载："女儿酒为旧时富家生女、嫁女必备之物。"远近的人家生了女儿时，就酿酒埋藏，嫁女时就掘酒请客，形成了风俗。后来，连生男孩子时，也依照着酿酒、埋酒，盼儿子中状元时庆贺饮用，所以，这酒又叫"状元红"。"女儿酒""状元红"都是经过长期储藏的陈年老酒。

惠泉黄酒作为苏式老酒的典范，以江南地下泉水和江南优质糯米作为原料，主要采取半甜型黄酒的酿造工艺，经过数千年文化积淀和工艺完善，终于成为明代的江南名酒，直至清代的宫廷御用酒，完成了从普通民间黄酒发展成皇家御用黄酒的神话，从此源远流长，乃至今天。

黄酒种类

中国传统酿造黄酒工艺流程为：浸米—蒸饭—晾饭—落缸发酵—开耙—坛发酵—煎酒—包装。经过数千年的发展，黄酒品种琳琅满目，酒的名称更是丰富多彩。最为常见的是按酒的产地来命名，著名的有房县黄酒，九江封缸酒，绍兴老酒，福建老酒，无锡惠泉酒，江阴黑杜酒，绍兴状元红、女儿酒，安徽古南丰，苏州同里红，上海老酒等。

黄酒按照含糖量的多少分为四种。

干黄酒

"干"表示酒中含糖量少，总糖含量低于或等于15.0克/升。口味醇和、鲜爽、无异味。

半干黄酒

"半干"表示酒中的糖分未全部发酵成酒精，还保留了一些糖分。在生产上，这种酒的加水量较低，相当于在配料时增加了饭量，总糖含量在15.0～40.0克/升，故又称为"加饭酒"。我国大多数高档黄酒，口味醇厚、柔和、鲜爽、无异味，均属此种类型。

半甜黄酒

这种酒采用的工艺独特，是用成品黄酒代水，加入发酵醪中，使糖化发酵在开始之际酒精浓度就达到较高的水平，在一定程度上抑制了酵母菌的生长速度。由于酵母菌数量较少，发酵醪中产生的糖分不能转化成酒精，故成品酒中的糖分较高。总糖含量在40.1～100克/升，口味醇厚、鲜甜爽口，酒体协调，无异味。

甜黄酒

这种酒一般是采用淋饭操作法，拌入酒药，搭窝先酿成甜酒酿，当糖化至一定程度时，加入40%～50%浓度的米白酒或糟烧酒，以抑制微生物的糖化发酵作用，总糖含量高于100克/升。口味鲜甜、醇厚，酒体协调，无异味。

在最新的国家标准中，黄酒的定义是：以稻米、黍米、黑米、玉米、小麦等为原料，经过蒸料，拌以麦曲、米曲或酒药，进行糖化和发酵酿制而成的各类黄酒。按照国家标准，黄酒分为以下4种。

糯米黄酒：以酒药和麦曲为糖化发酵剂。主要生产于中国南方地区。

黍米黄酒：以米曲霉制成的麸曲为糖化发酵剂。主要生产于中国北方地区。

大米黄酒：为一种改良的黄酒，以米曲加酵母为糖化发酵剂。主要生产于中国吉林及山东，以及湖北房县。

红曲黄酒：以糯米为原料，红曲为糖化发酵剂。主要生产于中国福建及江浙两地。

黄酒的营养

黄酒含有丰富的营养，有"液体蛋糕"之称。其营养价值超过了有"液体面包"之称的啤酒和营养丰富的葡萄酒。

含有丰富氨基酸：黄酒的主要成分除乙醇和水外，还含有18种氨基酸，其中有8种是人体自身不能合成而又必需的。这8种氨基酸，在黄酒中的含量比同量啤酒、葡萄酒多一至数倍。

易于消化：黄酒含有许多易被人体消化的营养物质，如糊精、麦芽糖、葡萄糖、脂类、甘油、高级醇、维生素及有机酸等。这些成分经贮存，最终使黄酒成为营养价值极高的低酒精度饮品。

舒筋活血：黄酒气味苦、甘、辛。冬天温饮黄酒，可活血祛寒、通经活络，有效抵御寒冷刺激，预防感冒。适量常饮有助于血液循环，促进新陈代谢，并可补血养颜。

美容、抗衰老：黄酒是B族维生素的良好来源，维生素B_1、B_2、烟酸、维生素E都很丰富，长期饮用有利于美容、抗衰老。

促进食欲：锌是能量代谢及蛋白质合成的重要成分，缺锌时，食欲、味觉都会减退，性功能也会下降。而黄酒中锌含量较高，如每100毫升绍兴元红黄酒含锌0.85毫克。所以饮用黄酒有促进食欲的作用。

保护心脏：黄酒内含多种微量元素。如每100毫升含镁量为20～30毫克，比白葡萄酒高10倍，比红葡萄酒高5倍；绍兴元红黄酒及加饭酒中每100毫升含硒量为1～1.2微克，比白葡萄酒高约20倍，比红葡萄酒高约12倍。在心血管疾病中，这些微量元素均有防止血压升高和血栓形成的作用。因此，适量饮用黄酒，对心脏有保护作用。

是理想的药引子：相比于白酒、啤酒，黄酒酒精度适中，是较为理想的药引子。而白酒虽对中药溶解效果较好，但饮用时刺激较大，不善饮酒者易出现腹泻、瘙痒等现象。啤酒则酒精度太低，不利于中药有效成分的溶出。此外，黄酒还是中药膏、丹、丸、散的重要辅助原料。中药处方中常用黄酒浸泡、烧煮、蒸制中草药或调制药丸及各种药酒。据统计，有70多种药酒需用黄酒作酒基配制。

黄酒品饮方法

黄酒是以粮食为原料，通过酒曲及酒药等共同作用而酿成的，它的主要成分是乙醇，但浓度很低，一般为8%～20%，非常适合当今人们由于生活水平提高而对饮料酒品质的要求，适于各类人群饮用。

黄酒饮法有多种多样，冬天宜热饮，放在热水中烫热或隔火加热后饮用，会使黄酒变得温和柔顺，更能让人享受到黄酒的醇香，驱寒暖身的效果也更佳；夏天在甜黄酒中加冰块或冰冻苏打水，不仅可以降低酒精度，而且清凉爽口。

一般黄酒烫热喝较常见。原因是黄酒中还含有极微量的甲醇、醛、醚类等有机化合物，对人体有一定的影响。为了尽可能减少这些物质的残留量，人们一般将黄酒隔水烫到60～70摄氏度再喝，因为醛、醚等有机物的沸点较低，一般在20～35摄氏度，即使甲醇也不过65摄氏度，所以其中所含的这些极微量的有机物，在黄酒烫热的过程中，会随着温度的升高而挥发掉。同时，黄酒中所含的脂类芳香物会随温度升高而蒸腾，使得黄酒香气更为浓郁。

黄酒与儒家文化

黄酒是中国最古老的独有酒种，被誉为"国粹"，儒家文化乃中国最具特色的民族文化，被称为"文化精髓"。两者源远流长，博大精深。黄酒生性温和、风格雅致，酒文化古朴厚重，传承人间真善之美、忠孝之德；儒家内涵讲究中庸之道，主张清淡无为，宣扬仁、义、礼、智、信等人伦道德。细细体味，黄酒与儒家文化可谓一脉相承，有着异曲同工之妙。

"中庸"黄酒之格。黄酒以"柔和温润"著称，恰与中庸调和的儒家思想相吻合。黄酒集甜、酸、苦、辛、鲜、涩六味于一体，自然融合形成不同寻常之"格"，独树一帜，令人叹为观止。黄酒兼备协调、醇正、柔和、优雅、爽口的综合风格，恰如国人"中庸"之秉性，深得人们青睐，被誉为"国粹"也就不为过了。

"仁义"黄酒之礼。"仁"是儒家思想的中心范畴和最高道德准则。黄酒自古与人们结下了不解之缘。"酒，就也，所以就人性之善恶。"酒作用于人的精神，可使人为善，也可使人为恶。酒虽有利有弊，但适度把握，裨益颇多。酒的功能有三：一是可解除疲劳恢复体力，二是可药用治病滋补健身，三是酒可成礼。黄酒承载着释放人们的精神、惠泽健康、表达情感、体现爱心、激发睿智的作用，这与儒家崇尚"仁义"，主张"天地人合一"的精神境界，提倡友善、爱护，是息息相通的。

"忠孝"黄酒之德。黄酒生性温和、醇厚绵长，在漫漫中国酒文化长河中，黄酒以其独有的"温和"受国人称道，黄酒的文化习俗始终以"敬老爱幼、古朴厚道"为主题，这与儒家所追求的"忠孝"精神一脉相承。

第二节　红酒文化

红酒是葡萄、蓝莓等水果经过传统及科学方法相结合进行发酵的果酒。红酒的成分相当简单，是经自然发酵酿造出来的果酒。用杨梅酿制的叫作杨梅红酒，用蓝莓酿制的叫作蓝莓红酒，用葡萄酿制的叫作葡萄酒。其中最常见的就是葡萄酒。

按照国际葡萄酒组织的规定，葡萄酒只能是破碎或未破碎的新鲜葡萄果实或汁完全或部分酒精发酵后获得的饮料，其酒精度一般在6.2%～8.5%。按照我国最新的葡萄酒标准（GB15037—2006）规定，葡萄酒是以鲜葡萄或葡萄汁为原料，经全部或部分发酵酿制而成的，酒精度不低于7.0%的酒精饮品。

中国葡萄酒的历史

在很多人眼中，葡萄酒是外来物品，其实早在公元前我国就已经有葡萄酒了，当时葡萄酒仅限于贵族饮用。据史籍记载，西汉建元三年（公元前138年），外交官张骞奉汉武帝之命出使西域，看到"宛左右以葡萄为酒，富人藏酒万余石，久者数十岁不败"，便将葡萄引进中原地区开始种植。在西汉中期，中原地区的百姓知道葡萄可以酿酒，开始大规模种植葡萄。

张骞在引进葡萄的同时，还带来了酿酒艺人。自西汉始，中国有了掌握西方制葡萄酒法的葡萄酒人。三国时期曹丕说过："且说葡萄，醉酒宿醒。掩露而食；甘而不捐，脆而不辞，冷而不寒，味长汁多，除烦解渴。又酿以为酒，甘于曲糵，善醉而易醒。"

唐朝贞观十四年（公元640年），唐太宗命交河道行军大总管侯君集率兵平定高昌。高昌历来盛产葡萄，在南北朝时，就向梁朝进贡葡萄。唐朝破了高昌国后，收集到马乳葡萄放到院中，并且得到了酿酒的技术。唐太宗把技术资料作了修改后酿出了芳香酷烈的葡萄酒，和大臣们共同品尝。这是史书第一次明确记载内地用西域传来的方法酿造葡萄酒。当时长安城东至曲江一带，俱有胡姬侍酒之肆，出售西域特产葡萄酒。

葡萄酒不仅是世界性的饮品，更是一个国家文化的缩影。西方葡萄酒发展历史久远，文化底蕴浓厚。而中国葡萄酒的历史文化过去辉煌，如今开始重新发展。2020年，中国葡萄酒产量累计达到41.3万千升，全球排名第五，是世界上葡萄酒增长速度最快的国家。

世界葡萄酒的发展历程

在欧洲保加利亚的古人遗迹中发现，大约在公元前6000至公元前3000年，已开始以葡萄汁液进行酿酒。而古代诗人荷马亦在其《伊利亚德》《奥德赛》两本著作中提到保加利亚的优良酿酒技术。所以有很多人认为保加利亚是葡萄酒的发源地。

随着古代的战争和商业活动，葡萄酒酿造的方法传遍了以色列、叙利亚、阿拉伯国家。后来葡萄酒酿造的方法从波斯、埃及传到希腊、意大利、法国，陆续传往欧洲各国。由于欧洲人信奉基督教，基督教徒把面包和葡萄酒称为上帝的肉和血，把葡萄酒视为生命中不可缺少的饮料酒，所以葡萄酒在欧洲国家发展起来。因此，法国、意大利、西班牙成为当今世界葡萄酒的"湖泊"，欧洲国家也是当今世界人均消费葡萄酒最多的国家。欧洲国家葡萄酒的产量，占世界葡萄酒总产量的80%以上。

葡萄酒的种类划分

葡萄酒的品种很多，因葡萄地栽培、葡萄酒生产工艺条件的不同，产品风格各不相同。一般按酒的颜色深浅、含糖量多少、含不含二氧化碳及采用的酿造方法来分类，国外也有采用以产地、原料名称来分类的。

按照酒的颜色分类：

白葡萄酒：用白葡萄或皮红肉白的葡萄分离发酵制成。酒的颜色微黄带绿、近似无色或浅黄、禾秆黄、金黄。凡深黄、土黄、棕黄或褐黄等色，均不符合白葡萄酒的色泽要求。

红葡萄酒：采用皮红肉白或皮肉皆红的葡萄经葡萄皮和汁混合发酵而成。酒色呈自然深宝石红、宝石红、紫红或石榴红。凡黄褐、棕褐或土褐颜色，均不符合红葡萄酒的色泽要求。

桃红葡萄酒：用带色的红葡萄带皮发酵或分离发酵制成。酒色为浅红、桃红、橘红或玫瑰色。凡色泽过深或过浅均不符合桃红葡萄酒的要求。这一类葡萄酒在风味上具有新鲜感和明显的果香，含单宁不宜太高。玫瑰香葡萄、黑比诺、法国蓝等品种都适合酿制桃红葡萄酒。另外，红、白葡萄酒按一定比例勾兑也可算是桃红葡萄酒。

按照含糖量分类：

干葡萄酒：含糖量低于4克/升，品尝不出甜味，具有洁净、优雅、香气和谐的果香和酒香。

半干葡萄酒：含糖量在4～12克/升，微具甜感，酒的口味洁净、优雅、味觉圆润，具有和谐愉悦的果香和酒香。

半甜葡萄酒：含糖量在12～45克/升，具有甘甜、爽顺、舒愉的果香和酒香。

甜葡萄酒：含糖量大于45克/升，具有甘甜、醇厚、舒适、爽顺的口味，具有和谐的果香和酒香。

按照是否含二氧化碳分类：

不含有自身发酵或人工添加二氧化碳的葡萄酒叫静酒，是一种静态的葡萄酒。

气泡酒和汽酒是含有一定量二氧化碳气体的葡萄酒，又分为两类。

气泡酒：所含二氧化碳是用葡萄酒加糖再发酵产生的。在法国香槟地区生产的气泡酒叫香槟酒，在世界上享有盛名。其他地区生产的同类型产品按国际惯例不得叫香槟酒，一般叫气泡酒。

汽酒：用人工的方法将二氧化碳添加到葡萄酒中叫汽酒，因二氧化碳作用使酒更具有清新、愉快、爽怡的味感。

按照酿造方法分类：

天然葡萄酒：完全采用葡萄原料进行发酵，发酵过程中不添加糖分和酒精，选用提高原料含糖量的方法来提高成品酒精含量及控制残余糖量。

加强葡萄酒：发酵成原酒后用添加白兰地或脱臭酒精的方法来提高酒精含量，叫干红葡萄酒。既加白兰地或酒精又加糖以提高酒精含量和糖度的叫加强甜葡萄酒，我国叫浓甜葡萄酒。

加香葡萄酒：采用葡萄原酒浸泡芳香植物，再经调配制成，属于开胃型葡萄酒，如味美思、丁香葡萄酒、桂花陈酒；采用葡萄原酒浸泡药材，精心调配而成，属于滋补型葡萄酒，如人参葡萄酒。

葡萄蒸馏酒：采用优良品种葡萄原酒蒸馏，或发酵后经压榨的葡萄皮渣蒸馏，或由葡萄浆经葡萄汁分离机分离得的皮渣加糖水发酵后蒸馏而得。一般再经细心调配的叫白兰地，不经调配的叫葡萄烧酒。

按照酒精含量分类：

软饮料葡萄酒（或无泡酒）：分红、白两色。这类酒被称为桌酒，酒精含量为14度以下。

起泡葡萄酒：产地有法国香槟、布根地（勃艮第）、英塞尔、美国等，酒精含量不超过14度。

加强葡萄酒/加度葡萄酒：种类有些厘/雪莉、波堤/波特、马得拉、马沙拉、马拉加等，酒精含量 14～24度。

加香料葡萄酒：有意大利和法国产的红、白威末酒，以及有奎宁味的葡萄酒等，酒精含量15.5～20度。

按照葡萄汁含量分类：

全汁葡萄酒，是100%葡萄汁酿制而成，以干红和干白为代表。

半汁葡萄酒，半汁葡萄酒在国内虽然有一定的市场，在国际市场上却无容身之地。

按照葡萄来源分为：

家葡萄酒：以人工培植的酿酒品种葡萄为原料酿成的葡萄酒，产品直接以葡萄酒命名。国内葡萄酒生产厂家大都以生产家葡萄酒为主。

山葡萄酒：以野生葡萄为原料酿成的葡萄酒，产品以山葡萄酒或葡萄酒命名。

葡萄酒制作原料

葡萄品种是决定葡萄酒味道的主要因素，知道这瓶酒所使用的葡萄品种就可以大致判断出这瓶酒的味道。同一个葡萄品种在不同的产地会有不同的表现，但大致的风味与架构是相同的。

白葡萄品种

雷司令：原产德国，1892年从欧洲引入中国，山东烟台和胶东地区栽培较多。该品种适应性强，较易栽培，但抗病性较差。酿制酒为浅禾黄色，香气浓郁，酒质纯净。主要用于酿造干白、甜白葡萄酒及香槟酒。

白羽：欧亚种，原产格鲁吉亚，是当地最古老的品种之一。1956年引入中国。在河北、山东、陕西、北京等地区有大面积栽培。

贵人香：欧亚种，原产意大利。1982年引入中国。在山东、河北、陕西及天津、北京和黄河故道地区有较多栽培。贵人香嫩梢底色绿。叶片较小，心脏形，平展，浅五裂，叶面光滑，叶背有中等黄白色绒毛，叶缘锯齿锐，双侧直，叶柄洼闭合，具椭圆形空隙，或开张，呈底部尖的竖琴形。花两性。贵人香是酿制优质白葡萄酒的良种，也是酿制香槟酒、白兰地和加工葡萄汁的好品种。

李将军：欧亚种，原产法国。酿制酒为浅黄色，清香爽口，回味绵延，具典型性。该品种为黑品乐的变种，适宜酿造干白葡萄酒与香槟酒。

霞多丽：原产自法国勃艮第，是目前全世界最受欢迎的酿酒葡萄，属早熟型品种。由于适合各类型气候，耐冷，产量高且稳定，容易栽培，几乎已在全球各产酒区普遍种植。土质以带泥灰岩的石灰质土最佳。霞多丽酿造的干白酒最适合橡木桶培养的是葡萄酒，其酒香味浓郁，口感圆润，经久存可变得更丰富醇厚。以制造干白酒及气泡酒为主。

谢宁：谢宁这种上等葡萄酒最早在法国卢瓦尔谷底广泛种植，在美国加利福尼亚州、澳大利亚、南非和南美栽培得都很普遍。白谢宁葡萄酒是一种具有果味的葡萄酒，有的呈极度干性，有的稍甜，还有的甜度较高。品质最好的白谢宁酸度高、质地圆润，非同寻常，经陈酿色泽呈深深的金黄色。可存放50年甚至更长的时间。其酒香特别容易让人联想起鲜桃的香味，有一种淡淡的青草和药草的芳香。

塞米雍：赛米雍原产自法国波尔多区，但以智利种植面积最广，法国居次，主要种植于波尔多区。虽非流行品种，但在世界各地都有生产。适合温和型气候，产量大，所产葡萄粒小，糖分高，容易氧化。比起其他重要品种，塞米雍所产干白酒品种特性不明显，酒香淡，口感厚实，酸度经常不足，所以经常混合苏维浓以补其不足，适合年轻时饮用。部分产区经橡木桶发酵培养可丰富其酒香且较耐久存，如贝沙克—雷奥良等。

灰皮诺：灰皮诺原产自法国阿尔萨，除原产地外，也种植于意大利北部和德国。其葡萄颜色常呈粉红或浅红，所产葡萄酒酒精浓度较高。所含萃取物质相当高，酸味偏低，有时具香料味。

红葡萄品种

佳丽酿：佳利酿原产地西班牙，是西欧各国的古老酿酒优良品种之一。世界各地均有栽培。中国最早是1892年由西欧引入山东烟台。山东、河北、河南等产区有较大面积栽培。

佳利酿是世界酿红酒的古老品种之一，所酿之酒呈宝石红色，味正，香气好，宜与其他品种调配。去皮可酿成白或桃红葡萄酒。可用于红酒调配酒与制造白兰地，因此生产上有一定的推广意义和发展前景。

赤霞珠：赤霞珠是有着君王之尊的红色葡萄品种。果穗长圆锥形，有歧肩，果穗平均重250克，最大果穗重300克，果蓝黑色，近圆形。单果重1.3克，出汁率72.7%，果汁可溶性固形物16.3%。每果枝平均有花序1.83个。3月中旬开花，7月下旬至8月上旬成熟，生长期平均143天，有效积温2732.3摄氏度。该品种适应性较强，抗病力中等。

蛇龙珠：蛇龙珠属欧亚种，原产法国，为法国的古老品种之一，与赤霞珠、品丽珠是姊妹品种。1892年引入中国，山东烟台地区有较多栽培。蛇龙珠是酿制红葡萄酒的世界名种，宜在山东、东北南部、华北、西北地区栽培。由它酿成的酒呈宝石红色，澄清发亮，柔和爽口，具解百纳的典型性，酒质上等。

品丽珠：品亚种原产地法国，为法国古老的酿酒品种，世界各地均有栽培，是赤霞珠、蛇龙珠的姊妹品种。主要产区均有栽培。该品种是世界著名的、古老的酿红酒品种，它的酒质不如赤霞珠，适应性不如蛇龙珠。

黑品乐（黑皮诺）：黑品乐（黑皮诺）属欧亚种，原产法国勃艮第，栽培历史悠久，黑品乐在欧洲种植比较广泛，法国栽培约1.2万公顷，面积最大；其次为美国（4000公顷）、瑞士（3000公顷）。中国20世纪80年代开始引进，分布在甘肃、山东、新疆、云南等地区。

梅鹿辄：原产法国。在法国波尔多与其他名种（如赤霞珠等）配合生产出极佳干红葡萄酒。我国最早是1892年由西欧引入山东烟台。19世纪70年代后，又多次从法国、美国、澳大利亚等引入，是发展较快的酿酒品种，各主要产区均有栽培。

席拉：起源于法国北罗纳河谷的一种葡萄，当地用于酿造A.O.C红酒。单品种用于酿酒。席拉能赋予酒独特诱人的香气、复杂且有筋骨的口感，使酒不很浓郁但很丰满，质量稳定，能进行很好的陈酿。在南非，表现很像赤霞珠。

巴贝拉：起源于意大利，是这个国家的第二大栽培品种。皮埃蒙特地区红酒总产量的一半是用巴贝拉酿造的。巴贝拉葡萄酒的风格很多，其中的优质品种可耐受很长时间的陈酿。巴贝拉的果实即使在成熟很充分时仍然有较高的酸度，使它在炎热的气候条件下有一定的优势。总体上，葡萄酒呈深沉的宝石红色，体量饱满，单宁含量低，酸含量高。

马尔贝克：起源于法国，是波尔多地区允许进行葡萄酒勾兑的5个品种之一。马尔贝克红葡萄酒果香浓郁，酒体平衡，具有黑醋栗、桑葚、李子的芳香，偶尔还表现出桃子的风味。口感比解百纳类的葡萄酒柔软。此外，马尔贝克还用于勾兑葡萄酒，使葡萄酒具有早饮性。所酿出的葡萄酒柔和、特征饱满、色泽美丽，而且含有相当数量的单宁，适合勾兑解百纳葡萄酒。

内比奥洛：起源于意大利，它能够生产出最令人恒久不忘、品质保持年限最长的佳酿。内比奥洛是意大利最优品质的DOCG级葡萄酒的首选。即使是在皮埃蒙特地区，内比奥洛也仅仅是在数个精选区域进行栽培。由于难于栽培和并不丰产，内比奥洛的产量只占皮埃蒙特地区的30%。

桑娇维塞：原产意大利，是意大利栽培最多的红葡萄品种，是意大利一些最知名葡萄酒的原料，比如是驰安酬（Chianti，又称奇安蒂）葡萄酒的主要原料。对这个品种单系的选择非常重要，否则生产出的葡萄酒只能达到一般的品质。

葡萄酒品酒步骤

看

摇晃酒杯，观察其缓缓流下的酒脚；再将杯子倾斜45°，观察酒的颜色及液面边缘（以在自然光线的状态下最理想），这个步骤可判断出酒的成熟度。一般而言，白葡萄酒在它初酿时是无色的，但随着陈年时间的增长，颜色会逐渐由浅黄并略带绿色反光，到成熟的麦秆色、金黄色，最后变成金铜色。若变成金铜色，则表示已经太老不适合饮用了。红葡萄酒则相反，它的颜色会随着时间而逐渐变淡，初酿时是深红带紫，然后会渐渐转为正红或樱桃红，再转为红色偏橙红或砖红色，最后呈红褐色。

闻

将酒摇晃过后，再将鼻子深深置入杯中深吸至少2秒，重复此动作可分辨多种气味，尽可能从三方面来分析酒的香味。

强度：弱、适中、明显、强、特强。

质地：简单、复杂、愉悦、反感。

特征：果味、骚味、植物味、矿物味、香料味。

具体操作分为以下两个步骤。

第一步：在杯中的酒面静止状态下，把鼻子探到杯内，闻到的香气比较优雅清淡，是葡萄酒中扩散最强的那一部分香气。

第二步：手捏玻璃杯柱，不停地顺时针摇晃品酒杯，使葡萄酒在杯里做圆周旋转，酒液挂在玻璃杯壁上。这时，葡萄酒中的芳香物质，大都能挥发出来。停止摇晃后，第二次闻香，这时香气更饱满、更充沛、更浓郁，能够比较真实、比较准确地反映葡萄酒的内在质量。

尝

小酌一口，并以半漱口的方式，让酒在嘴中充分与空气混合且接触到口中的所有部位；当你捕捉到红葡萄酒的迷人香气时，酒液在你口腔中是如珍珠般的圆滑紧密，如丝绸般的滑润缠绵，让你不忍弃之。此时可归纳、分析出单宁、甜度、酸度、圆润度、成熟度。也可以将酒吞下，以感觉酒的终感及余韵。

吐

如果想完美地了解、欣赏，有时就不得不舍弃一些，这就是鉴赏过程的最后一步：吐。当酒液在口腔中充分与味蕾接触，舌头感觉到酒的酸、甜、苦味后，再将酒液吐出，此时要感受的就是酒在你口腔中的余香和舌根余味。余香绵长、丰富，余味悠长，就说明这是一款不错的红葡萄酒。

葡萄酒的饮酒规则

葡萄酒一般是在餐桌上饮用的，故常称为佐餐酒。在上葡萄酒时，如有多种葡萄酒，哪种酒先上，哪种酒后上，有几条国际通用规则：先上白葡萄酒，后上红葡萄酒；先上新酒，后上陈酒；先上淡酒，后上醇酒；先上干酒，后上甜酒。

不同的葡萄酒饮用方法不同。味美思又叫开胃葡萄酒，餐前喝上一杯，可引起唾液和胃液的分泌，增进食欲。干葡萄酒又叫佐餐葡萄酒，顾名思义，是边吃边喝的葡萄酒。甜葡萄酒又叫待散葡萄酒，在宴会结束之前喝一杯，会使你回味不绝，心满意足。而在宴会高潮的时候，开一瓶香槟酒，单单清脆响亮的启瓶声，就可增加宴会的热烈气氛和酒兴。

白兰地是一种高雅庄重的蒸馏酒。宴会桌上摆上白兰地，可突出和显示宴会的隆重。白兰地在餐前、餐中、餐后（国外多在餐后饮用）都可饮用。茶水和白兰地中又都含有一定数量的单宁，两者混合饮用，既能直接把烈性酒转化为低度饮料，又能保持白兰地的色、香、味，给人以美的享受。

葡萄酒的贮藏方式

酒瓶必须斜放、横放或者倒立，使酒液与软木塞接触，以保持软木塞湿润。

避免强光（包含阳光及强烈光线）。

理想的贮酒温度是10~16摄氏度，温度越低成熟越慢。

保存的适宜湿度是60%~80%，但湿度超过75%时酒标容易发霉。

保存葡萄酒时需避免震动的伤害。

保存葡萄酒时避免与异味、难闻的物品放在一起，以免葡萄酒吸入异味。

葡萄酒餐桌侍酒常识

上酒的顺序

先白而后红、先淡而后浓重、先不甜而后甜、先年轻的酒而后陈年的酒，是一般的上酒顺序。若等级差别太大，可考虑先上普通的酒款而后再上精彩的酒款。总之，要避免在后面的酒被前一瓶酒的味道干扰。

按香槟、白葡萄酒、红葡萄酒、甜或半甜葡萄酒（如果有大分量的甜品搭配的话）、烈性葡萄酒（雪莉酒、波特酒或干邑）的顺序，基本上是不会错的。

其次是同类葡萄酒上酒顺序，应该从清淡到浓郁，从轻酒体到重酒体，从简单到复杂，从干型到甜型，从年轻到成熟。

选杯

气泡酒选用香槟杯，赤霞珠混酿用波尔多杯，黑品乐用勃第杯，干白用霞多丽杯。

酒具的使用

在酒具使用前，要对灯光看一看，是否干净；再闻一闻，是否有异味；醒酒器要慎重使用，大多数餐厅并不懂得如何正确地清洁，除非你很了解，否则尽量不要用。

斟酒

斟酒只要倒至酒杯的1/4～1/3即可，以免摇杯时溢出。气泡酒因为酒香随气泡散发，一般不需要摇杯，可以直接倒至七分至八分满，以方便观察气泡。

藏酒地

你要有地方存放收集来的葡萄酒；最好的地方是地下室，因为那里较为凉爽，而且阳光照射也最少。理想的酒窖不必很大，只要有足够的空间，够摆上一些葡萄酒酒架，将温度保持在10～15摄氏度。如果是白葡萄酒，温度要更低一点。

摆放

把标签贴在瓶颈上，这样不用移动葡萄酒的位置就可以进行识别；应把同一年份的葡萄酒放在一起，便于查询。经常要喝的葡萄酒应该放在靠近储藏室门口的地方；而为特殊的重要时刻准备的酒要放在更加靠里的位置。

不要跟着年份走

每一年都出产很多葡萄酒，要找到全部或者购买其中的大部分是几乎不可能的。收藏葡萄酒的最好的方法就是：选择那些合你口味的葡萄酒。

怎样描述葡萄酒的口感变化

酸的来源：葡萄酒中的酸基本上来自酿酒葡萄本身，不过有些葡萄酒产区也允许在酿造葡萄酒的过程中人工加入酸。葡萄在成熟的时候，糖分会逐渐升高，而酸度会逐渐降低，所以如果想要让最终得到的葡萄酒具有较好的酸度，就要谨慎地控制葡萄采摘时间。

用来描述酸的词汇：脆爽、活泼、明快、天然和活力充沛等；反义词有平淡、疲软和寡然无味等。

单宁的来源：葡萄酒中的单宁大部分来自葡萄皮，其他来自葡萄籽、葡萄梗和橡木桶。红葡萄酒的单宁往往比白葡萄酒高很多，因为红葡萄酒是带皮发酵的，而白葡萄酒不带皮发酵。一款不经过橡木桶熟成的白葡萄酒几乎不带单宁。

用来描述单宁的词汇：紧致、干、紧实、耐嚼、生硬和粗糙等；反义词有柔和、顺滑、柔软、圆润、成熟和如天鹅绒般柔顺等。

酒精的来源：酒精是在葡萄酒发酵过程中产生的。发酵的时候，酵母在缺氧环境下，会把葡萄中的糖分转化为酒精和二氧化碳。有些产区在酿造葡萄酒的时候，可以人工添加糖分。

用来描述酒精度词汇：温暖、热烈、厚重和香甜。

糖分的来源：糖分主要来自葡萄果实本身。葡萄酒中的糖分大多是发酵时残留下来的。如果发酵还没进行完全就人为地终止发酵，就会有部分糖分没有被酵母转化而残留下来。有些酿酒师也会往葡萄酒中加入葡萄汁或者浓缩葡萄汁来提高葡萄酒的糖分。

用来描述葡萄酒糖分的词汇：甜蜜、如糖浆般甜美、半干、甜腻、甜和半甜等；反义词有干、干涩、干型、超干和天然干等。

酒体是指葡萄酒给口腔带来的"重量感"和"饱和感"。

如果一款葡萄酒整体比较平衡，那说明它的风味、酒体和各种成分达到了一种和谐共处的状态。由于酒精可以加重葡萄酒的酒体，酒精度过低的葡萄酒的酒体可能就显得比较纤瘦；相反，酒精度偏高的葡萄酒的酒体就比较丰满。另外，葡萄酒中的干渗出物（包括糖分、非可挥发性酸、矿物质、酚类物质以及甘油等）浓度越高，葡萄酒的酒体也就越重。葡萄酒在橡木桶中熟成时，由于液体会挥发掉一部分，从而使得干浸出物的浓度变大，葡萄酒的酒体也就会有所提高。

用来描述酒体的词汇：轻盈、清瘦、纤细和单薄等；反义词有丰满、厚重、丰郁、油腻、集中和庞大等。

红酒的成分相当简单，是经自然发酵酿造出来的果酒，成分主要是葡萄汁，占80%以上；经葡萄里面的糖分自然发酵而成的酒精，一般在10% ~ 30%；剩余的物质超过1000种，比较重要的有300多种。红酒其他重要的成分有酒石酸、果胶、矿物质和单宁酸等。

虽然这些物质所占的比例不高，却是酒质优劣的决定性因素。质优味美的红酒，是因为它们能呈现一种组织结构的平衡，使人在味觉上有无穷的享受。

第三节　啤酒文化

啤酒是人类最古老的酒精饮料，是水和茶之后世界上消耗量排名第三的饮料。在古代中国，也有类似啤酒的酒精饮料，古人称之为醴。大约在汉代后，醴被酒曲酿造的黄酒淘汰。2009年，亚洲的啤酒产量约5867万公升，首次超越欧洲，成为全球最大的啤酒生产地。清代末期，啤酒生产技术引入中国。新中国成立后，尤其是自20世纪80年代以来，啤酒工业得到了突飞猛进的发展，中国已成为世界第一啤酒生产大国。

啤酒的历史：商代的谷芽——蘖和原始的啤酒——醴

中国远古时期的醴是用谷芽酿造的，即所谓的蘖法酿醴。《黄帝内经》中记载有醪醴。随着时代的变迁，用谷芽酿造的醴消失了，但口味类似醴，用酒曲酿造的甜酒却保留了下来。因此，人们普遍认为中国自古以来没有啤酒。但是根据古代的资料，中国很早就掌握了蘖的制造方法，也掌握了用蘖制造饴糖的方法。

古代的谷芽和饴糖生产是原始啤酒生产的旁证。在春秋战国时期，已开始使用饴糖。到了北魏时，蘖的用途主要是用来做饴糖。《齐民要术》中详细记载了小麦麦芽及饴糖的做法，麦芽制造过程与现代啤酒工业麦芽制造过程基本相同。中国古代既然精通麦芽的糖化，至少可说明用蘖来酿造醴(啤酒)是完全有可能的。

古代外国的啤酒酿制过程中，有两道工序，其一是浸麦（促使其发芽），其二是麦芽的浸渍（使其糖化）。在中国古代，即使采用酒曲法酿酒，也有一道工序是浸曲，这种浸曲法比唐宋之后的干曲末直接投入米饭中的方法更为古老。在北魏时极为盛行，即先将酒曲浸泡在水中若干天，然后再加入米饭，再开始发酵。浸曲法可能是继承了啤酒麦芽浸泡的传统做法，即两者是一脉相承的。

后来古人为了提高酒曲的糖化发酵能力，就加入了新鲜米饭，酿成的酒度也就能提高。这样曲法酿酒就淘汰了蘖法酿醴。可以相信，蘖法酿醴这种方式在中国的酿酒业中曾经占据过重要的地位，甚至其历史跨度还超过了以往的酒曲法。

啤酒的营养

啤酒是以大麦芽、酒花、水为主要原料，经酵母发酵作用酿制而成的饱含二氧化碳的低酒精度酒。它含有多种氨基酸、维生素、低分子糖、无机盐和各种酶。这些营养成分人体容易吸收利用。啤酒中的低分子糖和氨基酸很易被消化吸收，在体内产生大量热能，因此往往啤酒被人们称为 "液体面包"。一升12度白熊的啤酒，可产生3344千焦热量，相当于3～5个鸡蛋或210克面包所产生热量。一个轻体力劳动者，如果一天能饮用一升啤酒，即可获得所需热量的三分之一。

啤酒的分类

啤酒常见的几种分类方式：

按原麦浓度分：低浓度啤酒、高浓度啤酒。

按杀菌情况分：鲜啤酒、熟啤酒、生啤酒。

按色泽分：淡色啤酒、浓色啤酒、黑啤。

淡色啤酒是各类啤酒中产量最多的一种。按色泽的深浅，淡色啤酒又可分为以下三种。

淡黄色啤酒：此种啤酒大多采用色泽极浅、溶解度不高的麦芽为原料，糖化周期短，因此啤酒色泽浅。其口味多属淡爽型，酒花香味浓郁。

金黄色啤酒：此种啤酒所采用的麦芽，溶解度较淡黄色啤酒略高，因此色泽呈金黄色，其产品商标上通常标注"Gold"一词，以便消费者辨认。口味醇和，酒花香味突出。

棕黄色啤酒：此类酒采用溶解度高的麦芽。烘烤麦芽温度较高，因此麦芽色泽深，酒液黄中带棕色，实际上已接近浓色啤酒。其口味较粗重、浓稠。

按酵母分：顶部发酵和底部发酵。

顶部发酵：使用该酵母发酵的啤酒在发酵过程中，液体表面大量聚集泡沫进行发酵。这种方式发酵的啤酒适合温度高的环境：16～24摄氏度。

底部发酵：顾名思义，该啤酒酵母在底部进行发酵，发酵温度要求较低，酒精含量较低。这类啤酒的代表就是国内常喝的窖藏啤酒，一般发酵温度为8～12摄氏度。

按照工艺分：

纯生啤酒：采用特殊的酿造工艺，严格控制微生物指标，不进行热杀菌，让啤酒保持较高的生物、非生物、风味稳定性。这种啤酒非常新鲜、可口，保质期达半年以上。

干啤酒：该啤酒的发酵度高，残糖低，二氧化碳含量高。故具有口味干爽、杀口力强的特点。由于糖的含量低，属于低热量啤酒。

全麦芽啤酒：酿造中遵循德国的纯酿法，原料全部采用麦芽，不添加任何辅料。生产出的啤酒成本较高，但麦芽香味突出。

头道麦汁啤酒：利用过滤所得的麦汁直接进行发酵，而不掺入冲洗残糖的二道麦汁。具有口味醇爽、后味干净的特点。

黑啤酒：麦芽原料中加入部分焦香麦芽酿制成的啤酒。具有色泽深、苦味重、泡沫好、酒精含量高的特点，并具有焦糖香味。

低（无）醇啤酒：基于消费者对健康的追求，减少酒精的摄入量所推出的新品种。其生产方法与普通啤酒的生产方法一样，但最后经过脱醇方法，将酒精分离。无醇啤酒的酒精含量应少于 0.5%（v/v）。

冰啤酒：啤酒冷却至冰点，使啤酒出现微小冰晶，然后进行过滤，将大冰晶过滤掉。解决了啤酒冷混浊和氧化混浊问题。冰啤色泽特别清亮，酒精含量较一般啤酒高，口味柔和、醇厚、爽口，尤其适合年轻人饮用。

果味啤酒：发酵中加入果汁提取物，酒精度低。本品既有啤酒特有的清爽口感，又有水果的香甜味道，适于妇女、老年人饮用。

小麦啤酒：以添加小麦芽生产的啤酒，生产工艺要求较高。酒液清亮透明，酒的储藏期较短。此种酒的特点为色泽较浅，口感淡爽，苦味轻。

淡味啤酒：色度为5～14EBC（混浊计量单位）。淡色啤酒为啤酒类中产量最大的一种。浅色啤酒又分为浅黄色啤酒、金黄色啤酒。浅黄色啤酒口味淡爽，酒花香味突出。金黄色啤酒口味清爽而醇和，酒花香味也突出。

浓色啤酒：色泽呈红棕色或红褐色，色度为14～40EBC。浓色啤酒麦芽香味突出，口味醇厚，酒花口味较轻。

黑色啤酒：色泽呈深红褐色乃至黑褐色。黑色啤酒麦芽香味突出、口味浓醇、泡沫细腻，苦味根据产品类型而有较大差异。

鲜啤酒：啤酒包装后，不经过巴氏热灭菌和物理膜过滤的啤酒。这种啤酒味道鲜美，但容易变质，保质期为 7 天左右。

生啤酒：不经过巴氏杀菌但是需要经过物理膜过滤的啤酒。相较于熟啤酒而言啤酒风味更好，减少了啤酒氧化味和老化味的形成。

熟啤酒：啤酒罐装后，经过巴氏热灭菌的啤酒。可以存放较长时间，可用于外地销售，优级啤酒保质期为 120 天。

混浊啤酒：在成品中含有一定量的酵母菌或显示特殊风味的胶体物质，浊度大于等于2.0 EBC的啤酒。除特征性外，其他要求应符合相应类型啤酒的规定。

果蔬汁型啤酒：添加一定量的果蔬汁，具有其特征性理化指标和风味，并保持啤酒基本口味的啤酒。除特征性指标外，其他要求应符合相应啤酒的规定。

果蔬味型啤酒：在保持啤酒基本口味的基础上，添加少量食用香精，具有相应的果蔬风味的啤酒。除特征性指标外，其他应要求符合相应啤酒的规定。

上面发酵啤酒：该种啤酒采用上面酵母发酵法。发酵过程中，酵母随二氧化碳浮到发酵面上，发酵温度为15～20摄氏度。啤酒的香味突出。

下面发酵啤酒：该种啤酒采用下面酵母发酵法。发酵完毕，酵母凝聚沉淀到发酵容器底部，发酵温度为5～10摄氏度。啤酒的香味柔和。世界上绝大部分国家采用下面发酵法生产啤酒。

啤酒花的魅力

啤酒花是啤酒中不可缺少的成分，在啤酒酿制过程中具有不可替代的作用。啤酒花使啤酒具有清爽的芳香气、苦味和防腐力。酒花的芳香与麦芽的清香赋予啤酒含蓄的风味。啤酒、咖啡和茶都以香与苦取胜，这也是这几种饮料的魅力所在。由于酒花具有天然的防腐力，故啤酒无须添加有毒的防腐剂，啤酒花可以使啤酒形成优良的泡沫。

啤酒泡沫是酒花中的异律草酮和来自麦芽的起泡蛋白的复合体。优良的酒花和麦芽，能酿造出洁白、细腻、丰富且挂杯持久的啤酒泡沫，啤酒花有利于麦汁的澄清。在麦汁煮沸过程中，由于酒花添加，可将麦汁中的蛋白络合析出，起到澄清麦汁的作用，从而酿造出清纯的啤酒来。

中国及世界著名啤酒品牌

西藏青稞啤酒

西藏青稞啤酒采用西藏当地无污染的优质矿泉水和极富营养价值的青稞为主要原料酿制而成，是世界上唯一以青稞为原料、规模化生产的啤酒。以青稞为原料酿制的啤酒拥有独特的功效，饮用它可以达到降血脂、调节血糖、有益肠道、提高免疫力等保健功效，还可中和人体尿酸。

青岛啤酒

1903年8月，来自英国和德国的商人联合投资40万马克在青岛成立了日耳曼啤酒公司青岛股份公司，采用德国的酿造技术以及原料进行生产。古老的华夏大地诞生了第一座以欧洲技术建造的啤酒厂。经过百年沧桑，青岛啤酒成为国内重要啤酒品牌。

北京华润雪花啤酒

北京华润雪花啤酒成立于1994年，总部设于中国北京，其股东是华润创业有限公司和全球第二大啤酒集团英国南非米勒酿酒公司（SABMiller）。雪花啤酒以清新、淡爽的口感，深受当代年轻人喜爱。

北京燕京啤酒

燕京啤酒 1980 年建厂，1993 年组建集团。经过 20 年发展，燕京啤酒已经成为中国最大啤酒企业集团之一。燕京啤酒被指定为"人民大会堂国宴特供酒"、中国国际航空公司等四家航空公司配餐用酒。1997 年，燕京牌商标被国家工商总局认定为"驰名商标"。

郑州金星啤酒

郑州金星啤酒创建于1982年，主导产品有金星、蓝马两大系列啤酒60多个品种，畅销20多个省。被指定为钓鱼台国宾馆国宴特供酒。

哈尔滨啤酒

哈尔滨啤酒始于1900年，由俄罗斯商人乌卢布列夫斯基创建，是中国历史最悠久的啤酒品牌。1995年成立百威（武汉）国际啤酒有限公司。经过百年的发展，哈啤集团已经成为国内第五大啤酒酿造企业。

广州珠江啤酒

广州珠江啤酒于1985年建成投产，是一家以啤酒业为主体，以啤酒配套和相关产业为辅助的大型现代化啤酒企业，珠啤集团本部产能突破150万吨。

浙江中华啤酒

浙江中华啤酒在1992年成为北京人民大会堂国宴用酒，如今又成了钓鱼台国宾馆的国宴特供酒。中华啤酒选用优质大麦、啤酒花、水作为主要原料，采用先进的工艺精心酿制而成，具有独特的口味。

福建雪津啤酒

始建于1986年，即英博雪津啤酒有限公司。自2001年起，雪津以每年超10万吨的速度发展，2006年产销量超过100万吨，各项经济指标均居全国前列。

伊堡啤酒

YEPOBEER（伊堡啤酒）起源于德国东南部城市，创立于1891年，具有悠久的历史文化，沿用传统的方法酿制而成，口感清爽，香醇。

作为德国传统品牌之一，2003年进入中国市场，产品秉承了德国人理性、严谨的设计风格和欧洲顶端的设计理念，其具备世界顶尖的品质、简洁大方的造型、鲜明时尚的个性和纯正的欧陆风格，7年时间在中国市场占领了重要的位置。

比尔森啤酒

比尔森啤酒产于捷克斯洛伐克的比尔森。当地水质好，硬度很低，酒花的香味很好。采用优质二棱大麦，以下面发酵法生产。特点为色泽浅黄，泡沫好，酒花香味浓，苦味重而不长，口味醇爽，是具有代表性的淡色啤酒。

多特蒙德啤酒

多特蒙德啤酒产于德国的多特蒙德。当地水质极硬。采用下面发酵法生产。特点为色泽浅，苦味轻，口味醇和爽口，是德国具有特性的淡色啤酒。

慕尼黑啤酒

产于德国慕尼黑。当地水质硬度适中。采用深色麦芽，以下面发酵法生产。特点是色泽深，有浓郁的焦麦芽香味，苦味轻，口味浓醇而甜，是具有代表性的黑啤酒。慕尼黑当地生产的啤酒又分为几种口味。其中最有名的为欧菲啤酒。

CISK啤酒（太子啤酒）

CISK啤酒产于欧洲风景秀丽的马耳他。采用下面发酵法生产，是优秀的拉格啤酒，曾荣获多项国际奖项。自1928年推出以来，啤酒的配方成品一直保持不变。这种啤酒呈金黄色，其泡沫浓密、细腻、均匀和挂杯，丰富的麦芽香气与不浓的酒花苦味绝妙均衡，使之成为优秀的拉格啤酒。

第四节　其他小众酒文化

酒作为一种特殊的文化载体，在人类交往中占有独特的地位。酒文化已经渗透到人类社会生活的各个领域，对文学艺术、医疗卫生、工农业生产、政治经济各方面都有着巨大影响和作用。

各种果酒的酿制

少数民族地区大都是植物资源较为丰富的宝地，第一缕幽幽的酒香就是从少数民族聚居地的茫茫林海中飘起的。家庭型酿酒作坊是现代酒业发展的种子。

树头酒

树头酒的配制过程最富特色。早在元、明之际，在云南西双版纳、德宏等热带、亚热带森林中，《百夷传》曾描述少数民族"甚善水，嗜酒。其地有树，状若棕，树之稍有如竿者八九茎，人以刀去其尖，缚瓢于上，过一霄则有酒一瓢，香而且甘，饮之辄醉。其酒经宿必酸，炼为烧酒，能饮者可一盏"。

清初，树头酒的果实直接取汁酿制的方法还常见于权威性的官方文献中，清康熙《云南通志·土司》中有如下记述："土人以曲纳罐中，以索悬罐于实下，划实取汁，流于罐，以为酒，名曰树头酒。"据考证，树头酒的树种，属热带椰子之类，果实可以从花梗处取饮液汁，因内含糖质，可用于酿酒。这种不用摘取果实，而是将酒曲放在瓢、罐、壶之类的容器中，悬挂在果实下，把果实划开或者钻孔进行酿酒的方法，着实令人大开眼界。清末民初，树头取酒的办法仍残存于滇西、滇南少数民族之中。

除了树头酒，少数民族的果酒还有很多。如常见的有刺梨酒、桑葚酒、山楂酒等。许多家植水果也用以酿酒。云南寻甸苗族的雪梨酒，还被赋予了神奇的魔力，民间俗语有道："吃了雪梨酿的酒会破坏夫妻感情，再吃一回雪梨酿的酒又会恢复夫妻感情。"

水酒

水酒，即发酵酒，用黍、稷、麦、稻等为原料加工酒曲经糖化、酒化直接发酵而成，汁和滓同时食用，即古人所说的"醪"。水酒是我国少数民族酒中品种最多、饮用最为普遍的一类，如朝鲜族的"三亥酒"、壮族的"甜酒"、高山族的"姑待酒"、瑶族的"糖酒"、藏族的"青稞酒"、纳西族的"窨酒"、普米族的"酥理玛"等均属此类。

在许多少数民族地区，发酵酒又称为白酒，并按发酵程度的不同，分为甜白酒和辣白酒两类。甜白酒是以大米、玉米、粟等粮食作物为原料，用清水浸泡或煮熟，再蒸透后，控在不渗水的盆、罐、桶等容具中，待其凉透，撒上甜酒曲，淋少许凉水，搅拌均匀，放置在温暖干燥处。夏季，1～2天即可成甜白酒；冬天需3～5天，但如果把酒放在靠近火塘的地方，成酒也较快。

拉祜族用糯米为原料，筛去细糠，留下粗糠和米同酿。酿制方法是，用热水浸泡原粮再煮沸，取出后趁热用木甑蒸透，控装在陶罐内，撒上自制酒曲。约一小时后即可饮用，其味清凉甜美。

甜白酒

甜白酒实质上是在粮食中的淀粉完全糖化、酒化过程即将开始时所形成的水酒，甘甜可口，只隐约透出酒的醇香，是老幼咸宜的饮料。各民族酿制甜白酒有悠久的历史，早在元明之际，已有商品化生产。

明初，徐霞客游云南大理永昌（今保山）途中，穿越一山峡，曾记载："有数家当南峡，是为弯子桥，有卖浆者，连糟而啜之，即余地之酒酿也。"可见，早在明代，即使深山幽谷，甜白酒也成为商品，供山峡古道上匆匆过往的商旅"连糟而啜之"。

甜白酒具有很高的营养价值。以甜白酒煮的鸡蛋，是彝族等民族待客的佳品。明清以来，相习成俗。时至今日，每逢佳节良辰，泡米蒸饭酿白酒仍是许多少数民族最要紧的节前准备工作之一。

第五节　调制酒——鸡尾酒

调酒就是调制鸡尾酒。鸡尾酒不仅渗透到世界的每个角落，而且其新的内涵也得到了大家的共识；鸡尾酒是由任何种类的烈酒、果汁、奶油等混合而成的，含有较多或较少酒精成分，具有滋补、提神功能，并能使人感到爽洁愉快的浪漫饮品。

调制一款鸡尾酒如同演奏一首乐曲，各种材料的组合如同曲子里的音符，有它们特殊的位置和职能，只有遵循这个规律，才能产生和谐与共鸣，达到最理想的效果。

鸡尾酒的发展历程

关于"鸡尾酒"一词的由来，有着许多不同的传说故事。但有一点可以肯定，它诞生于美国。有人说由于构成鸡尾酒的原料种类很多，而且颜色绚丽，丰富多彩，如同公鸡尾部的羽毛一样美丽，因此称为鸡尾酒；有人说"鸡尾酒"一词最先出现在美国独立战争时期的一个小客栈；有人说鸡尾酒最先出现在18世纪美国水手的航行生涯中。无论怎么说这些都是非常美丽和浪漫的传说。

调酒样式

既然鸡尾酒是一种混合饮料，那么构成鸡尾酒的各种材料和饮用方法的不同，又使鸡尾酒的调制方法有很大的差异。调酒方法分为三种：花式调酒、英式调酒、自由式调酒。

花式调酒

所谓花式，顾名思义，调酒动作很花哨，样式很多，与常规调酒大不一样。这种调酒方式更强调调酒过程中的表演。把酒瓶扔得像杂技一样的调酒高手，其实是单纯表演性质的调酒手段。这种鸡尾酒的味道通常比较一般。调酒的杂技难度系数才是这种调酒的灵魂。当然还伴随着喷火什么的，其实只要是高度数的烈酒，你自己也能喷出火来。

英式调酒

众所周知，英国是一个很注重绅士风度的国家，英式调酒就是一种绅士的调酒方式。若你在酒吧看到的调酒师穿着马甲，调酒动作十分绅士规范，那他的调酒风格就是英式了。英式调酒是真正的调酒师最需要刻苦钻研的一种技法。英式调酒讲究的是每一种味道、每一种口感，每种基酒或者味道在整个鸡尾酒中应该占有多少比例，都是有非常严格要求的。

自由调酒

自由即随性，自由调酒比较提倡运用新颖的方法但又尊重传统的调酒方式。主要就是囊括了那些注重鸡尾酒的味道与创新的一些鸡尾酒调酒师。这些调酒师尊重鸡尾酒传统，同时兼顾每一种酒的味道和特点，还能不断地创新出不同的鸡尾酒品种来，这才是大师级的调酒师。

鸡尾酒的调制方法

成就一杯完美鸡尾酒的关键是：正确的操作、正确的配方、正确的杯具、优质的材料和漂亮的装饰。每种类型的调制方法和过程均不同，基酒与辅料的比例和所选杯具也不同，这都要靠丰富的酒水知识和熟练的调酒技术去完成。

摇荡法

是调制鸡尾酒最普遍而简易的方法，将酒类材料及配料、冰块等放入雪克壶内，用劲来回摇晃，使其充分混合即可。能去除酒的辛辣，使酒温和且入口顺畅。

注意：摇荡时速度要快并有节奏感，摇荡的声音才会好听。

使用摇荡法需准备的基本器材：雪克壶、量杯、酒杯、隔冰器、夹冰器。

将材料以量杯量出正确分量后，倒入打开的雪克壶中。

以夹冰器夹取冰块，放入雪克壶。

盖好雪克壶后，以右手大拇指抵住上盖，食指及小指夹住雪克壶，中指及无名指支撑雪克壶。

左手无名指及中指托住雪克壶底部，食指，小指夹住雪克壶，大拇指夹住过滤盖。

双手握紧雪克壶，手背抬高至肩膀，再用手腕来回甩动。摇晃时速度要快，来回甩动约10次，再以水平方式前后来回摇动约10次即可。

直接注入法

把材料直接注入酒杯的一种鸡尾酒制法，做法非常简单，只要材料分量控制好，初学者也可以做得很好。

使用直接注入法需准备的基本器材：鸡尾酒杯、量杯、夹冰器。

将基酒以量杯量出正确分量后，倒入鸡尾酒杯中。

以夹冰器取冰块，放入调酒杯中。

最后倒入其他配料至满杯即可。

果汁机混合法

用果汁机取代摇荡法，主要是有水果类块状材料需要搅拌，也是目前最流行的做法，混合效果相当好。事先准备细碎冰或刨冰，在果汁机上部倒入材料，然后加入碎冰（刨冰），开启电源混合搅动。约十秒钟关掉开关，等马达停止时拿下混合杯，把酒液倒入酒杯中即可。

使用果汁机混合法需准备的基本器材：果汁机、量杯、杯具、夹冰器。

将酒类以量杯量出正确分量后，倒入果汁机内。

以夹冰器夹取冰块，放入果汁机内。

最后倒入其中。

怎样调制鸡尾酒

鸡尾酒分为短饮和长饮。

短饮：意即短时间喝的鸡尾酒，时间一长风味就减弱了。此种酒采用摇动或搅拌以及冰镇的方法制成，使用鸡尾酒酒杯。一般认为鸡尾酒在调好后10～20分钟饮用为好。大部分短饮鸡尾酒酒精度数在30度左右。

长饮：是调制成适于消磨时间悠闲饮用的鸡尾酒。兑上苏打水、果汁等。长饮鸡尾酒几乎都是用平底玻璃酒杯或果汁水酒杯这种大容量的杯子。它是加冰的冷饮，也有加开水或热奶趁热喝的，尽管如此，一般认为30分钟左右饮用为好。与短饮相比，长饮大多酒精浓度低，所以容易喝。

鸡尾酒依制法不同而分为以下几种。

果汁水酒：烈性酒中加柠檬汁和砂糖或糖浆，再加满苏打水。著名的有约翰克林酒、汤加连酒等。

清凉饮料：烈性酒中加柠檬、酸橙的果汁和甜味料，再加满苏打水或姜麦酒。也有以葡萄酒为基酒的无酒精的类型。

香甜酒：在葡萄酒、烈性酒中加鸡蛋、砂糖，喜欢的话可以最后撒上点肉豆蔻。有冷热两种。

餐后饮料：把任何种类的烈性酒、甜露酒、鲜奶按密度的大小依次倒进杯子，使之不混合在一起的类型。重要的是事先了解各种酒的密度。

宾治（Punch）：以葡萄酒、烈性酒为基酒，加入各种甜露酒、果汁、水果等制成。作为宴会饮料，多用混合香甜饮料的大酒钵调制。几乎都是冷饮，但也有热的。

酸味鸡尾酒：在烈性酒中加柠檬汁、砂糖等甜味和酸味配料。在美国，此酒原则上不用苏打水。其他国家有用苏打水和香槟酒的。

鸡尾酒调制时的注意事项

在调制鸡尾酒之前，要将酒杯和所用材料预先准备好，以方便使用。在调制过程中，如果再耗时去找酒杯或某一种材料那是调不好高质量的鸡尾酒的。

使用材料必须新鲜，特别是蛋、奶、果汁。罐装装饰水果如樱桃要根据当天用量提前冲洗干净，用保鲜膜封好放入冰箱备用。在调制操作过程中应尽量避免用手接触装饰物。

鸡尾酒装饰物要严格遵循配方要求，自创酒的装饰物也要本着简单和谐的原则。调酒所用冰块尽量选择新鲜质坚不易融化的。下料程序须坚持先辅料后主料的原则。绝大多数的鸡尾酒要现调现喝，不宜长时间放置。

调制热饮酒，温度不能超过78摄氏度。在使用玻璃杯时，如室温较高，使用前先将冷水倒入杯中，再放入冰块，然后将水滤掉，加入调酒材料进行调制。调酒使用的糖块、糖粉要首先在调酒器或酒杯调酒器中用少量的水溶化，然后再加入其他材料进行调制。糖浆或糖粉与水的比例为3∶1。

调酒时（配方中）加满苏打水或矿泉水，一般是针对适量的酒杯，对容量大的酒杯可酌情掌握用量。一味加满容易使酒味变淡。类似苏打水之类的含气料绝对不能用摇酒壶和电动搅拌器摇动搅拌。

"ON THERS"是指杯中预先放入冰块再将酒淋在冰块上。"追水"指为稀释高酒精度的酒，再追加饮用水。酒杯要保持光洁明亮，一尘不染，握杯不要靠近杯口。向杯中倒入酒时，应注意酒距杯口1/8处。

水果应事先用热水浸泡，会多榨汁1/4。鸡尾酒中所用的蛋白是为了增加酒的泡沫和调节酒的颜色，对味道不会产生影响。调酒配方中的蛋黄或蛋白均为新鲜的。

所谓"摇和法"就是指用摇酒器制作鸡尾酒的过程，所用原料大多是果汁奶蛋等。采用这种方法的目的就是使调配的鸡尾酒主配料充分混合冷透，而不会使冰块融化而稀释酒精。调酒瓶因此摇动要快、剧烈有力、时间短，一般壶壁现出水雾即可。

所谓"调和法"就是指用酒杯制作鸡尾酒的方法。清调制过程要轻快，时间短，使酒液充分混合，冷透即可。在调酒杯里使用冰块、冰片最为常见。须用酒杯调制不能用酒壶调制。

一杯以上相同的鸡尾酒，不论是一次调制完成还是几次完成，倒酒时不应倒完一杯接着倒第二杯，而是应将酒杯并排，从左至右再从右至左平均分配。

传瓶一般从左手传至右手或直接用右手将酒瓶传递至手掌部位。用左手拿瓶颈部分传至右手上，右手拿住瓶的中间部位，或直接用右手提及瓶颈部分，并迅速向上抛出，准确地用手掌接住瓶体的中间部分。要求动作迅速、稳准、连贯。

示瓶时要将酒瓶的商标展示给宾客。用左手托住瓶底，右手扶住瓶颈，呈45度角把商标面向宾客。

开瓶时用右手握住瓶身，并向外侧旋动，左手的拇指和食指从正侧面按逆时针方向迅速将瓶盖打开。软木帽形瓶塞可直接拔出，并用左手虎口即拇指和食指夹着瓶盖（塞）。这种开瓶方法是没有专用酒嘴时使用的方法。

量酒时，开瓶后立即用左手的中指、食指、无名指夹起量杯，两臂略微抬起呈环抱状，把量杯置于敞口调酒壶等容器的正前上方4厘米左右处。量杯端拿平稳，略呈一定的斜角，然后右手将酒斟入量杯至标准的分量后收瓶口，随即将量杯中的酒放入摇酒壶等容器中。左手拇指按顺时针方向旋上瓶盖或塞上瓶塞，然后放下量杯和酒瓶。

几种典型鸡尾酒的调制配方

鸡尾酒如果按饮用习惯主要可分为餐前鸡尾酒、餐后鸡尾酒、趣味鸡尾酒、长饮鸡尾酒四大类。对于调酒的初学者来说，洋洋数千款的鸡尾酒调配会使人眼花缭乱，无所适从。就目前来说，世界上能数出来的鸡尾酒可达四五千款之多。

彩虹酒 (POUSSE-CAFE)

材料：山多利石榴糖浆1/6、汉密士瓜类利口酒1/6、汉密士紫罗兰酒1/6、汉密士白色薄荷酒1/6、汉密士蓝色薄荷酒1/6、山多利白兰地1/6。

用具：利口杯一只。

做法：依序将配方慢慢倒入杯中。

特点：这种鸡尾酒是利用利口酒间的密度差异，调出色彩丰富的鸡尾酒。调制彩虹酒时最需注意的一点是，同一种利口酒或烈酒会因制造商的不同酒精度数或浓缩度不同，只要能掌握各种酒的密度数据，就能调出各种不同而漂亮的彩虹酒。

热威士忌托地 (HOT WHISKY TODDY)

材料：威士忌45ml、热开水适量、柠檬1片、方糖1粒。

用具：平底杯、搅拌长匙、吸管。

做法：把方糖放入温热的平底杯中，倒入少量热开水让它溶化。倒入威士忌，加点热开水轻轻搅匀。用柠檬做装饰，最后附上吸管。

特点：在喜爱的烈酒里加入少许方糖等甜味材料，以热开水冲淡，这种类型的鸡尾酒我们称为托地。以琴酒为基酒的叫琴酒托地，以兰姆为基酒的叫兰姆托地。一般而言，用热开水冲调的鸡尾酒，都会加上"HOT"。

浪漫鸡尾酒(X・Y・Z・Cocktail)

材料：无色兰姆1/3、无色柑香酒1/3、柠檬汁1/3。

用具：调酒壶、鸡尾酒杯。

做法：将冰块和材料倒入调酒壶中摇匀，倒入杯中即可。

特点：这种名字让人觉得似乎有什么秘密存在，其实它的配方很简单，是由兰姆、柠檬汁、柑香酒各1/3调制而成的。这种白色的鸡尾酒入口容易，很受人们欢迎。如果将配方中的兰姆换成白兰地，就是有名的"侧车"鸡尾酒。事实上X·Y·Z是从"侧车"变化而来的。

贝利尼（BELLINI）

材料：发泡性葡萄酒2/3、桃子酒1/3、石榴糖浆微量。

用具：搅拌长匙、香槟杯。

做法：将冰冷的桃子酒和石榴糖浆倒入杯中搅匀，倒入冰冷的葡萄酒，轻轻搅匀后即可。

特点：发泡性葡萄酒口味清爽，加上桃子酒典雅的甜味，就能调制出这种容易入口的鸡尾酒，因此也称为女士调制的鸡尾酒。它是由意大利贝利尼一家有名的餐厅酒吧经营者在1948年发明的，目的是纪念在当地举行的文艺复兴初期画家贝利尼画展。

教父（GOD FATHER）

材料：威士忌3/4、安摩拉多1/4。

用具：岩石杯、搅拌长匙。

做法：把冰块放入杯中倒入材料轻搅即可。

特点：安摩拉多酒味甜，散发出一股芳香的杏仁味道，配上浓厚的威士忌酒香，就是美味可口的教父。

·第三章·

酒之未来

第一节 世界名酒品鉴

俄罗斯的伏特加

无论什么时候，俄罗斯总和"伏特加"联系在一起。人们可能不知道俄罗斯现任总统是谁，但一定知道它的国酒是伏特加。

伏特加是世界八大酒之一，为世界八大基酒之首。斯米诺伏特加1818年在莫斯科建立了皇冠伏特加酒厂，所生产的伏特加目前为最为普遍接受的伏特加之一，在全球170多个国家销售，堪称全球第一伏特加，是最纯的烈酒之一，深受各地酒吧调酒师的欢迎。占烈酒消费的第二位，每天有46万瓶皇冠伏特加售出。皇冠伏特加酒液透明无色，除有酒精的特有香味外，无其他香味，口味甘洌、劲大冲鼻，是调制鸡尾酒不可缺少的原料，世界著名的鸡尾酒如血腥玛丽、螺丝刀都采用此酒。

法国的白兰地

白兰地意思为"烧制过的酒"。狭义上讲，白兰地是指葡萄发酵后经蒸馏而得到的高度酒精，再经橡木桶贮存而成的酒，通常被人称为"葡萄酒的灵魂"。白兰地分为四个等级，特级（X.O）、优级（V.S.O.P）、一级（V.O）和二级（三星和 V.S）。

巴蒂尼（BARDINET）为法国产销量最大的法国白兰地，同时也是世界各地免税商店销量最大的法国白兰地之一，其品牌创立于1857年。另外，还有喜都（CHOTEAU）、克里耶尔（COURRIERE）等，以及在我国常见的富豪、大将军等法国白兰地。

白兰地酒度在40～43度，虽属烈性酒，但由于经过长时间的陈酿，其口感柔和、香味醇正，饮用后给人以高雅、舒畅的享受。白兰地呈美丽的琥珀色，富有吸引力，其悠久的历史也给它蒙上了一层神秘的色彩。

优质白兰地的高雅芳香还有一个来源，并且是非常重要的来源，那就是橡木桶。原白兰地酒贮存在橡木桶中，要发生一系列变化，从而变得高雅、柔和、醇厚、成熟，在葡萄酒行业，这叫"天然老熟"。在"天然老熟"过程中，原白兰地会发生两方面的变化：一是颜色的变化，二是口味的变化。原白兰地都是白色的，它在贮存时不断地提取橡木桶的木质成分，加上白兰地所含的单宁成分被氧化，经过五年、十年以至更长时间，逐渐变成金黄色、深金黄色到浓茶色，形成一种白兰地特有的奇妙的香气。

英国的威士忌

威士忌是一种由大麦等谷物酿制，在橡木桶中陈酿多年后，调配成43度左右的烈性蒸馏酒。英国人称之为"生命之水"。根据原料的不同，威士忌酒可分为纯麦威士忌酒和谷物威士忌酒以及黑麦威士忌酒等。

按照威士忌酒在橡木桶中的贮存时间，它可分为数年到数十年等不同年限的品种。所有的苏格兰威士忌有一个要求，需要在橡木桶中陈年时间不少于3年，15～20年的为最优质的成品酒，超过20年的质量会下降，色泽棕黄带红，清澈透亮，气味焦香，带有浓烈的烟味。

古巴的朗姆酒

朗姆酒是以甘蔗糖蜜为原料生产的一种蒸馏酒。朗姆酒的原产地在古巴共和国，是古巴人的一种传统酒，由酿酒大师把作为原料的甘蔗蜜糖制得的甘蔗烧酒装进白色的橡木桶，之后经过多年的精心酿制，使其产生一股独特的、无与伦比的口味，从而成为古巴人喜欢喝的一种酒。

朗姆酒属于天然产品，整个生产过程从对原料的精心挑选，酒精的蒸馏到甘蔗烧酒的陈酿，把关都极其严格。朗姆酒的质量由陈酿时间决定，有一年的，有好几十年的。市面上销售的通常为三年和七年的，它们的酒精含量分别为38度、40度。生产过程中除去了重质醇，把使人愉悦的酒香保存了下来。

荷兰的金酒

金酒 – 杜松子酒是世界名酒之一。金酒具有芬芳诱人的香气，无色透明，味道清新爽口，可单独饮用，也可调配鸡尾酒，并且是调配鸡尾酒中唯一不可缺少的酒种。金酒（GIN）是在1660年，由荷兰莱顿大学（Unversity of Leyden）的西尔维斯（Doctor Sylvius）教授研制成功的。最初制造这种酒是为了帮助在东印度地域活动的荷兰商人、海员和移民预防热带疟疾病，作为利尿、清热的药剂使用。不久人们发现，这种利尿剂香气和谐、口味协调、醇和温雅、酒体洁净，具有净、爽的自然风格，很快就被人们作为正式的酒精饮料饮用。

金酒的怡人香气主要来自具有利尿作用的杜松子。杜松子的加工方法有很多种，一般是将其包于纱布中，挂在蒸馏器出口部位。蒸酒时，其味方便串于酒中。或者将杜松子浸于绝对中性的酒精中，一周后再回流复蒸，将其味蒸于酒中。有时还可以将杜松子压碎成小片状，加入酿酒原料中，进行糖化、发酵、蒸馏，以得其味。有的国家和酒厂搭配其他香料来酿制金酒，如菱子、豆蔻、甘草、橙皮等。以后这种用杜松子果浸于酒精中制成的杜松子酒逐渐被人们接受为一种新的饮料。而准确的配方，厂家一向是非常保密的。

墨西哥的龙舌兰酒

龙舌兰酒是墨西哥的国酒，被称为墨西哥的灵魂。1世纪时，居住于中美洲地区的印第安文明早已发现发酵酿酒的技术，他们取用生活中任何可以得到的糖分来造酒，含糖分不低又多汁的龙舌兰，很自然地成为造酒的原料。以龙舌兰汁经发酵后制造出来的酒叫Pulque酒。

在大西洋彼岸的西班牙征服者将蒸馏技术带来新大陆之前，龙舌兰酒一直保持着纯发酵酒的身份。后来他们尝试使用蒸馏的方式提升Pulque的酒精度，以龙舌兰制造的蒸馏酒于是产生。由于这种新产品成功取代了葡萄酒，成为殖民者大量消费的对象。于是获得了Mezcal wine的名称。

在几种龙舌兰酒里面，Tequila使用蓝色龙舌兰的汁液作为原料。根据土壤、气候与耕种方式，这种植物拥有八到十四年的平均成长期。相比之下，Mezcal所使用的其他龙舌兰品种在成长期方面普遍较蓝色龙舌兰短。根据法规，只要使用的原料有超过51%是来自蓝色龙舌兰卓，制造出来的酒就有资格称为Tequila，其不足的原料是以添加其他种类的糖（通常是甘蔗提炼出的蔗糖）来代替，称为Mixto。

龙舌兰酒常常用来当作基酒调制各种鸡尾酒。常见的鸡尾酒有特威拉日出、斗牛士、霜冻玛格丽特等。

日本的清酒

日本的清酒，是借鉴中国黄酒的酿造法而发展起来的日本国酒。日本人常说，清酒是神的恩赐。据中国史书记载，古时候日本只有"浊酒"，没有清酒。后来有人在浊酒中加入石炭，使其沉淀，取其清澈的酒液饮用，于是便有了"清酒"之名。

公元7世纪中叶之后，朝鲜古国百济与中国常有来往，并成为中国文化传入日本的桥梁。因此，中国用"曲种"酿酒的技术就由百济人传播到日本，使日本的酿酒业得到了很大的进步和发展。到了14世纪，日本的酿酒技术已日臻成熟，人们用传统的清酒酿造法生产出质量上乘的产品。这就是闻名的"僧侣酒"，尤其是奈良地区所产的最负盛名。后来，"僧侣酒"遭到荒废，酿酒中心转移到了以伊丹、神户、西宫为主的"摄泉十二乡"。明治后期开始，又从"摄泉十二乡"转移到以神户与西宫构成的"滩五乡"。滩五乡从明治后期至今一直保留着"日本第一酒乡"的地位。

世界十大名酒排行榜

马爹利（Martell）

于1715年产自法国干邑地区的著名干邑白兰地品牌，是世界上比较古老的白兰地酒之一，由法国保乐力加集团生产。

人头马（Remy Martin）

于1724年，由法国夏朗德省科涅克地区有270多年历史的雷米·马丹公司所生产。

轩尼诗（Hennessy）

于1765年创立的法国世界著名白兰地品牌，由法国酩悦·轩尼诗·路易·威登集团生产。

芝华士（Chivas）

于1801年由苏格兰所生产，世界比较早生产调和威士忌并将其推向市场的产商之一，世界十大洋酒品牌。

百龄坛（Ballantines）

于1827年创立于苏格兰，世界洋酒十大品牌，欧洲享有盛誉的威士忌品牌，洋酒行业著名品牌，由芝华士兄弟公司生产。

尊尼获加（Johnnie Walker）

于1820年创立于苏格兰，为世界十大洋酒品牌之一，行业著名品牌，专业致力于威士忌酒酿造生产的企业，由英国联合酿酒集团生产。

绝对伏特加（Absolut Vodka）

于1879年创立于瑞典，是拥有多种口味的伏特加酒，为世界伏特加酒中的著名品牌，产自瑞典阿胡斯小镇。

杰克丹尼（JACK DANIELS）

于1866年创立于美国，由美国第一间注册的蒸馏酒厂、专业于威士忌酒酿造的酒厂杰克丹尼酿酒厂生产。该酒厂为世界品牌500强。

百加得（Bacardi）朗姆酒

于1862年创立于古巴，为闻名于世界的朗姆酒品牌、烈性酒中的经典品牌、世界十大洋酒品牌，由古巴百加得酒厂生产。

酩悦MOET&CHANDON

于1743年创立于法国，为法国LVMH集团旗下品牌之一，由法国铭悦·轩尼诗—路易威登集团生产。

第二节　酒的典故

自古中国就不乏好酒之人，三国时的竹林七贤个个爱酒。唐有李白自称酒仙，留下了太多咏酒的佳句，他写"举杯邀明月，对影成三人"，"抽刀断水更流，举杯消愁愁更愁"，都是借着酒抒发内心的情感。宋时苏轼也爱喝酒，时不时对着酒感慨人生，写出如"人生如梦，一樽还酹江月"这样沧桑的词句。

酒可以抒怀，结交，咏古，祭奠，逃避现实，但唯独没有细细品味的作用。总之，中国人喝酒，用欧阳修的一句话就能概括，那叫"醉翁之意不在酒"。

"欢伯"酒代呼的缘由

据《周礼·天官·浆人》记载："掌共主之六饮：水、浆、醴、凉、医、酏，入于邂逅，又复得欢伯。"

宋代杨万里在《和仲良春晚即事》诗之四中写道："贫难聘欢伯，病敢跨连钱。"金代元好问在《留月轩》诗中写道："三人成邂逅，又复得欢伯；欢伯属我歌，蟾兔为动色。"

"杯中物"酒代呼的缘由

因饮酒时，大都用杯盛着而得名。始于孔融名言，"座上客常满，樽（杯）中酒不空"。陶潜在《责子》诗中写道："天运苟如此，且进杯中物。"张养浩在《普天乐·大明湖泛舟》中写道："杯斟的金波滟滟。"

"清酌"酒代呼的缘由

《礼记·曲礼下》记载，"凡祭宗庙之礼……酒曰清酌。"

苏轼《送张龙公祝文》曰："谨以清酌庶羞之奠，敢昭告于昭灵侯张公之神。"

"醍醐"酒代呼的缘由

《大般涅槃经·圣行品》："醍醐最上。"

唐·杜甫《大云寺赞公房》："醍醐长发性，饮食过扶衰。"

"忘忧物"酒代呼的缘由

忘忧物，因为酒可以使人忘掉忧愁，所以就借此意而取名。晋代陶潜在《饮酒》诗之七中，就有这样的称谓："泛此忘忧物，远我遗世情；一觞虽独进，杯尽壶自倾。"

"扫愁帚"酒代呼的缘由

宋代大文豪苏轼在《洞庭春色》诗中写道："要当立名字，未用问升斗。应呼钓诗钩，亦号扫愁帚。"饮酒能扫除忧愁，且能勾起诗兴，使人产生灵感，所以苏轼就这样称呼它。后来就以"扫愁帚""钓诗钩"作为酒的代称。元代乔吉在《金钱记》中也写道："在了这扫愁帚、钓诗钩。"

"狂药"酒代呼的缘由

狂药，因酒能乱性，饮后辄能使人狂放不羁而得名。唐代房玄龄在《晋书·裴楷传》中有这样的记载："长水校尉孙季舒尝与崇（石崇）酣宴，慢傲过度，崇欲表免之。楷闻之，谓崇曰，'足下饮人狂药，责人正礼，不亦乖乎？'崇乃止。"

唐代李群玉在《索曲送酒》诗中也写到了"帘外春风正落梅，须求狂药解愁回"的涉及酒的诗句。

"般若汤"酒代呼的缘由

般若汤：是和尚称呼酒的隐语。佛家禁止僧人饮酒，但有的僧人却偷饮，因避讳，才有这样的称谓。

苏轼在《东坡志林·道士》中有"僧谓酒为般若汤"的记载。窦苹在《酒谱·异域九》中也有"天竺国谓酒为酥，今北僧多云般若汤，盖瘦词以避法禁尔，非释典所出"的记载。从中国佛教协会原会长赵朴初先生对甘肃皇台酒的题词"香醇般若汤"中，可知其意。

无酒不成席

我国酒种类渗透着地方文化特色，因为我们国家幅员辽阔，各地水质土质、人民的习性都不一样，所以才会有：贵州的茅台，山西的汾酒，四川的剑南春、五粮液、泸州老窖，江苏的洋河大曲，陕西凤翔的西凤酒，安徽的古井贡酒，等等，还有北京人民热爱的牛栏山牌二锅头酒，也很好喝。同样各地酒席也有不同风俗。

满月酒

满月酒，是指婴儿出生后一个月而设立的酒宴。中国古人认为婴儿出生后存活一个月就是渡过了一个难关。这个时候，家长为了庆祝孩子渡过难关，祝愿新生儿健康成长，通常会举行满月礼仪式。

该仪式需要邀请亲朋好友参与见证，为孩子祈祷祝福。这就是"满月酒"的来源。现如今，人们为庆祝宝宝出生一个月而设立酒宴，这个仪式便称为"满月酒"。

婚嫁酒

谈到婚嫁酒仪，不得不提的一定是南方的"女儿酒"，最早记载为晋人嵇含所著的《南方草木状》，说南方人生下女儿才数岁，便开始酿酒，酿成酒后，埋藏于池塘底部，待女儿出嫁之时才取出供宾客饮用。

这种酒在绍兴得到继承，发展成为著名的"花雕酒"，其酒质与一般的绍兴酒并无显著差别，主要是装酒的酒具独特。这种酒坛还在土坯时，就雕上各种花卉图案，人物鸟兽，山水亭榭，等到女儿出嫁时，取出酒坛，请画匠用油彩画出"百戏"，如"八仙过海""龙凤呈祥""嫦娥奔月"等，并配以吉祥如意、花好月圆的"彩头"。

会亲酒

订婚仪式时，要摆酒席喝"会亲酒"，表示婚事已成定局，婚姻契约已经生效，此后男女双方不得随意退婚、赖婚。结婚的第二天，新婚夫妇要"回门"，即回到娘家探望长辈，娘家要置宴款待，俗称"回门酒"。回门酒只设午餐一顿，酒后夫妻双双回家。

丧葬酒

丧葬礼仪中，丧葬酒尤为典型。如人死后，亲朋好友都要来吊祭死者，主人家当然得置办酒席，盛情款待吊唁的宾朋，名为"开吊酒"。这便是一般我们俗称的"吃斋饭"，也有的地方称"吃豆腐饭"。一般席上都吃素食，同时酒也一定是少不了的。此外，在死者出殡前还要喝"动身酒"以及下葬以后主人家酬谢送葬者的"送葬酒"。此后，每逢"做七"和"忌日"，也都要以酒成礼，以酒来纪念死者，表达对逝去亲人的怀念。

第三节　中国酒业市场发展

中国白酒的品牌价值

国际权威品牌价值评估机构Brand Finance近日发布《Brand Finance 2021年全球品牌价值500强报告》。报告显示，茅台品牌价值为393.32亿美元，居第27位，全球烈酒品牌，位列第1；五粮液品牌价值达257.68亿美元，居第61位，居全球烈酒品牌第2位。

现在衡量一家公司的实力不仅仅是通过公司财务报告所显示的年营收额，还要看它的品牌价值。中国品牌价值榜单出炉：贵州茅台的品牌价值2828.42亿元，五粮液的品牌价值1159.76亿元，华润啤酒的品牌价值960.82亿元，洋河股份的品牌价值754.48亿元，青岛啤酒的品牌价值472.62亿元，连续18年蝉联中国啤酒行业首位。

同样是酒领域，啤酒的品牌价值就远不如白酒。即使是最知名的青岛啤酒，品牌价值也只有472.62亿元。那么白酒的品牌价值为什么这么高呢？

根据专业人士分析，这主要与高端白酒的稀缺性有关。无论是五粮液还是茅台，都属于高端白酒，市场价格高，是面向少数人群，而不是面向大众的。随着中国经济发展，消费升级，高端白酒逐渐演变成了交往礼仪中必不可少的一环。

除了茅台和五粮液，国内还有其他知名白酒品牌，比如剑南春、泸州老窖特曲、古井贡酒等，也都是名列前茅的。它们共同构成了我国的白酒市场，使市场充满活力，百花齐放。白酒看上去都很相似，其实有多种不同的类型，主要分为浓香型白酒、酱香型白酒、兼香型白酒和其他香型白酒。其中，浓香型白酒卖得最好。

以茅台为例，数据显示，2020年茅台酱香系列酒实现含税销售额106亿元，主营产品全部实现顺价销售，茅台王子销售额超40亿元，汉酱、赖茅、贵州大曲站稳10亿元销售规模。

白酒市场预计总体比较平稳，不会有大的系统性风险。一线名优白酒企业将取得更好的业绩，占领更大的市场。但相当多的小规模企业会面对更加残酷的生存环境，会被一线企业挤压，部分企业将被兼并重组。同时，随着可视化溯源技术的发展，生产能力大、管理优秀、注重质量的企业都会获得较大的发展空间。

《中国酒业科普大讲堂》视频直播

在中国酒业营销大讲堂期间，我们发现很多人对于"中国酒""中国酒业"仍然存在众多疑问。如香型如何区别、老酒如何存放、年份酒如何判断、高度与低度酒如何选择、产区如何影响等。鉴于社会对酒知识的广泛需求，以及更多消费者希望对中国酒知识进行正确的认识和了解，我们推出了《中国酒业科普大讲堂》视频直播课程。

通过邀约酒业专家进行的讲解，消费者品牌意识不断增强，深入了解了酿酒产区的生态、自然、风土之美，酒的酿造、原料、历史、文化、艺术、科技、健康等知识。这种消费式体验已成为新的需求。

消费者通过看、学、品、酿等过程，完成了与白酒企业的亲密接触和互动体验。由此通过观、学、做、品、酿、藏的手段，全方位、多维度丰富和提升了消费者体验，也重新定义和设计了中国白酒的营销模式。

一段唯美开场秀，配合裸眼3D特效，不仅把现场嘉宾带入了一个梦幻般的情景，也自然引出了2020年杏花村论坛的主题："尽醉心殊，偃卧芳荪——2020中国酒旅融合与产区发展论坛"。这句取自山西籍唐代大诗人柳宗元《饮酒》诗的中的佳句，表达的是对饮酒之乐的赏心和体悟，正好切合本届杏花村论坛酒旅融合的议题内涵。论坛也同步在新浪网、搜狐网、凤凰网、网易、《北京晚报》、一直播、微信小鹅通等平台进行直播，线上观看人数超过1000万，网友留言互动十分踊跃。

"一带一路"中国（国际）黄酒产业博览会

中国黄酒之都绍兴加大对黄酒产业的推广力度，以规划建设黄酒小镇为载体，培育引进高端服务业和文创业，构建黄酒全产业链发展新格局，促进黄酒产业转型发展，进一步加强产学研合作，继续做好黄酒引用研究，不断提升黄酒品质，以市场需求为导向，推广个性化定制黄酒产品，满足多元化消费趋势；进一步讲好黄酒故事，弘扬黄酒文化，提升黄酒知名度和影响力，共同推进中国黄酒的国际化。"一带一路"中国（国际）黄酒产业博览会已经召开了25届，期待随着"一带一路"的发展，让中国最具特色、最古老的黄酒被世界各地的人们喜爱。

美酒之旅应运而生

随着消费者主权时代的来临，场景消费、深度体验、互动沟通的趋势与需求愈加明显，酒类消费也发生了根本性的变化，探寻美酒故事成了消费者的向往，美酒之旅也应运而生。

"酒香不怕巷子深"，只有酒香才能吸引消费者，只有酒具有了特色消费者才会闻香而至，巷深而卧，流连忘返。白酒产区多数都是邻水见山，自然生态优美，通过开展酒文旅，能够促进美酒产区的产业转型升级，原有的工业遗产经过保护、开发和再利用，重新赋能旅游价值，实现绿色发展。

近年来，各大产区通过酒旅融合发展，在挖掘酿酒特色产业文化与丰富多彩的旅游资源有机结合方面做了大量工作。在这个大融合时代，体验即消费，场景即消费。酒旅融合的核心是让消费者深度体验美酒之旅，品美酒、学酿造、赏美酒、藏美酒。

小众白酒要与国际接轨

我国很多酒企都在不同程度地展开酒类国际化的探索和尝试。尽管如此，面对广阔的国际市场，中国白酒依然停留在较浅层面的国际化道路上。中国白酒在国际上应该有统一的声音诠释中国白酒的美妙。着力打好酒庄、白酒鸡尾酒、文化、生态这"四张牌"，应该是当前和今后一个时期，中国白酒国际发展的大逻辑。

酒庄牌

国际上，酒庄是当今世界酒业主产区生产的普遍模式和通行做法，"酒庄酒"在国际上一直广受消费者青睐。因此，酒庄白酒是加快中国白酒走向世界的重要载体。中国白酒具有特定的稀缺价值，是可以品味、可以感受、可以体验的文化，本身具有打造酒庄酒的天然特性。

酒庄白酒应在继承中国白酒优秀传统的基础上，以创新的思维，确定现代白酒酒庄在原粮基地建设、工艺保护、科技进步、品质提升、包装设计、品牌塑造、等级评定等方面的严格指标，使白酒酒庄更加符合世界市场接受的方式和消费者观念变化的发展状态。

白酒鸡尾酒牌

鸡尾酒是欧美人发展出来的一种饮用方式。无论是伏特加还是威士忌，无论是龙舌兰还是白兰地，以及朗姆酒与金酒，世界烈酒在针对国际化市场营销过程中，就是以鸡尾酒这一富有亲和力的方式走进千家万户。

白酒丰富的香气更适合调配鸡尾酒。用优质白酒调制出新颖的鸡尾酒，以世界语言形式描述白酒，向世界讲述中国白酒故事，是加快中国白酒走向世界的重要路径。

文化牌

中国白酒工艺特别复杂，生产周期特别长，生产成本特别高，对人的感官冲击丰富，所以文化底蕴特别厚重。中国白酒产业重点企业在传承中国白酒文化的伟大事业中，应共担责任、团结一心，大力发掘和弘扬中国传统文化，实现中国白酒文化价值提升，使中华文化走向世界，叫响"中国智造"。

共同推进中国白酒的国际化进程，向世界传递中国白酒的文化自信。要把中国酒文化背后的故事告诉外国人，让他们喝到白酒的时候，不仅仅是记住这个中国品牌，还要对这个品牌背后的文化故事拥有更多的理解。

生态牌

白酒本身是地域生态资源的特色产业，白酒这个传统而又不断创新的产业，一直遵循着生态规律。生态对中国酒未来走向世界提供了重要文化支撑。生态酿酒不断促进产业升级和科技进步，更意味着质量和安全。而中国白酒走向国际市场，需要将自己独立的技术和产品进行表达，得到世界科技界和消费者的认可，生态酿酒理念对此提供了方向。

让中国白酒走出国门、走向世界也一直是中国酒业协会在重点做的工作。"2017上海国际酒交会"上推出了"中国白酒酒庄酒推介会"活动，对创新中国白酒产业的商业模式将起到极大促进作用，给中国酒业的发展注入新的活力。再如"泸州老窖百调杯中国白酒鸡尾酒世界杯赛"，用鸡尾酒，向世界讲述中国白酒故事，给世界一个中国式惊喜，探索中国白酒国际化、年轻化的创新市场营销思路。

极致的追求：全世界酒精度数最高的十款酒

第一名：波兰精馏伏特加

在西方被称为"生命之水"，是目前世界上最高度数的酒。使用的原料是谷物和薯类作物，经过70次以上的蒸馏，酒精度数高达96度，比医院的消毒酒精度数还高。这种度数的酒，很容易着火，燃点很低。

第二名：美国Everclear酒

高达95度，是美国首类可以出售的烈性酒，比较受年轻人的欢迎。

第三名：美国金麦酒

酒精度数高达95度，在美国的很多州是被禁止出售的，度数已经高到了不能饮用的程度。

第四名：苏格兰第四次蒸馏威士忌

酒精度数92度，采用17世纪四次蒸馏技术，是酒精度数最高的麦芽威士忌，被储存在木桶中用来增加口感。

第五名：格林纳达朗姆酒

酒精度数高达90度，这种烈性的朗姆酒采用传统的罐式蒸馏法，通过缓慢蒸馏的方法保证酒的口感，而且是通过甘蔗汁蒸馏来的，很少见。

第六名：苏格兰伏特加

酒精度数是88.8度，这种烈性的伏特加含有一些中药成分。

第七名：保加利亚巴尔干伏特加

酒精度数88度，这种无色无味的伏特加销往176个国家，在南美洲的一些国家很受欢迎。

第八名：牙买加朗姆酒

牙买加朗姆酒酒精度数高达80度，谁要是能接受这款酒，那大部分酒都能接受了。

第九名：衡水老白干

在国内度数比较高的白酒，要数衡水老白干，比较常见的是67度，这度数应该能吓倒不少人了。

第十名：茅台酒与二锅头

茅台最高53度，北京二锅头55度。

收藏酒的魅力：全球最贵的十款酒

限量版艾雷岛威士忌，价格3900万元

世界上最贵的酒是限量版的艾雷岛威士忌，这款酒的价值是600万美元，约合3900万元人民币。因为酒太贵了，用英国水晶制造的瓶子盛装，然后酒瓶被盛

满两根金条，上面镶有8500颗钻石和300颗红宝石。这款豪华的酒瓶里装着一款来自艾雷岛的老式单麦芽原桶强度威士忌。

亿万富翁伏特加，价格2458万元

这款由胡塞·黛瓦洛斯奢侈品集团出品的酒售价370万美元，约合人民币2458万元。就像限量版的艾雷岛威士忌一样，这款酒瓶极其奢华，镶有3000颗钻石，还有特别定制的白色人造革。这顶瓶盖是由真正的俄罗斯毛皮制成的，过滤过程中甚至使用了价值数百万美元的钻石。亿万富翁伏特加很重，有5升，适合俄罗斯喜爱酒的藏家收藏。

龙舌兰莱伊酒925，价格为2325万元

这款龙舌兰莱伊酒925的价格为350万美元，约折合人民币2325万元。如果仅销售它的瓶身，价值就达22.5万美元（约合150万元人民币）。这是有史以来最贵的瓶子，里面有6400个纯铂金。而这个龙舌兰莱伊酒是由特定地区的一种叫作蓝色龙舌兰的植物作为原料制成的。

亨利四世杜多依大香槟干邑白兰地，价格1329万元

这款酒酒瓶采用海螺壳互相碰撞的设计，表面镀24K纯金，镶嵌6500颗钻石，全部由著名珠宝商胡塞·黛瓦洛斯手工切割而成，所以空瓶重达8千克。1776年开始投入生产，已有100多年的历史，酒精度为41度。

1935年赖茅酒，价格1070万元

这款赖茅酒是中国最贵的酒。这个酒是1935年生产的，它的重量大约400克。在一场拍卖会上，中国最昂贵的酒赖茅以1070万元的天价被宁德企业家赖先生果断买了下来。

这一成交价打破了汉帝茅台890万元的拍卖纪录，成为中国白酒拍卖史上的冠军和中国白酒之王。这瓶中国最贵的酒已有82年的历史，早已绝版。

特奇拉酒，价格996万元

只有来自墨西哥哈利斯科省的龙舌兰酒才能被称为特奇拉。世界上最昂贵的

特奇拉酒是由100%龙舌兰酿造而成的。以特奇拉酒的分级来看，在酒瓶上标有额外的Extra Anejo的酒意为超级陈年，这是2006年才推出的新酒。

瓶子是手工做成海螺壳的形状。它是由32名墨西哥手工玻璃工匠吹制的。然后镀上4千克纯银，最后镶上6000颗精心雕刻的钻石。

汉帝茅台酒，价格890万元

55度的茅台酒被称为"酒中之王"。据相关人士透露，汉帝茅台酒仅生产十瓶，除一瓶留存外，其余九瓶在香港拍卖。2011年6月，贵州首届陈年茅台酒专场拍卖会上以890万元的天价售出了一瓶汉帝茅台酒。

鸣鹰葡萄酒1992，价格332万元

2000年，以慈善捐赠的名义，一瓶鸣鹰葡萄酒1992以50万美元的价格售出，而在当时创下了单瓶酒的最高销售纪录。

坐落于美国加利福尼亚州纳帕河谷的生产地域，主要种植赤霞珠、梅洛和品丽珠葡萄。而葡萄树的平均年龄是21岁。每棵葡萄树的种植距离为1.53米乘以1.53米，再或者就是1.83乘以3.36米。

葡萄园土壤以岩石为主要材料，而且灌溉条件是极其良好的。即使在炎热的夏天，葡萄也不会因为炎热而干旱。在23.1公顷的葡萄园中，只有一小部分优质葡萄被用来酿造鸣鹰酒。

20世纪30年代的赖茅，价格260万元

赖茅酒是原赖家茅酒，是茅台酒的前身。2018年6月，在北京保利拍卖会上，一瓶20世纪30年代极为罕见的赖茅酒拍出了260万元的高价。赖茅酒口感复杂，风格独特。喝一口，给人一种高雅精致的感觉，让人难以忘怀。而它的实物现在正存于茅台博物馆。

贵州茅台酒，价格239.2万元

茅台酒作为中国白酒中的国酒，也是世界三大知名蒸馏酒之一，在国内外有着非常好的声誉。茅台酒有着神秘悠远的历史，见证了中国白酒的发展历程。

20世纪50年贵州茅台酒（五星品牌）酒精度数为53度，而酒的容量也在540毫升，重量是815克。

自1953年以来，该种茅台酒一直作为茅台酒厂的内销专用酒，使用五星商标，而且酒的整体性都保存得非常完好。瓶身上缠满了棉花纸，在瓶口处堆叠交错，像一朵盛开的莲花，美妙而不失典雅。

2020年酒产业市场分析

酒业既是我国食品领域的重要产业，也是具有悠久历史和文化的民族产业，更是与世界经济接轨的跨国产业。茅台、五粮液等头部企业快马加鞭，迈进后千元时代，张裕、青岛啤酒、绍兴黄酒集团、劲牌集团等龙头企业抗压前行，为社会经济发展做出了重要贡献。

据中国酒业协会统计，2015—2019年，规模以上酒企数量减少427家，产销量减少1686.3万千升。但是，单位产品销售收入五年累计增幅31.3%，利润累计增加679.5亿元，增幅72.6%，单位产品利润增幅高达132.0%。在行业生产端，市场集中度逐年提升，营利能力稳步增强。在行业消费端，消费升级趋势明显，"少喝酒、喝好酒"已经成为消费共识。如今，在产业内外环境影响之下，中国酒业高质量发展大势已定。

1.白酒行业迎来全面复苏，行业分化加剧

2019年以来，行业政策调整将白酒产业推向市场经济和更为强烈的行业结构分化。《产业结构调整指导目录（2019年本）》，将"白酒生产线"从"限制类"产业中移除，意味着白酒产业生态体系的重构，在加剧竞争中促进产业升级和结构调整，也有利于外部资本良性竞争进入酒类行业。《白酒年份酒团体标准》的发布和全国白酒质量安全追溯体系建设工作的全面启动，标志着行业管理日趋规范，意味着在扶持优质酒企的同时，加速淘汰落后产能，保驾护航酒业健康发展。

2.啤酒行业强势复苏，结构优化稳量提价

近年来，在中国啤酒产量见顶回落、成本上涨压力趋缓的环境之下，行业迎来升级契机，利润空间有望逐步释放。从长期来看，结构优化升级驱动之下的啤酒市场，业绩稳健之势不改。2020年初至今，19家上市酒企股价均呈上涨趋势。

3.政策环境趋于明朗，葡萄酒行业或逢发展机遇期

2019年以来，酿酒葡萄团体标准、橡木桶团体标准、葡萄酒产区团体标准（草案）和贺兰山东麓葡萄酒技术标准体系地方标准接连发布，为行业发展指引了方向。2020年8月10日，工业和信息化部发布公告，废除《葡萄酒行业准入条件》（工业和信息化部公告2012年第22号），鼓励相关行业组织积极发挥作用，加强行业自律，维护市场秩序，引导企业健康发展。

·第四章·

茶

第一节　茶之起源

中国茶历史悠久，中国茶文化更是博大精深。以下整理了一些关于中国茶及茶文化形成与发展的文章资料，希望大家可以对中国茶文化有一个初步的认知。

茶的应用过程，可以分为三个阶段：药用、食用和饮用。茶最初作为药用，后来发展成为饮料。东汉时期《神农本草》中记述了"神农尝百草，日遇七十二毒，得荼而解之"的传说，其中"荼"即"茶"，这是我国最早发现和利用茶叶的记载。唐代陆羽（733—804年）对唐代及唐代以前有关茶叶的科学知识和茶叶生产实践经验进行了系统的总结，编撰了世界上第一部茶叶专著《茶经》。当世人还不知种茶和饮茶时，我国发现和利用茶树却已有数千年的历史了。

茶树是多年生常绿木本植物，原产于我国西南地区。中国是世界上最早利用茶、最早人工栽培茶树和加工茶叶的国家。早在三国时期（220—280年），我国就有关于在西南地区发现野生大茶树的记载。近几十年来，西南地区更是不断地发现古老的野生大茶树。1961年在云南省的大山密林中（海拔1500米）发现一棵高32.12米、树围2.9米的野生大茶树，这棵树单株存在，树龄约1700年。1996年在云南锁县寨（海拔2100米）的原始森林中，发现一株高25.5米、底部径1.20米、树龄2700年左右的野生大茶树。森林中直径30厘米以上的野生茶树到处可见，据不完全统计，我国已有10个省区共198处发现有野生大茶树。

世界各国最初所饮用的茶叶、引种的茶树、饮茶方法、茶树栽培及茶叶加工技术、茶事礼俗都是直接或间接从中国传播过去的。公元805年，日本僧人最澄从中国带回茶籽在贺滋县种植。公元828年，中国茶种传到朝鲜（当时的高丽）。中国茶叶作为商品1610年输往欧洲的荷兰和葡萄牙，1618年输入俄罗斯，1638年输往英国，1674年输往美国纽约，1780年印度引种中国茶籽。1828年，印度尼西亚的华侨从中国引进茶种，以后又传播到斯里兰卡、非洲、南美等地。随着茶的传播，"茶"字的音、形、义也随之流传，世界各国对茶的称谓都是由中国"茶"字音译过去的，只是因各国语种不同发生变化而已。

中国茶文化的形成与发展

茶虽然被包含在茶文化之中，但在某种意义上说，茶又是茶文化之源。正是有了神奇的天然茶树，才有后世对茶的发现和利用。千百年来，历朝历代许多文人、士大夫饮茶蔚然成风，而这种饮茶风气的传承和扩大，便逐渐形成了中国茶文化。

茶文化萌芽时期——魏晋南北朝

据植物学家考证，地球上的茶树植物已有六七千万年的历史，而茶的发现和利用至少也有数千年历史。据说在4000多年以前，我们的祖先就开始饮茶了。秦汉之际，民间开始把茶当作饮料，起始于巴蜀地区。东汉以后饮茶之风向江南一带发展，继而进入长江以北。至魏晋南北朝，饮茶的人逐渐增多，茶饮方法在经历含嚼吸汁、生煮羹饮阶段后，开始进入烹煮饮用阶段。

在魏晋南北朝，茶开始进入文化精神领域，茶一出现就以健康、高雅的精神力量与两晋的奢侈之风相对抗。于是出现了陆纳以茶为素业、桓温以茶替代酒宴、南齐世祖武皇帝以茶示简等事例。陆纳、桓温等一批政治家提倡以茶养廉示简的本意在于纠正社会不良风气，这体现了当权者和有识之士以茶倡廉的思想导向。

茶文化的形成时期——唐代

隋唐时，茶叶多加工成饼茶。饮用时，加调味品烹煮汤饮。随着茶事的兴旺和贡茶的出现，加速了茶叶栽培和加工技术的发展，涌现出了许多名茶，品饮方式也有了较大的改进。为改善茶叶的苦涩味，开始加入薄荷、盐、红枣等调味。此外，开始使用专门的烹茶器具，饮茶的方式也发生了显著变化，由之前的粗放式转为细煎慢品式。

唐代的饮茶习俗蔚然成风，对茶和水的选择、烹煮方式以及饮茶环境越来越讲究。皇宫、寺院以及文人雅士之间盛行茶宴，茶宴的气氛庄重，环境雅致，礼节严格，且必用贡茶或高级茶叶，取水于名泉、清泉，选用名贵茶具。盛唐茶文化的形成，与当时佛教的发展、科举制度、诗风大盛、贡茶的兴起、禁酒等均有关联。

公元780年左右，陆羽著成《茶经》，阐述了茶学、茶艺、茶道思想。这一时期茶人辈出，涌现出一些有关茶的专著，如张又新《煎茶水记》、温庭筠的《采茶录》等，使饮茶之道对水、茶、茶具、煎茶技艺的追求达到一个极尽高雅奢华的地步，以至于到了唐朝后期和宋代，茶文化中出现了一股奢靡之风。

茶文化的兴盛时期——宋代

宋代的茶叶生产空前发展，饮茶之风非常盛行，既形成了豪华极致的宫廷茶文化，又兴起了趣味盎然的市民茶生活。宋代茶文化继承唐人注重精神意趣的文化传统，把儒学的内省观念渗透到茶饮之中，将品茶贯彻于各阶层的日常生活和礼仪之中，由此一直沿袭到元、明、清各代。

宋太祖赵匡胤喜爱饮茶，在宫中设立茶事机关，宫廷用茶已分等级。宋太宗为了"取象于龙凤，以别庶饮，由此入贡"，派遣官员到福建建安北苑，专门监制"龙凤茶"。龙凤茶是用定型模具压制茶膏，形成具有花、草图案的一种饼茶，显示了皇帝的尊贵和皇室与庶民的区别。故宋徽宗在《大观茶论》中写道："采择之精，制作之工，品第之胜，烹点之妙，莫不咸造其极。"

宋代创制的龙凤茶，把我国古代蒸青团茶的制作工艺推向一个历史高峰，拓宽了茶的审美范围。即由对色、香、味的品尝，扩展到对形的欣赏，为后代茶叶的外形制作奠定了审美基础。

宋代的饮茶方式，由唐代的煎茶法演变为点茶法，与这种点茶法相应的是出现了斗茶。斗茶又称茗战，就是品茗比赛，开始对茶叶质量进行评比。斗茶从在上层社会盛行，逐渐遍及全国，普及到民间。

宋代还流行一种技巧性很高的烹茶技艺，叫作分茶。宋代陶谷的《清异录·百戏茶》中说："近世有下汤适匕，别施妙诀，使汤纹水脉成物象者。禽兽虫鱼花草之属，纤巧如画，但须臾即就散灭。此茶之变也，时人谓'茶百戏'。"玩这种游艺时，碾茶为末，注之以汤，以筅击拂，这时盏面上的汤纹就会变幻出各种图样来，犹如一幅幅水墨画，所以有"水丹青"之称。

斗茶和分茶在点茶技艺方面有相同之处，但就其性质而言，斗茶是一种茶俗，分茶则主要是茶艺，两者既有联系，又有区别，都体现了茶的文化意蕴。

唐代是茶馆的形成期，宋代是茶馆的兴盛期。南宋建都临安（今杭州）后，茶馆有盛无衰，"处处有茶坊、酒肆"。《梦粱录》卷十三《铺席》《都城记胜》说城内的茶坊很考究，文化氛围浓郁，室内"张挂名人书画"，供人消遣。宋代随着社会经济的发展，茶馆逐渐兴盛起来，茶馆文化及功能也日益发达。

茶文化的承上启下时期——元代茶文化

元代是中国茶文化经过唐、宋的发展高峰，到明清继续发展之间的一个承上启下时期。元代虽然由于历史的短暂与局限，没能呈现茶文化的辉煌，在茶学和茶文化方面仍然继续唐宋以来的优秀传统并有所发展创新。

汉民族文化受到北方游牧民族的冲击，对茶文化的影响就是饮茶形式从精细转入随意，已开始出现散茶。饼茶主要为皇室宫廷所用，民间则以散茶为主。由于散茶的普及流行，茶叶加工制作开始出现炒青技术，花茶的加工制作也形成了完整系统。

由于汉、蒙饮食文化交流，还形成了具有蒙古族特色的饮茶方式，开始出现泡茶方式，即用沸水直接冲泡茶叶，如《居家必用事类全集》中记载"玉磨末茶一匙，入碗内研习，百沸汤点之"。这些为明代炒青散茶的兴起奠定了基础。

茶文化的变革时期——明代茶文化

明代饮茶方法在历史上发生重大变革，明太祖朱元璋正式以国家法令形式废除团饼茶。他于洪武二十四年（1391年）九月十六日下诏："罢造龙团，唯采茶芽以进。"从此向皇室进贡的茶，只要芽叶形的蒸青散茶。皇室提倡饮用散茶，民间自然蔚然成风，并且将煎煮法改为随冲泡随饮用的冲泡法，这是饮茶方法上的一次革新。从此饮用冲泡散茶成为当时主流，改变了我国千古相沿成习的饮茶法。

这种冲泡法、对于茶叶加工技术的进步（如改进蒸青技术、产生炒青技术等），以及花茶、乌龙茶、红茶等茶类的兴起和发展，起到了巨大的推动作用。散茶的流行，冲泡茶具也由茶碗转化成茶壶，形成了紫砂茶具的发展高峰。

宜兴紫砂壶的制作，相传始于明代正德年间，当时宜兴东南有座金沙寺，寺中有位被尊为金沙僧的和尚，平生嗜茶。他选取当地产的紫砂细砂，用手捏成圆坯，安上盖、柄、嘴，经窑中焙烧，制成了中国最早的紫砂壶。此后，有个叫龚（供）春的家童跟随主人到金沙寺侍谈，他巧仿老僧，学会了制壶技艺。所制壶被后人称为供春壶，龚（供）春也被称为紫砂壶真正意义上的鼻祖，第一位制壶大师。

到明万历年间，出现了董翰、赵梁、元畅、时朋"四家"，后又出现时大彬、李仲芳、徐友泉"三大壶中妙手"。紫砂茶壶不仅因为泡饮法而兴盛，其形状和材质更迎合了当时社会所追求的平淡、端庄、质朴、自然、温厚、闲雅等精神需要，受到文人的喜爱。

明代在饮茶中，已经有意识地追求一种自然美和环境美。当时就有"一人得神，二人得趣，三人得味，七八人是名施茶"之说，对于自然环境，则最好在清静的山林、俭朴的柴房、清溪、松涛，无喧闹嘈杂之声。明太祖第十七子朱权于1440年前后编写《茶谱》一书，对饮茶之人、饮茶之环境、饮茶之方法、饮茶之礼仪等作了详细介绍。陆树声在《茶寮记》中，提倡于小园之中，设立茶室，有茶灶、茶炉，窗明几净，颇有远俗雅意，强调的是自然和谐美。张源在《茶录》中说："造时精、藏时燥、泡时洁。精、燥、洁，茶道尽矣。"这句话从一个角度简明扼要地阐明了茶道真谛。

茶文化的对外传播时期——清代茶文化

清代茶文化一个重要的现象，就是茶在民间的普及，并与寻常日用结合，成为民间礼俗的一个组成部分。茶馆如雨后春笋般出现，成为各阶层，包括普通百姓进行社会活动的一个重要场所。闽粤地区嗜饮茶者甚多，故称"工夫茶"。到了清代后期，由于市场上有六大茶类出售，人们已不再单饮一种茶类，而是根据各地风俗习惯选用不同茶类。如江浙一带人，大都饮绿茶；北方人喜欢花茶或绿茶。不同地区、民族的饮茶习俗因此形成。

清代的宫廷茶宴远多于唐宋，规模和礼俗也有所发展，在宫廷礼仪中扮演着重要的角色。嗜茶如命的乾隆皇帝，一生与茶结缘，品茶鉴水有许多独到之处，也是历代帝王中写作茶诗最多的一个。据史料记载，清乾隆时期，仅重华宫所办的"三清茶宴"就有43次。"三清茶宴"于每年正月初二至初十间择日举行，参加者多为词臣，如大学士、九卿及内廷翰林。每次举行时须择一宫廷时事为主题，群臣联句吟咏。宴会所用"三清茶"是乾隆皇帝亲自创设，系采用梅花、佛手、松实入茶，以雪水烹制而成。

清朝初期，以英国为首的资本主义国家开始大量从我国引进茶叶，形成茶叶外销的历史高峰。1886年我国茶叶出口量达13.41万吨。茶叶的输出常伴以茶文化的交流和影响。各个国家的茶饮逐渐普及，并形成了特有的饮茶风俗。

在众多清代小说，如《镜花缘》《儒林外史》《红楼梦》等中，茶文化内容都得到了充分展现，成为当时社会生活最为生动、形象的写照。就《红楼梦》来说，"一部《红楼梦》，满纸茶叶香"，书中言及茶达260多处，咏茶诗词（联句）有10多首。它所记载的多种形式的饮茶方式、丰富多彩的名茶品种、珍奇的古玩茶具和讲究非凡的沏茶用水等，是我国历代文学作品中记述和描绘得最全面的。

茶文化的再现辉煌时期——当代

虽然中华茶文化古已有之，但是它们在当代的复兴，却是在20世纪80年代，台湾是现代茶艺、茶道的最早复兴之地。改革开放以后，我国茶文化在全方位、高层次的文化交流中迈向新的高度。几十年来，各种传媒以传播推广茶文化为己任，广泛而持久地宣传茶文化知识和茶事活动。茶业、文化教育、科技、医学、艺术等社会各界，几乎都对茶产生浓厚的兴趣，并分别在各自领域宣传、研讨茶文化的方方面面。中外茶文化交流活动不断，加速了中西文化的融合。

饮茶在经历了唐、宋、明三代的发展过程中，演变出了唐煮、宋点、明泡三种饮茶方式。明朝的泡茶方法便是将茶叶放在茶壶或者茶盏之中，以沸水冲泡后直接饮用。我们现在的冲泡方法便是在明朝的泡茶方式上演变而来的。

六大茶类的起源

绿茶起源

从有文字记载的历史来看，蒙顶山是我国历史上有文字记载人工种植茶叶最早的地方。现存世界上关于茶叶最早记载的王褒《童约》和吴理真在蒙顶山种植茶树的传说，可以证明四川蒙顶山是绿茶种植和制造的起源地。

绿茶最早起源于巴地（今川北、陕南一带），据《华阳国志·巴志》记载，当年周武王伐纣时，巴人为犒劳周武王军队，曾"献茶"。《华阳国志》是信史，可以认定，不晚于西周时代，川北（七佛贡茶）的巴人就已开始在园中人工栽培茶叶。

绿茶据传发源于湖北省赤壁市。元朝末年，朱元璋率领农民起义，羊楼洞茶农从军奔赴新（疆）蒙（古）边城。他们在军中见有人饭后腹痛，便将带去的蒲圻绿茶给病者服用，服后患者相继病愈。当了皇帝后，朱元璋寻到种茶的刘天德长子刘玄一，遂赐名茶叶为"松峰茶"。明洪武二十四年，太祖朱元璋因常饮羊楼松峰茶成习惯，遂诏告天下："罢造龙团，唯采茶芽以进。"因此，刘玄一成为天下第一个做绿茶的人，朱元璋成为天下第一个推广绿茶的人，羊楼洞成为天下最早做绿茶的地方。

白茶起源

白茶的历史究竟起源于何时？白茶的名字最早出现在唐朝陆羽的《茶经·七之事》中，记载："永嘉县东三百里有白茶山。"有学者认为，中国茶叶生产历史上最早的茶叶不是绿茶而是白茶。其理由是中国先民最初发现茶叶的药用价值后，为了保存起来备用，必须把鲜嫩的茶芽叶晒干或焙干，这就是中国茶叶史上白茶的诞生。

有人认为白茶起于北宋，其主要依据是白茶最早出现在《大观茶论》中。也有人认为是始于明代或清代的，持这种观点的学者主要是从茶叶制作方法上来加以区别茶类的，因白茶的生产过程只经过"萎凋与干燥"两道工序。

黄茶起源

通常黄茶分为"品种黄茶"和"工艺黄茶"两种类型。因茶树品种形成的黄色的茶称"品种黄茶"。如在唐朝享有盛名的安徽寿州黄茶和作为贡茶的四川蒙顶黄芽，都因芽叶自然发黄而得名。

工艺黄茶则是通过炒制过程中采用独特的"闷黄"工艺改变了茶的色泽和内质。在绿茶炒青制造实践中，鲜叶杀青后若不及时揉捻，或揉捻后不及时烘干或炒干，堆积过久，都会变黄；炒青杀青温度低，蒸青杀青时间过长，也都会发黄。所以在炒制绿茶的实践中，就会有意或无意地发明出黄茶类茶。这一全套生产工艺，是在 1570 年前后形成的。如黄茶类中产量最高的条形黄茶之一黄大茶，即创制于明代隆庆年间（1567—1572 年），距今已有四百多年历史。

红茶起源

红茶起源于福建武夷山，是由绿茶、白茶的制法演变而来。在1610年前后（亦有称在1650年前后者），武夷山南麓星村镇为小种红茶的集散地，此小种红茶原产于星村镇到江西省边界海拔1000米左右的桐木关山中。

红茶产生于清代道光末年，据说当时有一支军队占领了福建崇安县的某个茶场，茶场刚采集的清茶居然被他们用来铺床。等到军队离开以后，茶场老板发现，这些清茶因积压而发酵，变成黑色，而且还发出特殊的香气。于是，茶厂老板决定将这些发酵过的茶叶烘干，没想到这些茶叶居然引起了外国人浓厚的兴趣，畅销欧洲市场。于是，大家依法炮制并不断改进，从而让红茶在世界各地慢慢地流行起来。

黑茶起源

黑茶起源于四川省。唐宋时期，茶马交易早期是从绿茶开始的，当时集散地为四川雅安和陕西的汉中，由雅安出发马驮茶叶行走抵达西藏要2～3个月的路程。当时由于没有遮阳避雨的工具，茶叶外面虽然包裹着羊皮，但下雨潮湿，天晴时茶又被晒干，这种干湿互变过程，使茶叶在微生物的作用下发酵，产生了品质完全不同于起运时的茶品。

因此"黑茶是马背上形成的"说法是有其道理的。久之，人们就在初制或精制过程中增加一道渥堆工序，于是就产生了黑茶。黑茶在中国的云南、广西、四川、湖北等地都有加工生产。黑茶类产品普遍能够长期保存，而且有越陈越香的品质。

青茶（乌龙茶）起源

青茶由宋代贡茶龙团、凤饼演变而来，创制于1725年（清雍正年间）前后，至今已有1000多年的历史。清朝雍正三年至十三年（1725—1735年），福建安溪人创制发明青茶，首先传入闽北，后传入台湾地区。

清代咸丰年间（1855年前后），当时福建红茶生产过剩，品质下降，销路不畅，茶价下跌，影响广大人民的生活。茶业劳动者在制茶实践过程中加深认识，改变技术措施，创新花色，如台北的包种，政和的白毫莲心（俗称白毛猴），以扩大销路，而改制青茶。

中国茶文化博大精深，源远流长。在漫长的历史发展过程中，我国历代茶人富有创造性地开发了各种各样的茶，外加茶区分布广泛，茶树品种繁多，制茶工艺不断革新，形成了丰富多彩的茶类。而目前世界上还没有统一规范的分类方法，有的根据制造方法不同进行划分，有的根据茶叶外形来进行划分，有的按初、精制情况进行划分。

第二节 茶的类别

绿茶的特点

绿茶是我国产量最多的一类茶，全国有18个产茶省，主要产地为安徽、浙江、湖南、湖北、四川等。我国绿茶花色品种之多居世界之首，占世界茶叶市场绿茶贸易量的80%左右。绿茶是未发酵茶，特点是"三绿"，即叶绿、汤绿、叶底绿。基本工艺流程分杀青、揉捻、干燥三个步骤。

杀青方式有加热杀青和热蒸杀青两种，以蒸青汽杀青制成的绿茶称"蒸青绿茶"。干燥以最终干燥方式不同有炒干、烘干和晒干之别，最终炒干的绿茶称"炒青"，最终烘干的绿茶称"烘青"，最终晒干的绿茶称"晒青"。绿茶按照品质的不同，又可分为名优绿茶和大宗绿茶。

白茶的特点

白茶属轻微发酵茶，主要产于福建福鼎、政和、松溪和建阳等地。制作工艺主要包括萎凋和干燥两道工序。萎凋分为室内萎凋和室外萎凋。常选用芽叶上白毫多的品种，如福鼎大白茶，芽壮多毫，制成的成品茶满披白毫，十分素雅，汤色清淡，味鲜醇。

白茶按照茶树品种与鲜叶采摘的不同可以分为芽茶和叶茶。芽茶主要有白毫银针等，叶茶主要有白牡丹、寿眉、贡眉等。其中以银针白毫最为名贵，特点是遍披白色茸毛，并带银色花泽，汤色略黄而滋味甜醇，毫香蜜韵。

白茶萎凋过后并不进行揉捻，因此茶汁渗出较慢。但是这种制作方法没有破坏茶叶中酶的活性，让白茶本身保持了茶的清香和鲜爽。现在市场上也有的白茶经过了揉捻，汤色橙艳，口感浓郁，这种茶称为新工艺白茶。

白茶的代表茶叶是白毫银针、白牡丹、贡眉、寿眉、新工艺白茶、老白茶等。

红茶的特点

红茶基本工艺流程是萎凋、揉捻、发酵、干燥。红茶红汤、红叶的品质特点主要是经过"发酵"形成的。

发酵是茶叶中原先无色的多酚类物质，在多酚类氧化酶的催化作用下，氧化以后形成了红色氧化聚合物——红色素。这种色素一部分能溶于水，冲泡后形成了红色的茶汤；一部分不溶于水，积累在叶片中，使叶片变成红色，红茶的红汤、红叶就这样形成了。

我国红茶最早出现的是福建崇安一带的小种红茶，以后发展演变成了功夫红茶。1875年，工夫红茶制作方法由福建传至安徽祁门一带，继而江西、湖北、四川、台湾等省大力发展。工夫红茶是我国传统的出口茶类，远销东欧、西欧等60多个国家和地区。市场上主要红茶有祁红、滇红、川红、金骏眉、坦洋工夫、白琳工夫等。

青茶的特点

青茶起源于福建省，是我国特色茶之一，它是半发酵茶，茶叶萎凋后放在滚筒式摇青机中，使茶叶相互摩擦、碰撞，使叶边缘部分细胞组织破坏，形成绿叶镶边红的特色。青茶综合了绿茶和红茶的特点，既有绿茶的清香，又有红茶醇厚的滋味，沏泡后叶底常呈现"绿叶红镶边"的特征。根据产地以及制造工艺的不同，青茶可以分为闽北乌龙、闽南乌龙、广东乌龙以及台湾乌龙。

闽北乌龙产于福建省武夷山一带，主要有武夷岩茶、闽北水仙、闽北乌龙等。闽南是产于福建南部的乌龙茶，代表茶叶是安溪铁观音、黄金桂、本山等。广东乌龙主要以广东潮州地区所产的凤凰单枞和凤凰水仙为代表茶叶。台湾乌龙的品类更加丰富，主要有冻顶乌龙、阿里山乌龙、文山包种、东方美人等。

黑茶的特点

黑茶的基本工艺流程是杀青、揉捻、渥堆、干燥。黑茶一般原料较粗老，加之制造过程中往往堆积发酵时间较长，因而叶色油黑或黑褐，故称黑茶。黑茶主要供边区少数民族饮用，所以又称边销茶。

黑毛茶是压制各种紧压茶的主要原料，原料茶经蒸制后放入模具压制而成。主要产于云南、四川、湖南、湖北等地。各种黑茶紧压茶是藏族、蒙古族和维吾尔族等兄弟民族日常生活的必需品，有"宁可一日无食，不可一日无茶"之说。黑茶因产区和工艺上的差别有云南普洱茶、湖南黑茶、湖北老青茶、广西六堡茶、四川边茶等。

黄茶的特点

黄茶的加工工艺为杀青、揉捻、闷黄、干燥。黄茶品质特点是"黄汤黄叶"，这是制茶过程中进行闷堆渥黄的结果。黄茶按照采摘鲜叶的嫩度以及芽叶的大小可以分为三类，即黄芽茶、黄小茶、黄大茶。黄芽茶的代表茶有君山银针、蒙顶黄芽、霍山黄芽等；黄小芽的代表有北港毛尖、鹿苑毛尖、平阳黄汤等；黄大茶的代表有霍山黄大茶、广东大叶青等。

再加工茶的特点

用这些基本茶类的茶叶进行再加工，如窨花后形成花茶，蒸压后形成紧压茶，浸提萃取后制成速溶茶，加入果汁形成果味茶，加入中草药形成保健茶，把茶叶加入饮料中制成"含茶饮料"。因此，再加工茶类也有六大类，即花茶、紧压茶、萃取茶、果味茶、药用保健茶和含茶饮料。各类再加工茶的代表茶如下。

①花茶：茉莉花茶、珠圭花茶、玫瑰花茶、桂花茶……

②紧压茶：黑砖、茯砖、方茶、饼茶……

③萃取茶：速溶茶、浓缩茶……

④果味茶：荔枝红茶、柠檬红茶、猕猴桃茶……

⑤药用保健茶：减肥茶、杜仲茶、甜菊茶……

⑥含茶饮料。

花茶的特点

花茶是成品茶叶与香花放在茶坯中窨制而成。常用的香花有茉莉、珠兰、玳玳、玫瑰、桂花等。最具有中国特色的是茉莉花茶，以福建、江苏、浙江、安徽、四川为主要产地。苏州茉莉花茶，是花茶中的名品；福建茉莉花茶，属浓香型茶，茶汤醇厚，香味浓烈，汤黄绿，鲜味持久。

按茶叶的外形来分类

茶叶由于制作方法不同，茶树品种有别，采摘标准各异，因而形状显得十分丰富多彩，特别是一些细嫩名茶，大多采用手工制作，形态缤纷。

扁平形

提起扁平形，最出名的自然是位列十大名茶之首的西湖龙井，呈扁平形茶，均是炒青绿茶，经过压制翻炒，使得外形扁平而挺直。

雀舌形

这种形状的茶种，所用原料嫩度要求高，大多为一芽一叶。成茶后茶叶外形小巧，叶底可以看到芽叶分离，像麻雀的嘴，有金坛雀舌、余杭雀舌、四川的蒙顶黄芽等。

眉形

眉形要求的茶叶也是单芽，非常嫩，成茶后圆润富有光泽，茶形略有弯曲，像月牙一样，有江苏的太湖翠竹、浙江的仙龙香茗。

条索形

条索形的揉捻程度更重，所以外形更为弯曲，除此之外，外形粗壮紧结。例如九曲红梅、武夷岩茶等。

松针形

这类茶形选用的茶鲜叶很嫩，均为一芽一叶，茶叶经过理条和搓条，成茶后使茶叶的外形变得挺直纤细，像松针一样，代表茶种有江苏雨花茶、湖南的安化松针、江西的万龙松针等。

卷曲形

卷曲形的代表茶是碧螺春，贵州的绿茶都匀毛尖也是螺形。既然是绿茶，螺形茶所用的原料也非常嫩，经过揉捻，所以外形才会像螺一样卷曲，而且非常纤细紧结。

蜻蜓头

说起蜻蜓头，大家也想到了，只有铁观音才是这种茶形。铁观音外形紧结，顶部呈不规则的圆块，像蜻蜓头。制作铁观音所用的茶鲜叶都非常成熟，叶片粗大，做成蜻蜓头茶形体积更小，也更美观。

珠形

圆润紧结，像珍珠一样，珠形茶是最圆的茶形，美观性很好，这类圆形紧结的茶有更好的耐泡性，如茉莉龙珠等。

颗粒状

虽是颗粒状，但并不是圆形，这些颗粒并不规整，带有棱角，只是紧结缩成颗粒而已，如浙江的绿茶临海蟠毫、安徽的绿茶涌溪火青等。

细沙形

细沙形茶指的是袋泡茶中的碎茶，主要代表是红碎茶。也就是将茶叶切碎后制成更细的颗粒状茶形。这种茶耐泡度低，多用来出口作为袋泡茶原料。

粉末状

粉末状是茶叶经过二次加工打磨而成的茶粉，有抹茶粉、速溶茶等。

凤形

凤形意思是干茶的外形像凤凰的尾巴，典型的代表是安吉白茶，干茶挺直，芽头和叶片分叉，以一芽二叶为主。

牡丹形

也是将两三克茶叶扎在一起，制成牡丹花形，茶种有安徽黄山的绿牡丹。

剑形

茶如其名，茶叶形状像剑一样。这种形状的茶雍容华贵，非常漂亮，有安徽的太平猴魁、天柱剑毫茶等。

瓜子行

干茶外形像瓜子一样，叶片的边缘向叶背面翻卷，代表是六安瓜片。

饼形

饼形说的就是黑茶、普洱茶和老白茶了，茶叶初制之后，再次精制蒸压而成。

柱形

将蒸熟的茶塞入用竹筒制成的柱形模具中，紧压严实，静置陈化而成柱形茶主要指湖南安化的千两茶。

砖形

毛茶制作完后，经过蒸压制成砖形紧压茶，有大有小，可正方形可长方形。茶种有湖南的黑砖茶、湖北的老青砖和米砖等。

碗臼形

这种茶形也是紧压茶，将初制后的毛茶进行蒸压，由于采用的模具不同，蒸压后茶底会有一个凹进去的洞。云南的各种沱茶大都是这种茶形。

按照茶树形态分类

茶树属山茶科山茶属，为多年生常绿木本植物。一般为灌木，在热带地区也有乔木型茶树，高达15～30米。茶树在温暖湿润气候下生长，平均气温10摄氏度以上芽开始萌动，生长最适温度为20～25摄氏度；年降水量要在1000毫米以上；喜光耐阴，适于在漫射光下生长。一生分为幼苗期、幼年期、成年期和衰老期。树龄可达一二百年，但经济年龄一般为40～50年。有许多茶树的变种用于生产茶叶，主要产于印度阿萨姆、中国、柬埔寨等地。

灌木型茶树

灌木茶是相对于乔木茶而言的。灌木型茶树比较矮小，分枝稠密，没有明显的主干。灌木型茶树适合人工大面积种植，是我国栽培最广的茶树型之一。江南茶区是我国灌木茶的主产区。

乔木型茶树

乔木茶是指树干高大的茶树所产的茶叶。乔木茶树能长到几米到几十米，采茶人可以直接站在树干上采茶。乔木茶的茶树多分布在云南省的一些茶区，其中很多是野生老茶树，树干粗壮，多人拉手才能环抱住。

半乔木茶树

半乔木型茶树，其介于乔木与灌木之间，如云南的大叶种茶就是半乔木型茶，福鼎大白茶也属于半乔木型茶。

根据茶树的栽培方式分类

古茶树

古树茶指采制于百年以上的古老茶园的茶，这些老茶树病虫害少，不需用药防治，也不需要进行修剪、中耕施肥等管理，是一种地道的天然老树茶。真正的古树茶每年的产量都十分有限。相对其他茶，古茶树的特点是更加耐泡，口感更稠厚。

台地茶

台地茶是指采制于新中国成立后发展起来的密植茶园的茶，该类茶园的基本特点是"集中连片、高产"，伴随的是"喷药施肥、中耕修剪"。该类茶人工栽培后一直处于相对比较好的管理之中，如修剪、施肥、打药等措施是台地茶管理过程中的基本措施。台地茶基本上是灌木茶。

放养茶

放养茶是指当年（差不多是50年前）政府为了提高山区人民收入，组织种下的茶树，后来出于历史原因，几十年来无人管理，茶树自生自灭，几乎也成了古茶树（这些茶树再过50年，也叫古茶树了）。因为不施化肥农药，加上茶区的气候，茶叶具有独特口味，茶质变得很浓重，茶气十足。

高山茶

高山茶是产自海拔较高山区的茶的通称。有高山、能产茶的地方，都可以有高山茶。多少海拔称为高山茶，目前没有定论，一般认为生长于海拔800～1000米以上茶园所产制的茶叶为高山茶。

高海拔地区的阳光充足，昼夜温差大，有利于茶叶进行光合作用。这种独特的地理环境和气候条件，造就了高山茶芽叶肥壮、节间长、颜色绿、茸毛多的特点。高山茶富有高山气味，通常被认为是高品质茶叶的象征。

根据采茶的季节不同分类

茶叶随着自然条件的变化也会有差异，如含水分过多，茶质自然较淡；孕育时间较长，接天地赐予，自较丰腴。所以，随着不同季节制造的茶，就有了春茶、夏茶、秋茶、冬茶等不同。

春茶

春季3～4月采制的鲜叶，俗称春仔茶或头水茶，依时日又可分早春、晚春、（清）明前、明后、（谷）雨前、雨后等，占总产量的35%。

品质特点有三点：一是滋味浓；二是香气高；三是农药残留少。春季温度适中，雨量充沛，加上茶树经半年冬季的休养生息，使得春梢芽叶肥硕，色泽翠绿，叶质柔软，特别是含有氨基酸及相应的全氮量和多种维生素，因而春茶滋味鲜活，香气扑鼻，富保健作用。

夏茶

5～7月采制的茶叶称为夏茶。第一次夏茶又称头水夏茶或二水茶，产茶时间5月下旬至6月下旬，占总产量的17%。第二次夏茶俗称六月白、大小暑茶、二水夏茶7月上旬至8月中旬，占总产量的18%。

夏茶品质不如春茶，绿茶尤为明显。夏季气温高，芽叶生长快，叶肉薄，叶质粗而硬，纤维含量高，鲜叶内部有效成分的含量相对较低，香气比春茶低，滋味比春茶淡。夏季日照强烈，鲜叶内多酚类含量较高，形成苦涩味。

秋茶

8～10月采制的茶叶称为秋茶。第一次秋茶产茶时间为8月下旬至9月中旬，占总产量的15%；第二次秋茶为9月下旬至10月下旬，占总产量的10%。

茶树经春、夏两季生长、摘采，新梢芽内含物质相应地减少，叶片大小不一、叶底发脆、叶色发黄、滋味显得比较平和，但有着特殊高爽飞扬的香气。

冬茶

冬茶俗称冬片茶，采于11月下旬至12月上旬，占总产量的5%。冬茶量少，价格也较高。冬茶新梢芽生长缓慢，内含物质逐渐堆积，滋味醇厚，香气浓烈。

并非每种茶都以春茶最优，如黑茶的茯砖就以夏茶为优，乌龙茶有着"春水秋香"的美誉。但绿茶一定是春茶最佳。

按照茶叶采摘标准分类

茶叶的质量跟采摘季节有着直接的关系，同时采摘标准也很重要。鲜叶按规格可分为单芽、一芽一叶、一芽二叶、一芽三叶、一芽四叶等。

一芽一叶，形似"雀嘴"。一芽二叶，依叶子展开的程度不同，分为开面叶

（嫩梢生长成熟，出现驻芽的鲜叶）、小开面（第一叶为第二叶面积的一半）、中开面（第一叶为第二叶面积的三分之二），大开面（第一叶长到与第二叶面积相当）。一芽三叶是目前市场上常见的中等质量的茶叶。一芽四叶一般为粗茶。

按照茶叶发酵及萎凋程度不同来分类

做茶是萎凋和发酵是相互制约的，没有绝对标准。应根据做茶时的温度、茶青的老嫩等情况，看茶做茶。

萎凋是在茶青（俗称茶菜）从采摘下来到杀青这段时间消散水分的过程，分为日光萎凋与室内萎凋。在日光萎凋（或热风萎凋）、室内萎凋与搅拌等过程中，因为堆高的厚度、室内温度、放置时间等因素，发酵会一直在进行。

茶叶中发酵程度的轻重不是绝对的，有小幅度的误差。国际上较为通用的分类法，是按绿茶不发酵茶0～5%，白茶微发酵5～10%，黄茶弱发酵20%～30%、青茶半发酵20%～70%、红茶全发酵95%～98%、黑茶后发酵70%～80%。其中乌龙茶的"东方美人茶"即白毫乌龙茶，或又称椪风茶，发酵达到80%，属于重发酵乌龙茶，接近红茶了。

按照茶叶焙火程度来分类

古人云："茶为君，火为臣。"说明了火功与茶叶品质的密切关系，好的茶叶原料要有好的烘焙技术，才能做出高品质的成品茶。而火功在武夷岩茶中尤为重要，炖火过程在掌握"低温慢炖"的前提下，须因原料的等级、品种、程度、产地等"看茶焙茶"，灵活掌握炖火温度、时间、摊叶厚度来控制火功。

茶叶的初制烘焙，具有继续破坏叶内残留酶活性，蒸发水分，进一步挥发青气，紧缩茶条的作用；第二阶段，精制的炖火使叶内含生化成分产生热物理化学变化，具有脱水糖化作用（熟化）、异构化作用、氧化及后熟作用，从而形成了其高香、浓味、耐泡以及独特的茶汤口感。中国茶历来就有"南做青，北烘焙"的说法。

焙火的程度分为轻火、中火和重火不同火功。实际加工过程中，根据焙火的时间和温度高低，其火功可分为欠火、轻火、中火、足火、高火、病火。

欠火

茶叶加工过程只经过走水焙，或吃火时间太短，温度低于 60 摄氏度，会造成茶叶火功欠缺。欠火茶外形色泽偏绿，手捻干茶成片状或颗粒状；香气多为清香，细嗅还夹杂有青草味或其他杂味；滋味欠醇和带苦涩味；汤色黄绿。

轻火

轻火茶焙火时温度为80～90摄氏度，时间为3～4小时，所以火功较低。轻火茶香气清远，高而悠长，鲜爽；滋味甘爽微带涩，品种特征明显，但韵味稍弱；汤色金黄或黄色，稍淡；叶底三红七绿，鲜活；这种茶不耐贮藏，容易出现"返青现象"。其适合于刚接触茶的饮茶者。

中火

中火茶焙火温度一般控制在90～100摄氏度，时间4～6小时。中火茶香气浓郁，带花果蜜糖香，杯底香佳；滋味醇厚顺滑，耐泡，茶韵显；汤色橙黄；叶底隐约可见三红七绿，品质耐贮藏。当前茶叶市场的主流产品为中火茶。

足火

足火茶焙火温度一般控制在100～120摄氏度，时间6～12小时。传统茶火功一般掌握足火，其火功较高。如水仙等传统品质，干茶叶脉突出俗称"露白骨"；茶香气多表现为果香，杯底香佳；滋味浓厚，耐泡；汤色橙黄明亮；冲泡后叶底舒展后可见突起泡点，俗称"蛤蟆皮"或"起泡"，茶叶耐泡耐贮藏。

高火

高火茶焙火温度一般控制在120～140摄氏度，时间8～12小时。低档茶为了掩盖苦涩等不良气味，常采用高温长时烘焙。其干茶色泽呈深褐色，香气为焦糖香；味浓耐泡；茶汤深橙黄色；叶底硬挺暗褐，三红七绿不可见。

病火

病火即焙火时温度太高（温度超过160摄氏度）或吃火太急，造成茶叶带焦味，汤色黄黑色，叶底不见三红七绿，部分或全部碳化。品质劣变不宜饮用。

总之，茶叶烘焙方式多样，技术性强，与茶树特有香气和独特的茶汤口感风韵密切相关。必须根据烘焙方式、茶树品种、茶叶产地、茶叶品质等，灵活掌握烘焙温度和时间。这样才能达到焙火的最佳效果。

茶叶的分类及制作工艺——记住"6+1"

中国茶叶分类方法不统一，有的以产地分，有的以采茶季节来分。在此向大家介绍一种常用又好记的茶叶分类方法，即根据其加工过程中发酵的程度将茶叶划分为绿茶、白茶、黄茶、青茶、红茶、黑茶六大类，再加上花茶类，共"6+1"大类。需要强调的是，这种方法并不是根据茶叶种类、产地等来分类，而是依照加工方法来进行的。

茶叶名字的命名规律

我们在茶叶商店总是见到五花八门的茶叶名称，令人眼花缭乱。俗话说："茶叶喝到老，茶名记不了。"但众多的茶叶名称还是有规律可以遵循的，有的茶叶按照形状的不同而命名，如珠茶、银针等；有的结合产地的山川名胜而命名，如西湖龙井、普陀佛茶等；有的根据传说和历史故事命名，如大红袍、铁观音等。

结合产地来命名

古人说："天下名山，必产灵草。"茶，往往就产自钟灵毓秀的名胜山川，茶名与风景名，相得益彰。代表茶有西湖龙井、普陀佛茶、黄山毛峰、庐山云雾、太湖翠竹、井冈翠绿、苍山雪绿等，举不胜举。

根据茶的品质特征来命名

反映茶的形状：珍眉、珠茶、瓜片、松针、雀舌、毛尖、鹰嘴等。

反映茶叶颜色：黄芽、辉白、天山清、水绿黄汤、白毛茶等。

反映茶叶香气：十里香、兰花茶、水仙等。

反映茶的滋味：如茶苦等。

反映茶的滋味：霍山黄芽、平水珠茶、信阳毛尖等。

以茶叶的采制特点命名

比如春蕊是茶的采摘时间，体现嫩度和质量；炒青、烘青、工夫等反映制茶工艺。对于品质、制法相似的同类茶，命名时在茶类前冠于地名或者简称，如炒青茶有婺绿、屯绿、杭绿、川绿；烘青茶有徽烘青、浙烘青、闽烘青等；红茶有祁红、川红、滇红、湖红等。

以品种来命名

这种命名方法在乌龙茶里最为常见，以品种来命名的有台湾铁观音、安溪铁观音、闽北水仙、永春佛手等。以单枞命名的有大红袍、铁罗汉、白鸡冠、水金龟等。

以传说典故来命名

茶产于名山，名山又多仙神之说，茶名不少也以神话典故来命名，如碧螺春、大红袍、铁观音、文君嫩绿、金奖惠明等。

中国的茶名，不仅具描写性特征，还有文艺性特征。尤其是名茶之名，文字都优美文雅，富有诗情画意，如一幅幅素淡清雅、写意传神的山水画。一见茶名，我们就会引发无限美好的遐想。

第三节 茶的制作工艺

茶叶基本加工工艺

从茶树上采摘下来的芽叶，叫作鲜叶，又称生叶、青叶、茶青、茶草。鲜叶必须经过加工，制成各类成品茶叶，才可以饮用和储藏。目前我国茶叶制造分两大过程，即由鲜叶处理到干燥为止的一段过程，叫作初制，其制成品称为"毛茶"。毛茶再经过加工处理的过程，作复制，或称精制，其成品称为精制茶。本节主要讲有关茶叶的初制工艺过程。

杀青

杀青是通过高温，破坏鲜叶中酶的特性，制止多酚类物质氧化，以防止叶子红变；同时蒸发叶内部分水分，使叶子变软，为揉捻造型创造条件。随着水分蒸发，鲜叶中具有青草气的低沸点芳香物质挥发消失，从而使茶叶香气得到改善。

揉捻

揉捻是塑造茶叶外形的一道工序，利用外力作用改变茶叶的外形。加压原则是：轻、重、轻，叶片被揉破变轻，叶细胞破坏率一般为45%～55%，卷转成条，体积缩小，且便于冲泡。同时部分茶汁挤溢附着在茶叶表面，对提高茶叶浓度也有重要作用。

发酵

发酵是红茶制作的独特阶段，经过发酵，叶色由绿变红，形成红茶红叶、红汤的品质特点。

萎凋

萎凋是指鲜叶经过一段时间失水，使一定硬脆的梗叶变成萎蔫凋谢状况的过程。通过萎凋散发部分水分，提高叶子韧性，便于后续工序进行；同时伴随着茶叶失水过程，酶的活性增强，散发部分青草气，利于增强茶叶香气。

渥堆

揉捻后的茶叶，边堆积边淋水，堆在一起，上盖湿布，并加盖物，以保湿保温，进行渥堆过程。

闷黄

闷黄是黄茶类制造工艺特点，是形成黄色黄汤的关键工序。从杀青到干燥结束，都可以为茶叶黄变创造适当的湿热工艺条件。但作为一个制茶工序，有的茶在杀青后闷黄，有的则在毛火后闷黄，有的闷炒交替进行。影响闷黄的因素主要有茶叶的含水量和叶温。含水量越多，叶温越高，则湿热条件下黄变过程也越快。

解块

鲜叶揉捻完毕后，要尽快将粘结的茶叶分开，以迅速降低温度，以避免产生闷味及干燥不足，出现闷酸现象。解块的另一优点是能将多余的水汽排除，快速冷却鲜叶，能保持干燥后茶叶翠绿有光泽。

摇青

摇青是乌龙茶制作的重要工序，特殊香气和绿叶红镶边就是摇青中形成的。萎凋后茶叶置于摇青机中摇动，叶片互相碰撞，擦伤叶缘细胞，从而促进酶促氧化作用。摇动后，叶片由软变硬。

再静置一段时间，氧化作用相对减缓，叶柄及叶脉中的水分慢慢扩散至叶片，此时鲜叶逐渐膨胀，恢复弹性，由硬变软。经过如此有规律的动与静的过程，茶叶发生了一系列生物化学变化。叶缘细胞破坏，发生轻度氧化，叶片边缘呈现红色。叶片中央部分，叶色由暗绿转变为黄绿，即所谓的"绿叶红镶边"；同时水分蒸发和运转，有利于香气、滋味的发展。

烘焙

清香型茶烘焙时间较短，浓香型茶烘焙时间较长。烘焙是精制乌龙茶三大工艺要素之一（筛选、拼配、烘焙）。高温可以促使茶叶的成分降解和挥发，茶的香水气韵更醇厚。调和拼配原料经过烘焙，各路茶香味归一，可以起到拌匀调和作用。老茶的烘焙可以增固香味，改变品质，消除茶叶杂味和陈味，恢复火候香味。

干燥

干燥是迅速蒸发水分，达到保持干度的过程。其目的有三：利用高温迅速钝化酶的活性，停止发酵；蒸发水分，缩小体积，固定外形，保持干度以防霉变；散发大部分低沸点青草气味，激化并保留高沸点芳香物质，获得茶特有的甜香。

理条

这是制作条形绿茶的一道工序，主要包括抓条和甩条两种手法，目的是塑形、失水、显毫和提香。

抓条手法是：手心向下，拇指稍张开，其余四指并拢，将茶叶从小指顺沿锅壁带入手中；甩条是将手中的茶叶抓取至离锅心10～20厘米高处，用腕力由虎口甩出。

甩条时，手中的茶叶不能一次甩尽，应保留2/5或1/2。甩出的茶叶呈扇形沿锅壁滚动下滑，顺序落入锅底。抓条和甩条反复交替进行，直到茶叶八成干时即可出锅。理条的关键技术是抓得匀、甩得开、摆得直。随着水分的散失，手势先松、高、轻、慢，然后紧、低、重、快。

茶香一杯留春住——绿茶

中国是世界绿茶主产国，绿茶产量占世界绿茶总产量的65%左右，出口量占世界贸易量的75%左右，由此可见中国绿茶在世界茶叶消费中的重要地位。

绿茶为不发酵茶，较多地保留了鲜叶内的天然物质。绿茶茶多酚、咖啡因保留鲜叶的85%以上，叶绿素保留50%左右，维生素损失也较少，从而形成了绿茶"清汤绿叶，滋味收敛性强"的特点。

表4-1　绿茶制作工艺

茶分类	制作工艺
炒青绿茶	炒青绿茶是利用高温锅炒杀青和锅炒干燥的绿茶，如外销绿茶中的眉茶、珠茶等，如内销绿茶中的龙井茶、碧螺春、大方、炒青茶等
烘青绿茶	鲜叶经过杀青、揉捻，而后烘干的绿茶称为烘青绿茶，如浙烘青、滇烘青、徽烘青（通常是作为窨制花茶的原料茶），茶叶品种有黄山毛峰、云南毛峰、太平猴魁、庐山云雾等
晒青绿茶	鲜叶经过杀青、揉捻以后，用日光晒干的绿茶称为晒青绿茶，如滇青、陕青、川青、黔青、桂青等，主要用作加工紧压茶的原料
蒸青绿茶	蒸青绿茶具有"色绿、汤绿、叶绿"的"三绿"特点，生产于湖北、浙江、安徽、江西等省，如玉露、煎茶等

绿茶按照制作工艺分为四大类，即炒青绿茶、烘青绿茶、晒青绿茶和蒸青绿茶。见表4-1。但它们的加工原理和技术要求基本相似，绿茶的初制工艺分为杀青、揉捻、干燥三个过程。

其中关键在于初制第一道工序，即杀青。鲜叶通过杀青，酶的活性钝化，内含的各种化学成分基本是在没有酶影响的条件下，由热力作用进行物理化学变化，从而形成了绿茶的品质特征。

鲜叶摊放：加工前必不可少的工序。

摊放目的：有利于促进香气成分转化，外形和香气的形成。

摊放方法：摊放厚度一般高档茶鲜叶为2～3厘米，中低档茶鲜叶以5～8厘米为宜，一般摊放时间为6～12小时，最多不超过24小时，中间适当翻叶。

摊放标准：摊放程度至鲜叶含水率为68%～70%，叶质柔软，有清香时即可。

杀青：对绿茶品质起着决定性的作用。

通过高温，破坏鲜叶中酶的特性，制止多酚类物质氧化，以防止叶子红变；同时蒸发叶内部分水分，使叶子变软，为揉捻造型创造条件。

随着水分的蒸发，鲜叶中具有青草气的低沸点芳香物质挥发消失，从而使茶叶香气得到改善。影响杀青质量的因素有杀青温度、投叶量、杀青机方式、时间等，它们是一个整体，互相牵连制约。

揉捻：绿茶塑造外形的一道工序。

绿茶揉捻工序有冷揉与热揉之分。所谓冷揉，即杀青叶经过摊凉后揉捻；热揉则是杀青叶不经摊凉而趁热进行揉捻。嫩叶宜冷揉以保持黄绿明亮之汤色及嫩绿的叶底，老叶宜热揉以利于条索紧结，减少碎末。

干燥：有烘干、炒干和晒干三种方法。

绿茶的干燥工序，一般先经过烘干，然后再进行炒干。因揉捻后的茶叶含水量仍很高，如果直接炒干，会在炒干机锅内很快结成团块，茶汁易黏结锅壁。因此茶叶先进行烘干，使含水量降低至符合炒青的要求。

西湖龙井

龙井茶掌火十分讲究，素有"七分灶火，三分炒"之说法。现在，一般采用电锅,既清洁卫生,又容易控制锅温,保证茶叶质量。炒制时,分"青锅""辉锅"两个工序,炒制手法非常复杂,一般有抖、带、甩、挺、拓、扣、抓、压、磨、挤等十大手法。炒制时,依鲜叶质量高低和锅中茶坯的成型程度,不时地改换手法,灵活机动。

青锅:杀青和初步整形过程。锅温达180摄氏度左右时,涂抹少许油脂使锅面更光滑,投入约100克叶子,开始以抓、抖手势为主,散发一定的水分后,逐渐改用搭、压、抖、甩等手势进行初步整形,压力由轻而重,达到理直成条、压扁成形的目的。炒至七八成干时即可起锅,历时约12～15分钟。

起锅后进行薄摊回潮,时间为40～60分钟。摊凉后进行筛分,经筛底、筛面分别进行辉锅。

辉锅:目的是整形和炒干。通常四锅青锅叶合为一锅,鲜叶量约250克。锅温60～70摄氏度,需要炒制25分钟。手势压力逐步加重,主要采用抓、扣、磨、压、推等手法。其要领是手不离茶、茶不离锅。炒至茸毛脱落,扁平光滑,茶香透出,折之即断,含水量达5%～6%为适度,即可起锅。

炒制好的龙井茶极易受潮变质,必须及时用纸包成500克一包,放入底层铺有块状石灰(未吸潮风化的石灰)的缸中,加盖密封收藏。贮藏得法,约经15～30天后,龙井茶香气更加清香馥郁,滋味更加鲜醇爽口。保持干燥的龙井茶,贮藏一年后仍能保持色绿、香高、味醇的品质。

洞庭碧螺春

碧螺春炒制特点是:手不离茶,揉中带炒,炒中有揉,炒揉结合,连续操作,起锅即成。主要工序为杀青、揉捻、搓团显毫、烘干。

杀青:在平锅或斜锅内进行,当锅温达190～200摄氏度时,投叶500克左右,双手翻炒,以抖炒为主,做到捞净、抖散、杀匀、杀透、无红梗红叶、无烟焦叶,历时3～5分钟。

揉捻:锅温70～75摄氏度,采用抖、炒、揉三种方法交替进行,边抖,边炒,边揉,随着茶叶水分的减少,条索逐渐形成。炒时手握茶叶松紧应适度。太松不利紧条，太紧茶汁溢出，易在锅面上结"锅巴"，产生烟焦味，使茶叶色泽发黑、茶条断碎、茸毛脱落。当茶叶干度达六七成，时间约10分钟时，降低锅温，转入搓团显毫过程。历时12～15分钟左右。

搓团显毫：是形成碧螺春卷曲似螺、茸毫满披外形的关键过程。锅温50～60摄氏度，边炒边用双手用力地将全部茶叶揉搓成数个小团，不时抖散，反复多次，搓至条形卷曲，茸毫显露，达八成干。烘干过程历时13～15分钟。

烘干：采用轻搓、轻炒手法，达到固定形干燥状、继续显毫、蒸发水分的目的。当九成干时，起锅将茶叶摊放在桑皮纸上，连纸放在锅上，锅温约40～50摄氏度，文火烘至足干。

六安瓜片

六安瓜片炒制分生锅、熟锅、毛火、小火、老火五个工序。

生锅温度110摄氏度左右，熟锅稍低。投叶量约100克，鲜叶下生锅主要起杀青作用，炒至叶片变软时，将生锅叶扫入熟锅。

熟锅整理条形，边炒边拍，使叶子逐渐成为片状，用力大小视鲜叶嫩度不同而异。炒至叶子基本定型，含水率30%左右时即可出锅，及时上烘。

毛火：用烘笼炭火，每笼投叶约1.5千克，烘顶温度100摄氏度左右，烘到八九成干即可。

小火：每笼投叶2.5～3千克，火温不宜太高，烘至接近足干即可。

老火：又叫拉老火，对形成六安瓜片特殊的色、香、味影响极大。拉老火要求火温高、火势猛。木炭要先排齐挤紧烧旺、烧匀，火焰冲天。烘至叶片绿中带霜时即可下烘，趁热装入铁筒，加盖后用焊锡封口贮藏。过去根据采制季节，分成三个品种：谷雨前采制的称"提片"，品质最优；其后采制的大宗产品称"瓜片"；进入梅雨季节，鲜叶粗老，品质较差，称"梅片"。

六安瓜片在中国名茶中独树一帜，其采摘、扳片、炒制、烘焙技术皆有独到之处，品质也别具一格。其产制历史虽不足百年，但目前生产规模和技术精湛程度已达到较高水平。

信阳毛尖

信阳毛尖炒制工艺独特，分生锅杀青、初揉、熟锅（复揉、做形）、初烘、摊凉、复烘、拣剔等七个过程。炒后的干茶，按登记标准拣剔，而后分级装箱封藏。

鲜叶经适当摊放后，进行炒制。分生锅和熟锅两次炒制。生锅主要作用是杀青并轻揉，使叶子初步成条。熟锅是使茶叶外形达到紧、细、直、光。然后将茶叶摊放在焙笼上，约经半小时，再放到坑灶上烘焙。

初烘：俗称"打毛火"，熟锅陆续出来的6～7锅茶叶为一烘，尽快上烘，散发水分，固定外形。

摊凉：初烘后茶叶在室内及时摊凉1小时左右，厚度30厘米左右。

复烘：俗称二道火。复烘30分钟左右。茶叶色泽翠绿、光润、香气清高，含水量6%～7%。

拣剔：俗称择茶，拣出回青、叶片、老枝梗、茶末及其他异物。

再复烘：俗称"拉烘""打足火"，使茶叶进一步干烘，达到标准含水量（6%），同时可进一步发挥茶叶色、香、味。常言道："要想茶叶香，必拉三道火。"茶叶色泽翠绿光润，香气浓烈，手捏成碎末即下烘，分级、分批摊放于大簸箕，趁余热及时装进专用大茶桶密封、保存。

三年是药、七年是宝——白茶

白茶是"墙内开花墙外香"。据《宁德茶叶志》记载。清光绪十六年（1890年）白茶开始出口。白毫银针、白牡丹主销中国香港、澳门地区及新加坡、马来西亚、德国、荷兰、法国、瑞士、美国等国家。

白茶为什么会漂洋过海，远销到东南亚与欧美呢？最早的说法是白茶作为药用，尤其是陈年白茶，具有清热解毒、治疗小儿麻疹、预防水土不服等功效。在缺医少药的年代，白茶被华侨带到东南亚一带，作为居家必备用品。白茶以性清凉、退热、降火、祛暑的治病效果和清幽素雅的风格，在东南亚流行起来，而后进入流通领域，华侨和欧洲消费者都视它为珍品。

白茶是我国特种茶叶之一，主产于福建的福鼎、政和、建阳、松溪等地。因制法独特，不炒不揉，只有萎凋、干燥的工艺，成茶外表满披白毫，色泽银白灰绿，故称"白茶"。

茶树品种不同可分"大白"和"小白"。采自福鼎大白茶、福安大白、政和大白品种的鲜叶制成的成品称"大白"，采白茶群体品种的鲜叶制成的称"小白"。白茶依采摘标准不同分为银针、白牡丹、贡眉和寿眉。

白茶的制作工艺，一般分为萎凋和干燥两道工序。见表4-2。特点是既不破坏酶的活性又不促进氧化作用，保持毫香显现，汤味鲜美。其关键在于萎凋，萎凋分为室内自然萎凋、室外日光萎凋。 其精加工工艺是在剔除梗、片、蜡叶、红张、暗张之后，以文火烘焙至足干，待水分含量为4%～5%时，趁热装箱。

表4-2　白茶制作工艺

茶叶种类	制作工艺
白毫银针	传统上，将采自嫩梢的肥壮芽头制成的成品称"银针"
白牡丹	嫩梢的一芽一叶、二叶制成的成品称"白牡丹"
贡眉	采自菜茶群体的芽叶制成的成品称"贡眉"
寿眉	由制"银针"时采下的嫩梢经"抽针"后，剩下的叶片制成的成品称"寿眉"

白毫银针

白毫银针是茶中极品。原料为大白茶芽头，因其成茶芽头肥壮、身披白毫，挺直如针、色白如银而得名。外形肥壮、满披白毫、色泽银亮、内质香气清鲜、毫味浓、滋味鲜爽、微甜；汤色浅杏黄色明亮。

采摘：制"银针"以春茶的头一两轮品质最佳。以顶芽肥壮、毫心大为最优，到三四轮后茶树抽上来的多为侧芽，芽小而细，所制"银针"就不理想了。

自然萎凋法：生产白毫银针对天气有严格要求。晴天气温高、湿度低，茶青易于干燥，可以制出芽白梗绿的上等银针；南风天较次，因其湿度较大，鲜叶干燥较慢，容易变成芽绿梗黑的次等银针；雨天和大雾天，均不宜采制，所制"银针"就会"灰黑"没有鲜灵度，通常被称为"死针"。

把原料茶芽薄摊在萎凋筛上，每筛约250克，要求摊得均匀，不可重叠，一旦出现重叠，茶芽就变黑。摊好后放在架上，让烈日暴晒，或低温烘焙，不可翻动，以避免伤叶红变。当达到干度要求后，进行拣剔去梗，再烘焙装箱。

烘焙干燥：将经萎凋处理后的茶芽，薄摊于焙笼上，用30～40摄氏度文火焙至足干。烘焙时，焙心垫一层白纸，以防火温太高，灼伤茶芽。足干后，拣剔掉焦红、暗红、黑色的银针，叶片及其他非茶类杂物，保证白毫银针应有的匀净度。包装前须进行复焙，除去超过茶叶标准要求的水分，要求含水量在4%～5%，以保证质量稳定。

让整个冬季不再寒冷——红茶

世界上有超过30个国家生产红茶。北回归线与赤道之间的区域被称为"茶带"，因为茶叶的主要生产国都集中在这片区域。大部分茶叶生产国都具有气候温暖潮湿、土壤呈酸性且排水性好的特点。而且，那些海拔较高、昼夜温差大的地区，能够生产出特别优质的茶叶，该地区红茶产量占世界茶叶产量的一半以上。

红茶是全发酵茶类，性温、滋味甜醇。寒露过后入深秋，天气转凉较快，喝红茶可暖胃。还可在茶汤中适量加入牛奶做成奶茶，适合脾胃虚弱患者、肠胃不好人群。

中国红茶依其制法和品质的差异分为工夫红茶、红碎茶及小种红茶，其中工夫红茶和小种红茶为中国特有。

表4-3　红茶的工艺流程

种类	工艺流程
工夫红茶	制造中讲究发酵适度、文火慢烤烘干，如祁门工夫红茶，具有特殊的高香 鲜叶→萎凋→揉捻→发酵→毛火烘焙→足火烘干
红碎茶	制造中采用揉切设备，切成颗粒形小碎片，讲究发酵适度及时烘干 鲜叶→萎凋→揉捻切碎→发酵→烘干
小种红茶[①]	制造中最后干燥时用松柴烟熏烘干，因此有明显的松烟香味 鲜叶→萎凋→揉捻→发酵→烟熏烘干

红茶制法大同小异，都有萎凋、揉捻、发酵、干燥四个工序。见表4-3。红茶品质特点是红汤红叶。下面以工夫红茶为例，介绍红茶的加工工艺。

萎凋：初制的第一道工序，是形成红茶香气的重要加工阶段。

萎凋的目的：萎凋指鲜叶经过一段时间失水，使一定硬脆梗叶成萎蔫凋谢状况的过程。经过萎凋，可适当蒸发水分，叶片柔软，韧性增强，便于造型。此外，这一过程使青草味消失，茶叶清香欲现，是目前普遍使用的萎凋方法。

萎凋方法：有自然萎凋和萎凋槽萎凋两种。自然萎凋即将茶叶薄摊在室内或室外阳光不太强处，搁放一定的时间。萎凋槽萎凋是将鲜叶置于通气槽体中，通以热空气加速萎凋过程。

揉捻：茶叶在揉捻过程中成形并增进色香味浓度，同时，叶细胞被破坏，便于在酶的作用下进行必要氧化，利于发酵的顺利进行。

发酵：发酵是红茶制作的独特阶段，经过发酵，叶色由绿变红，形成红茶红叶、红汤的品质特点。

发酵的目的：叶子在揉捻作用下，组织细胞膜结构受到破坏，多酚类物质与氧化酶充分接触，在酶促作用下产生氧化聚合作用，化学成分亦相应发生变化，使绿色茶叶产生红变，形成红茶的色香味品质。

---

① 在福建崇安桐木范围内的产品有自然的松木香味，叫正山小种。而用油松木烟烘，叫工夫小种。

发酵方法：目前普遍使用控制温度和时间进行发酵。发酵适度，嫩叶色泽红润，老叶红里泛青，青草气消失，具有熟果香。

干燥：干燥是将发酵好的茶坯，采用高温烘焙，迅速蒸发水分，达到保质干度的过程。

干燥目的：利用高温迅速钝化酶的活性，停止发酵；蒸发水分，缩小体积，固定外形，保持干度以防霉变；散发大部分低沸点青草气味，激化并保留高沸点芳香物质，获得红茶特有的甜香。

祁门工夫红茶

安徽省祁门山区自然环境优越，云雾弥漫，空气湿润"晴时早晚遍地雾，阴雨成天满山云"之说，极宜茶树生长，品种亦极为优良，精工细作后更显其独特魅力。

祁门红茶只采鲜嫩一芽二叶，鲜嫩叶面张开，经过萎凋，色变暗绿，叶变柔软。再经揉捻，暗绿色变成浅绿色，叶呈条状。经过发酵，颜色变成新紫铜色，叶紧卷成条。最后烘干，茶叶变成乌黑油润的色泽，体积也变小。这是绿茶鲜叶变为红茶干毛茶的过程。

我国红茶包括工夫红茶、红碎茶和小种红茶，其制法大同小异，都有萎凋、揉捻、发酵、干燥四个工序。小种红茶在干燥时用当地的松木熏制，有独特的烟香，也俗称"烟小种"。各种红茶的品质特点都是红汤、红叶，色香味的形成都有类似的化学变化过程。

悠悠茶中激荡出绝妙的茶韵——青茶

乌龙茶是"青茶"的俗称，前身为北苑贡茶，主要制作贡茶"龙团、凤饼"。当龙团改为散茶后，茶叶经过晒、炒、焙火等一系列加工，色泽乌黑，条索似龙，于是便以乌龙茶为名，彰显该茶类的价值。

乌龙茶创制于1725年（清雍正年间）前后，为中国特有的茶类，主要产于福建的闽北、闽南及广东、台湾三个省。见表4-4。据福建《安溪县志》记载："安溪人于清雍正三年首先发明乌龙茶做法，以后传入闽北和台湾。"乌龙茶综

· 114 ·

合了绿茶和红茶的制法，其品质介于绿茶和红茶之间，既有红茶浓鲜味，又有绿茶清芬香，并有"绿叶红镶边"的美誉。乌龙茶在日本被称为分解脂肪、减肥健美的"美容茶""健美茶"。

表4-4　乌龙茶分类

按产地分类	
闽北乌龙	福建省北部武夷山一带的乌龙茶都属闽北乌龙。以武夷岩茶为主。武夷山独特的丹霞地貌和优异的山场环境，使得岩茶有一种异于其他任何乌龙茶的岩骨花香，如武夷水仙、武夷肉桂等，都具有特殊的"岩韵"，汤色橙红浓艳，滋味醇厚回甘，叶底肥软、绿叶红镶边。其中最为有名的当属武夷大红袍。大红袍成品茶香气浓郁，滋味醇厚，有明显"岩韵"特征，饮后齿颊留香，被誉为"武夷茶王"
闽南乌龙	闽南乌龙茶主要产于福建南部安溪、永春、南安、同安等地。主要品类有铁观音、黄金桂、闽南水仙、永春佛手，以及闽南色种等制成的乌龙茶。红遍大江南北的安溪铁观音是闽南乌龙的代表，以独有的"观音韵"著称，茶汤滋味醇厚，水色金黄，兰花香清芳持久，品质极优
广东乌龙	广东乌龙产于粤东地区的潮安、饶平、丰顺、蕉岭、平远等地。主要产品有凤凰水仙、凤凰单丛、岭头单丛、饶平色种、石古坪乌龙、大叶奇兰、兴宁奇兰等。以潮安的凤凰单丛和饶平的岭头单丛最为著名。凤凰单丛是从凤凰水仙群体种中经过选育繁殖而来的优异单株的总称。不同的单株具有不同的天然花香、果香，香气持久高强；滋味浓醇鲜爽回甘。其中较常见的有蜜兰香、黄栀香、杏仁香、玉兰香等
台湾乌龙	台湾乌龙茶是清代由福建传入台湾的，在台湾广泛种植，演变成了非常多的品种。阿里山、杉林溪、大庾岭、梨山等产的高山茶都很受欢迎。高山茶的海拔在1000~3000米之间，气温低、湿度高，环境优良，出产的乌龙茶具有清雅的高山韵味。冻顶乌龙是台湾乌龙的代表，茶汤清爽怡人，汤色蜜绿带金黄，香气清雅，喉韵回甘浓郁且持久，被誉为"茶中圣品"

乌龙茶的制造，其工序概括起来可分为：萎凋（晒青、晾青）、做青（摇青、筛青）、炒青、揉捻、干燥，其中做青是形成乌龙茶特有品质特征的关键工序，是奠定乌龙茶香气和滋味的基础。

选菁：春茶期、秋茶期的鲜叶原料，制成的乌龙茶，其品质更为优良。选择叶稍伸长较完整的标准鲜叶（对夹三叶）。

萎凋：所指的是晾青、晒青。

萎凋的目的：通过萎凋散发部分水分，提高叶子韧性，便于后续工序进行；同时伴随着失水过程，酶的活性增强，散发部分青草气，利于香气透露。

萎凋的特点：通过萎凋，以水分的变化控制叶片内物质适度转化，达到适宜的发酵程度。

做青：做青是乌龙茶制作的重要工序，特殊的香气和绿叶红镶边就是做青中形成的。

萎凋后的茶叶置于摇青机中摇动，叶片互相碰撞，擦伤叶缘细胞，从而促进酶促氧化作用。摇动后，叶片由软变硬。再静置一段时间，氧化作用相对减缓，使叶柄叶脉中水分慢慢扩散至叶片，此时鲜叶又逐渐膨胀，恢复弹性，叶子变软。

经过如此有规律的动与静交换过程，茶叶发生了一系列生物化学变化。叶缘细胞破坏，发生轻度氧化，叶片边缘呈现红色。叶片中央部分，叶色由暗绿转变为黄绿，即所谓的"绿叶红镶边"；同时水分蒸发和运转，有利于香气、滋味的发展。

炒青：乌龙茶的内质已在做青阶段基本形成，炒青是承上启下转折工序。主要是抑制鲜叶中酶的活性，控制氧化进程，防止叶子继续红变，固定做青形成的品质。其次是低沸点青草气挥发和转化，形成馥郁的茶香。同时通过湿热作用破坏部分叶绿素，使叶片黄绿而亮。

揉捻：通过揉捻，使叶片揉破变轻，卷转成条，体积缩小，且便于冲泡。同时部分茶汁挤溢附着在叶表面，对提高茶滋味浓度也有重要作用。

初干：利用高温破坏残留在揉捻后茶叶中的酵素，停止发酵作用，并使茶叶体伤口收缩，改善茶叶香气及滋味。

解块：让茶叶自然伸屈及透气，不会使茶叶产生闷味及水汽味。

干燥：抑制酶活性氧化，蒸发水分和软化叶子，并起热化作用，消除苦涩味，促进滋味醇厚。

武夷岩茶

武夷岩茶是青茶的一大类，具体说有"大红袍""铁罗汉""白鸡冠""水金龟""水仙""肉桂"等几十个品种。各种茶叶都以茶树名称命名，如肉桂茶的茶树名称即是"肉桂"，水仙茶的茶树名称就叫"水仙"。闽南乌龙茶也是如此，如"铁观音""黄金桂""本山""毛蟹"等。

清代崇安县知事陆延灿所著《续茶经》记载："凡茶见日则夺味，唯武夷茶喜日晒。"太阳出来采鲜叶，可以散发部分水分，变得柔软，同时叶中所含的多种化学成分和芳香物质产生变化，发出一种清香气。武夷岩茶加工工序：晒青、晾青、摇青、炒（杀）青、揉捻、烘焙。

武夷岩茶无须包揉，乌龙茶的烘焙程度比其他茶类要求都高。《武夷茶歌》写道："如梅斯馥兰斯馨，大地烘焙候香气。鼎中笼上炉火红，心专手敏功夫细。"这首茶歌说明，如果烘焙得当，可以提高乌龙茶如梅似兰的香气。

安溪铁观音

安溪铁观音的制造工艺，要经过摊青、晒青、晾青、做青、炒青、揉捻、初烘、初包揉、复烘、复包揉、足干等工序。

摊青、晒青：鲜叶经摊青后，进行晒青。晒青时间以午后4时阳光柔和时为宜，叶子宜薄摊。叶色转暗，手摸叶子柔软，顶叶下垂为适度。移入室内晾青后，再进行做青。

做青：摇青与静置相间合称做青。做青技术性高，灵活性强，是决定品质的关键。摇青使叶缘经摩擦，部分细胞受损，再经过静置，在一定温度、湿度条件下，多酚类在酶的作用下缓慢地氧化，并引起一系列化学变化，从而形成乌龙茶特有品质。铁观音鲜叶肥厚，要重摇，摇青共5～6次，每次摇青转数由少到多。静止时间由短到长，摊叶厚度由薄到厚。做青适度的叶子，叶缘呈朱砂红色，叶中央部分呈黄绿色（半熟香蕉皮色），叶面凸起，叶缘背卷，从叶背看呈汤匙状，发出兰花香。

炒青：即杀青。炒青要及时，当做青叶青草味消失，香气初露即应抓紧进行炒青。

揉捻、烘焙、足干：铁观音的揉捻和烘焙是多次反复进行的。初揉为3～4分钟，解块后即行初焙。焙至五六成干、不粘手时下焙，趁热包揉，运用揉、压、搓、抓、缩等手法，经三揉三焙后，再用50～60摄氏度的文火慢焙，即足。使成品香气敛藏，滋味醇厚，外表色泽油亮，茶条表面凝集有一层白霜。

感受时间的味道——黑茶

从唐代开始，历代统治者都积极采取控制茶马交易的手段。茶马交易治边制度从隋唐始，至清代止。

茶马古道的线路主要有两条：一条从四川雅安出发，经泸定、康定、巴塘、昌都到西藏拉萨，再到尼泊尔、印度，国内路线全长3100多千米；另一条路线从云南普洱茶原产地（今西双版纳、思茅等地）出发，经大理、丽江、中甸、德钦，到西藏邦达、察隅或昌都、洛隆、工布江达、拉萨，然后再经江孜、亚东，分别到缅甸、尼泊尔、印度，国内路线全长3800多千米。

在两条主线沿途密布着无数大大小小的支线，将滇、藏、川大三角地区紧密联结在一起，形成了世界上地势最高、山路最险、距离最遥远的茶马文明古道。

黑茶属于后发酵茶，生产历史悠久，以制成紧压茶边销为主，主产区为四川、云南、湖北、湖南、陕西、安徽等地。有助消化解油、降脂减肥、抗氧化等功效。

黑茶采摘标准多为一芽五至六叶，叶粗梗长。经过杀青、揉捻、渥堆、干燥四个初制工序加工而成。黑茶按地域分为湖南黑茶（茯茶、千两茶、黑砖茶、三尖等）、湖北青砖茶、四川藏茶（边茶）、安徽古黟黑茶（安茶）、云南黑茶（普洱熟茶）、广西六堡茶及陕西黑茶（茯茶）。

品质特征是色泽黑褐油润，汤色橙黄或橙红。黑茶渥堆是决定黑茶品质的关键工序，渥堆时间的长短、程度的轻重，会使成品茶的品质风格有明显差别。即在鲜叶杀青、揉捻或初步干燥后，在室温25摄氏度以上、相对湿度85%以上的条件下，渥堆 20 多小时。通过氧化作用令茶叶色泽变得油黑或深褐，然后进行干燥。

黑茶的制作工艺见表4–5。

表 4–5　黑茶的制作工艺

分类	加工工艺
湖南黑茶	湖南黑毛茶经杀青、初揉、渥堆、复揉、干燥等五道工序制成，分为四级，高档茶较细嫩，低档茶较粗老。 湖南黑茶成品有"三尖""四砖""花卷"系列与之称。"四砖"即黑砖、花砖、青砖和茯砖。"三尖"指湘尖一号、湘尖二号、湘尖三号，即"天尖""贡尖""生尖"。"湘尖茶"是湘尖一、二、三号的总称。"花卷"系列包括"千两茶""百两茶""十两茶"
湖北青砖茶	青砖的外形为长方形，色泽青褐，香气纯正，汤色红黄，滋味香浓。饮用时需将茶砖破碎，放进特制的水壶中加水煎煮，茶汁浓香可口。 饮用青砖茶，除生津解渴外，还具有清心提神、暖人御寒、化滞利胃、杀菌收敛、治疗腹泻等多种功效。主要销往内蒙古等西北地区。以中华老字号"川"牌青砖茶为代表的湖北青砖茶在两百多年的俄蒙贸易中占有重要的地位，是中俄万里茶道上的瑰宝
四川藏茶（边茶）	四川边茶生产历史悠久，宋代以来历朝官府推行"茶马法"，明代（1371—1541年）就在四川雅安、天全等地设立管理茶马交换的"茶马司"。 清朝乾隆时代，规定雅安、天全、荥经等地所产的边茶专销康藏，称"南路边茶"，主要销往西藏、青海和四川的阿坝、凉山自治州，以及甘肃南部地区。而灌县、崇庆、大邑等地所产边茶专销川西北松潘、理县等地，称"西路边茶"
安徽古黟黑茶（安茶）	安茶是传统工艺名茶，创于1725年前后，岭南中医诊方常用此茶作引，在广东香港，外销东南亚诸国，被誉为"圣茶"。现代药理分析发现"安茶"中含有多酚类，有清热止血、解毒消肿、杀菌、解渴生津、消瘴避邪之功效，食之益寿而提神。 安茶制作时连梗带叶经晒萎凋后，稍加揉捻，进行蒸晒，压紧装在小竹篓内（每小篓装茶3斤、每大篓装20小篓），再放入烘橱内烘干，使凝结成椭圆形块状，即以竹篓形状成型。安茶必须存放三年以上才能出售。唯其这样，才能火气退尽，茶性温和，味涩生津，祛邪避暑，充分发挥茶叶的药效作用。安茶的好处就妙在一个"陈"字，它陈而不霉，陈而不烂，越陈茶味越纯正

云南黑茶（普洱熟茶）	普洱茶以发酵不同分为生茶和熟茶两种。生茶是指新鲜的茶叶采摘后以自然的方式陈放。茶性比熟茶烈、刺激，新制或陈放不久的生茶有苦涩味，汤色较浅或黄绿，生茶适合饮用，长久储藏，香味越来越醇厚。 普洱熟茶是以云南大叶种晒青毛茶为原料，经过渥堆发酵等工艺加工而成的茶。色泽褐红，滋味醇和，具有独特的陈香。茶性温和、有养胃、护胃、暖胃、降血脂、减肥等保健功能
广西六堡茶	六堡茶，红、浓、陈、醇，有独特槟榔香气，越陈越佳，采摘一芽二三叶，经摊青、杀青、揉捻、渥堆、干燥等工艺制成，分特级和一至六级，原产于中国广西梧州六堡。 清同治版的《苍梧县志》里有"茶产多贤乡六堡，味厚，隔宿不变，产长行虾斗者，名虾斗茶，色香味俱佳，唯稍薄耳"的记载。用料讲究，"非细茶不采""非高岭不收"；头上"单幼芽不做""芽身短不要"；采摘时间上更有"三采三不采"
陕西黑茶（茯茶）	原本是我国西北、内蒙古以及哈萨克等游牧民族地区特需商品。因在伏天加工，故称伏茶。以其效用类似土茯苓，美称为茯茶、福砖。唐代以后，茶叶由官方统一管理，贮存一地边地府库，交换马匹，此为"官茶"，被称为"丝绸之路上的神秘之茶"。 茯茶作为砖茶中的特殊高档品种，其制作需要经过选料、筛制、渥堆、压制、发花、烘干等二十多道工序。"金花"即"冠突散囊菌"，更是其他茶类难以具备的菌种，因此茯茶在保健上具有了和其他茶类不同的魅力。 "金花"内两种新的活性物质茯茶素A和茯茶素B，具有显著降低人体类脂肪化合物、血脂、血压、血糖、胆固醇等功效。长期饮用茯茶，能够促进调节新陈代谢，增强人体体质、延缓衰老，对人体起着有效的药理保健和病理预防作用

紧压茶以煮饮为主，加奶或奶制品。其特点是耐贮藏、便于长途运输。在缺少蔬菜水果，以肉类、奶类为主食的地区，是人体日常补充维生素的重要来源。因此，茶叶成为当地人民生活中不可缺少的必需品。

安化千两茶

千两茶属黑茶系列中的花卷茶，相传为道光初年一张姓晋商和黄沙坪当地制茶师傅花费数年工夫精研而成，采制工艺十分讲究。千两茶乃老秤16两为1斤，千两约合37千克。其色如铁，卷内金花茂密，泡而饮之，沉香馥郁持久，滋味醇厚绵长，其汤色则橙黄明亮似桐油。

千两茶选安化大叶为原料，全部制作工序均由手工完成，从选料、筛分、拣剔、紧压成型到晾置干燥，无任何机械成分，凸显其原始古朴的自然之美。

加工过程中用有烟火焙及"日晒夜露"等特殊干燥工艺，包装采用篾篓棕片、棕叶等大自然赋予人类之精华，在自然条件催化下自行发酵干燥，构成了一幅"天人合一，茶人合一"的茶文化画卷。

千两茶制成之后并不能立即出售饮用，一般须陈放七至八年时间方可进行交易。陈年千两茶更是被誉为"茶文化的经典，茶叶历史的浓缩与见证"。千两茶做工精细，风行韩国、日本和东南亚地区。

常用饮法：

工夫泡饮法：取茶为茶壶的2/5左右，用工夫茶具，按工夫茶泡饮方式冲泡饮用。

杯泡法：用如意杯或有盖紫砂壶，取茶5克先用沸水润茶，再加盖浸泡1～2分钟后即可饮用（可多次加水冲泡）。

传统煮饮法：取茶10～15克（6～8人饮用），用沸水润茶后，再用冷水煮沸，停火滤茶后，分而热饮之。

奶茶饮法：按传统方法煮好茶汤后，按奶、茶汤1∶5比例调制，然后加适量食盐，即调成具有西域特色的奶茶，橙红茶汤与白色奶充分混合后呈现粉红色，十分漂亮，称为"红粉佳人"。

冷饮法：按杯泡法或煮饮法滤好茶汤后，将茶汤放入冰箱或水井中冰镇后饮用，是夏天消暑解渴的佳品。

千两茶具有一定的药用价值，可以降"三高"，即高血脂、高血糖、高血压；分解脂肪，防止脂肪堆积，消食去腻。我国西北民族的食物结构是牛、羊和奶酪，非茶不解，故而"宁可三日无食，不可一日无茶"，以至才有历经千年的茶马贸易。

千两茶还可以通便、治肠炎、解毒。增强人体血管壁的韧性，抑制动脉硬化，具有维生素P的类似功能，抑制人体内不饱和脂肪酸的过氧化作用能力是维生素的5～10倍，可以延缓衰老，有利于维生素C的吸收，从而防止致癌物质——亚硝酸铵等硝基化合物的在人体新陈代谢中形成积累等。

茯砖茶

茯砖茶约在1860年前后问世。当时用湖南所产的黑毛茶踩压成90千克一块的篾篓大包，运往陕西泾阳筑制茯砖。茯砖早期称"湖茶"，因在伏天加工，故又称"伏茶"；因原料送到泾阳筑制，又称"泾阳砖"。

茯砖茶压制要经过原料处理、蒸汽沤堆、压制定型、发花干燥、成品包装等工序。其压制程序与黑、花两种茶砖基本相同，其不同之点是在砖形的厚度上。因为茯砖特有的"发花"工序，需要很多条件，其中一个重要的条件是要求砖体松紧适度，便于微生物的繁殖活动。

茯砖与黑、花两种茶砖的另一个不同之点，是砖从砖模退出后，不直接送进烘房烘干，而是为促使"发花"，先包好商标纸，再送进烘房烘干。烘干的速度不要求快，整个烘期比黑、花两砖长一倍以上，以求缓慢"发花"。

茯砖茶外形为长方砖形。茯砖砖面色泽黑褐，内质香气醇正，滋味醇厚，汤色红黄明亮，叶底黑汤尚匀。茯砖茶在泡饮时，要求汤红不浊，香清不粗，味厚不涩，口劲强，耐冲泡。

特别要求砖内金黄色霉苗（俗称"金花"）颗粒大，又称冠突散囊菌，干嗅有黄花清香。新疆维吾尔族人民最爱茯砖茶，他们把"金花"多少视为检查茯砖茶品质好坏的唯一标志。

常用饮法：

烹煮法：茯砖茶投入壶中，投茶量一般以茶水比为1∶20为宜。沸水润茶后再注入冷泉水，煮至沸腾，即可品饮。烹煮过程中茯茶的菌花香弥漫室内，沁人心脾。

泡饮法：冲泡时须经过煮水、温杯烫壶、投茶冲泡（茶水比1∶25～1∶30）、12分钟出汤等步骤，即可嗅闻茯茶特有的菌花香，观其橙黄明亮的汤色，细品醇和甘爽的滋味。

调饮法：先将茯茶敲碎投入沸水中，投茶比一般为1∶20。熬煮10分钟后，加入相当于茶汤1/5～1/4鲜奶煮开，然后用滤网滤去茶渣即成。还可根据要求调成咸味奶茶和甜味奶茶，甚至还可以加入一些炒制阴米，既可饮又可嚼，香气十足，茶味浓郁。

茯砖由于其独特工艺和特殊品质，使其具有良好的营养保健价值，主要表现在两个方面。

一是降脂解腻并有解酒作用，这也是肉食民族特别喜欢这种茶的原因。常在酒肉饱餐后饮一杯茯砖茶，或以茶佐食，令人有一种极为舒坦的感觉。

二是养胃、健胃、通三焦，能利尿、解滞。产地居民有保存几片茯砖的习惯，遇有腹痛或拉痢，老人习惯饮用茯砖。

普洱茶

普洱茶依制法可分为生茶和熟茶。普洱茶的制作方法见图4-1。

生茶：采摘后以自然方式发酵，茶性较刺激，多年后茶性会转温和，好的老普洱通常是此种制法。

加工方法：采摘—杀青—干燥—压饼—成型。

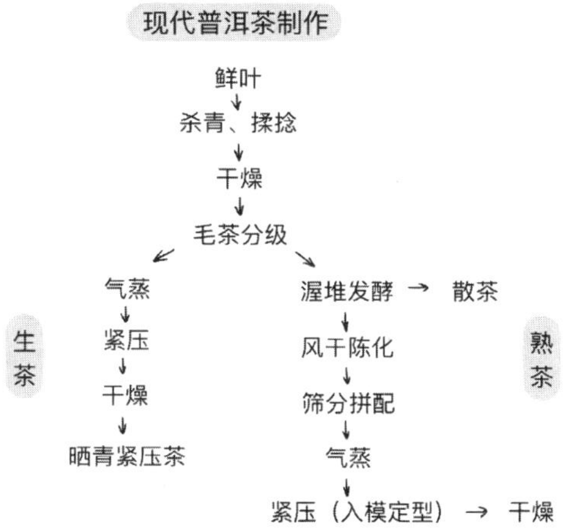

图4-1　普洱茶的制作方法

熟茶：以科学加上人为发酵法使茶性温和，缩短存放时间。为1973年开始的新的加工方法。

加工方法：采茶—杀青—揉捻—晒干—渥堆—晾干—紧压成型。

按存放方式，普洱分为干仓普洱和湿仓普洱。

干仓普洱：存放于通风、干燥及清洁的仓库，使之自然发酵，陈化10～20年为佳。

湿仓普洱：通常放置于较潮湿的地方，如地下室、地窖，以加快其发酵速度。由于内含物破坏较多，常有泥味或霉味。湿仓普洱陈化速度虽较干仓普洱快，但容易产生霉变，对人体健康不利，所以我们不主张销售及饮用湿仓普洱。

优质普洱茶表现为质、形、色、香、味、气、韵七品俱佳。

看外观：条形完整，叶老嫩，条索肥壮。干茶陈香显露，具油润光泽，褐中泛红。

看汤色：汤色红浓明亮，汤上面看起来有油珠形地膜。

闻气味：陈香浓郁醇正悠长，是一种甘爽的味道。

品滋味：滋味浓醇、滑口、润喉、回甘，舌根生津。

看叶底：色泽褐红、匀亮，花朵少，叶张完整，叶质柔软，不腐败，不硬化。

六大古茶山

云南地形气候环境特殊，地形复杂，其主要表现特点为：区域性差异分明，变化十分明显；年温差小、日温差大；雨量充沛；旱雨季分明，降雨量北少南多，分布不均。

在这样的条件下，加上部分茶种与生长形态不同，各茶山茶青茶质有明显不同。云南茶区有"北苦南涩""东柔西刚"的特质。

莽枝茶山：乔木中小叶种，较苦涩，回甘强烈、生津快，香气较淡，汤色深橘黄。

易武茶山：大叶种栽培野生茶，微苦涩，香气高，梅子香、蜜兰香，谷雨前后所采芽茶回甘强烈，生津好。易武正山在历史上就是闻名中外的茶山。

曼砖茶山（蛮砖山）：大叶种栽培野生茶，干茶色泽较深，较苦涩，回甘强烈、生津好，梅子香，汤色深黄。在历史上就有"喝蛮砖看倚邦"一说。

倚邦茶山：中小叶种栽培野生茶，回甘快、生津较好，兰花香，汤色深橘黄。

革登茶山：中小叶种栽培野生茶。较苦涩，回甘强烈、生津快，淡清香，汤色深橘黄。

攸乐茶山：大叶种栽培野生茶、苦涩重，回甘快、生津好，香气一般，汤色淡橘黄。

其他茶区：

布朗：大叶种野生野放茶、口感刺激性稍强，稍苦，香浓味重。

班章：大叶种，与布朗山香型口感类似，但口感香气下沉，刺激性更强，为苦味最重者。

南糯：大叶种野生野放茶，历史上就是闻名遐迩的古茶山，至今仍存活着一株已逾千年的栽培型的茶王树。香扬清甜，口感刺激性较高。

景谷：大叶种野生野放茶，条索不长，叶质厚，口感刺激性强而集中，有轻发酵香甜味。

邦崴：大叶种野生茶，香甜，微苦涩，甘韵强而集中，香型层次明显。

景迈：大叶种野生野放茶，干茶颜色青绿，条索较短，以轻发酵甜香著称之茶区，清甜略带花香，汤质滑、较薄。

勐库：云南大叶种野生茶，特有勐库种。茶质肥厚度大，香型特殊、劲扬，不如六大茶山茶区汤质滑柔，香气饱满，口感刺激性稍高。

中国茶马古道分为：

陕甘茶马古道：中国内地茶叶西行并换回马匹的主道。是古丝绸之路的主要路线之一。

陕康藏茶马古道（蹚古道）：始于汉代，由陕西商人与古代西南边疆的茶马互市形成。由于明清时政府对贩茶实行政府管制，贩茶分区域，其中最繁华的茶马交易市场在康定，称为蹚古道。

滇藏茶马古道：大约形成于6世纪后期，南起云南茶叶主产区西双版纳易武、普洱市，中间经过今天的大理白族自治州和丽江市、香格里拉进入西藏，直达拉萨。有的还从西藏转口印度、尼泊尔，是古代中国与南亚地区一条重要的贸易通道。

川藏茶马古道是陕康藏茶马古道的一部分，东起雅州边茶产地雅安，经打箭炉（今康定），西至西藏拉萨，最后通到不丹、尼泊尔和印度，全长四千余千米，是古代西藏和内地联系必不可少的桥梁和纽带。

叶软如蝉翼，金黄透碧，犹如仙汁——黄茶

黄茶属六大茶类中的小众茶，茶品种类少，很多人都只闻其名，不得其香。黄茶的制作与绿茶有相似之处，不同点是多一道闷堆工序。这个闷堆过程，是黄茶制法的主要特点，也是它同绿茶的基本区别。

绿茶是不发酵的，而黄茶是属于弱发酵茶类。茶叶闷黄过程中，会产生大量的消化酶，对消化不良、食欲不振、体胖减肥、杀菌消炎均有特殊效果。

黄茶以鲜叶为原料，经杀青、揉捻、闷黄、干燥等加工工艺。黄茶最重要的工序在于闷黄，这是形成黄茶特点的关键，主要做法是将杀青和揉捻后的茶叶用纸包好，或堆积后以湿布盖之，时间以几十分钟或几个小时不等，促使茶坯在湿热作用下进行非酶性自动氧化，形成黄叶、黄汤的品质特征。

黄茶的品质特征是黄叶黄汤。在口感上，具有香气清悦，滋味醇厚的共同特点。黄大茶干茶色泽黄绿，叶大梗长，叶尖呈黑绿色，开汤后叶底呈现黄红色，

具有焦糖香。黄小茶汤色黄而鲜亮，品质鲜嫩，叶底嫩黄。黄茶甘醇，既有绿茶的清新鲜爽，又有红茶的醇厚甜美，柔和宜人，润泽身心，而这正是黄茶闷黄工艺产生的独特口感特征。

黄茶依原料芽叶的嫩度和大小可分为黄芽茶、黄小茶和黄大茶三类。工艺流程见表4-6。

表4-6　黄茶的工艺流程

种类	工艺流程
黄芽茶	主要采自清明前后的细嫩单芽，或芽一叶，精细度较高
	黄芽茶主要有君山银针、蒙顶黄芽和霍山黄芽
黄小茶	在4月中下旬采摘，为大一些的芽二三叶
	黄小茶主要有北港毛尖、沩山毛尖、远安鹿苑茶、皖西黄小茶、浙江平阳黄汤等
黄大茶	更为后期一些、多采摘芽多叶
	黄大茶有安徽霍山、金寨

闷黄对黄茶品质的作用

闷黄是形成黄茶品质的关键工序。依各种黄茶闷黄先后不同，分为湿坯闷黄和干坯闷黄。

湿坯闷黄：在杀青后或热揉后堆闷使之变黄，由于叶子含水量高，变化快。消山毛尖杀青后热堆，经6～8小时即可变黄。平阳黄汤杀青后，趁热快揉重揉，堆闷于竹篓内1～2小时就变黄。北港毛尖，炒揉后，覆盖棉衣，半小时，俗称"拍汗"，促其变黄。

干坯闷黄：由于水分少，变化较慢，黄变时间较长。如君山银针，初烘至六七成干，初色40～48小时后，复烘至八成干，复色24小时，达到黄变要求。黄大茶初烘七八成干，趁热装入高深口小的篾篮子内闷堆，置于烘房5～7天，促其黄变。霍山黄芽烘至七成干，堆积1～2天才能变黄。

在闷黄过程中，由于湿热作用，多酚类化合物总量减少，特别是C-EGCG（绿茶茶多酚主要组成成分）和L-EGC（表没食子儿茶素）大量减少。由于这些酯型儿茶素自动氧化和异构化，改变了多酚类化合物的苦涩味，形成黄茶特有的金黄色泽和较绿茶醇和滋味。

君山银针

君山银针为黄茶类的"群茶之冠"。采摘要求极严，一般在3月上旬开采。采摘时，只能用手轻轻将芽头摘下，不能用指甲掐采。盛芽头的小竹篓中要垫上皮纸，以防磨掉芽头上的毛。采摘的每个银针芽头，必须长25～30毫米，宽3～4毫米，并要完整地带有2～3毫米长的茶柄；芽头内包含7片叶子，肥壮重实。

茶的制作工艺：分为杀青、摊凉、初烘、初包、复烘、摊凉、复包、足火八道工序。历时三昼夜，长达70小时之久。

杀青：在斜锅中进行，锅子在鲜叶杀青前磨光打蜡，火温掌握"先高后低"。茶叶下锅后，两手轻轻捞起，上抛抖散，让茶芽沿锅壁下滑。动作要灵活、轻巧，切忌重力摩擦，防止芽头弯曲、脱毫、茶色深暗。经4～5分钟，芽蒂萎软，青气消失，发出茶香，即可出锅。

摊凉：杀青叶出锅后，盛于小篾盘中，轻轻扬簸，散发热气。摊凉4～5分钟，即可初烘。

初烘：炭火炕灶上初烘，温度掌握在50～60摄氏度，烘20～30分钟，至五成干。初烘程度要掌握适当：过干，初包闷黄时转色困难，叶色仍青绿达不到香高色黄的要求；过湿，香气低闷，色泽发暗。

初包：初烘叶稍经摊凉，即用牛皮纸包好，包1.5千克左右，置于箱内，放置40～43小时，谓之初包黄。在湿热作用下，促使君山银针形成特有色香味。包闷时茶叶自动氧化放热，包内温度渐升，24小时后，可达30摄氏度左右，应及时翻包以使转色均匀。初包时间长短，与气温密切相关，气温低应当延长。当芽现黄色即可松包复烘。通过初包，银针品质风格基本形成。

复烘与摊凉：复烘的目的在于进一步蒸发水分，固定已形成的品质，减缓在复包过程中某些物质的转化。温度50摄氏度左右，时间约1小时，烘至八成即可。若初包变色不足，即烘至七成为宜。下烘后进行摊凉。

复包：方法与初包相同。历时20小时左右。待茶芽色泽金黄、香气浓郁即为适度。

足火：足火温度50～60摄氏度，烘量每次约500克，焙至足干止。加工完毕，按芽头肥瘦、曲直、色泽亮暗进行分级。以壮实、挺直、亮黄者为上，瘦弱、弯曲、暗黄者次之。

君山银针属芽茶，因茶树品种优良，芽头肥壮重实。君山银针风格独特，岁产不多，质量超群，为中国名优茶之佼佼者。

花茶的制作工艺

花茶是中国特有的茶类。它是以经过精制的茶和能够吐香的鲜花为原料，采用窨制工艺制作而成的茶叶。花茶是集茶味与花香于一体，茶引花香，花增茶味，相得益彰，既保持了浓郁爽口的茶味，又有鲜灵芬芳的花香，不仅仍有茶的功效，而且花香也具有良好的药理作用，有益人体健康。

下面是以茉莉花茶为例，介绍花茶的制作工艺。

茶坯处理

茉莉花茶窨制的传统做法是先将茶坯干燥至含水量4%～5%(高级坯含水量稍低，低级坯含水量稍高)，然后每窨一次花后的复火含水量控制提高0.5%～1%。高档茶坯一般要经2～3窨，中低档茶坯一般1～2窨，或用压花代替窨花，最后都应经过提花。如一级坯采用三窨一提，内销茶规定每100千克配花量为95千克，各窨次配花量分别为36、30、22千克，提花7千克。

其工艺流程见图4-2。

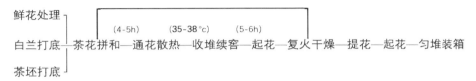

图4-2　花茶的工艺流程

花处理

鲜花采下后，摊于阴凉洁净的平板上，先薄摊，厚约5～10厘米，以散发表面水、香气和贮运中淤积的热量。当花温降至比室温高1～3摄氏度时进行堆花，堆厚为40～60厘米（气温高宜薄，反之宜厚），以提高花温促进开放。如此反复3～5次，鲜花逐渐开放。当开放率达70%左右，花朵微开时，进行一次筛花，配置12、10、8、6号筛，分出大花、中花、小花与未开放的花蕾和杂质。大花开放早，质量好，用于窨制优质茶或作提花用。未开放的花蕾继续堆花，待开放后付窨。未成熟的青蕾不能开放，弃之不用。

茶花拼和

当花达生理成熟而进入吐香时，与茶坯拼和拌匀，是香气随水分被茶坯吸收的工序。拌和前应先确定茶、花配比。

通花散热

茶花拌和后，由于窨堆中香花呼吸作用及茶坯内含物质氧化，产生二氧化碳和热量，形成高温和缺氧的环境。当堆温达一定程度（如茉莉花为48摄氏度），鲜花不仅丧失吐香能力，还会产生异味。此时应将窨堆扒开，让鲜花通气散热。通花需30～60分钟。

时间过短，通气散热不够；时间过长，花香则易损失。当温度降至室温1～3摄氏度时，鲜花恢复吐香能力，即可收堆续窨。茶花拼和后静置一段时间，在窨内堆温升高到一定范围，继续升温超过临界温度后，应将窨堆均匀翻耙松散，呈"波浪形"摊放散热。要求通透、均匀。

收堆续窨：将通花散热后的茶、花在制品重新收堆继续窨制。

起花：起花亦称"出花"，是将窨堆中的茶与花分离的工序。当窨花进行十几小时后，香花水分丧失，吐香能力减弱，香花呈萎缩渐黄状态，而茶坯吸水湿软，此时应迅速筛出花渣，以防花渣发酵，影响花茶品质。起花后的湿坯应及时烘焙。起花要求适时、快速、起净。

压花：茉莉花茶窨制起花后将质量好的花渣用于窨制低级茶的方法。4、5、6级茶坯用40%花渣压花。

烘焙

在排除茶叶中多余水分的同时，应最大限度地保留茶叶所吸收的花香。采用安全高温、快速、薄摊进行烘焙。提花前的在制品烘焙含水量应控制在7.0%～7.5%。

复窨

复窨是指为提高花茶香气浓度进行多次窨制。

提花

提花是最后一次窨花时，以香花与茶坯拌窨6～8小时，起花后不经烘焙，直接匀堆装箱的工序。花茶窨制过程，每窨花一次，均需经过烘焙。以蒸发茶坯中过多的水分，只让少量水分随香气滞留茶中，为茶坯赋香。经烘焙的花茶，其香气的鲜灵度不足，提花的目的即为弥补这一缺陷。

提花时可不经通花散热，但必须严格控制花量，使茶坯提窨后，成茶含水率不超过限定标准需要提高花茶产品鲜灵度时，可在晴天选用质量好的鲜花与烘焙后的在制品拼和静置较短时间，待含水量达到要求后，立即起花装袋。

匀堆装箱

通过充分拌和，使同批茶叶均匀一致，并进行包装。包装材料应符合食品要求，直接接触茶叶包装用纸应符合《食品安全国家标准 食品接触用纸和纸板材料及制品》（GB 4806.8-2016）的要求。

第四节　茶的功效

茶叶的主要成分

谈到饮茶的营养，要从茶叶中的主要成分说起。各种茶的主要成分是一样的，不管什么茶，从植物学角度来看，它们首先都是茶叶，之所以会有那么多的茶叶种类，除因为除茶树种类不同外，主要还是加工方法和加工工艺的不同。一般来说，它们只会改变茶叶的口感和香气，茶叶中的基本成分不会改变。

有机酸

茶叶中有机酸种类较多,含量约为干物质的3%左右。茶叶中的有机酸多为游离有机酸,如苹果酸、柠檬酸、琥珀酸、草酸等。在制茶过程中形成的有机酸,有棕榈酸、亚油酸、乙烯酸等。

茶叶中的有机酸是香气的主要成分之一,现已发现茶叶香气成分中有机酸的种类达25种,有些有机酸本身虽无香气,但经氧化后转化为香气成分,如亚油酸等;有些有机酸是香气成分的良好吸附剂,如棕榈酸等。

茶多酚

茶多酚是茶叶中酚类物质及其衍生物的总称,并不是一种物质,因此常称为多酚类,占干物质总量的20%～35%。过去茶多酚又称作茶鞣质、茶单宁。茶多酚的功效主要是能消除有害自由基、抗衰老、抗辐射、抑制癌细胞、抗菌杀菌、抑制病毒。

氨基酸

分析表明,茶叶中至少含有25种氨基酸,人体必需的8种氨基酸,茶叶中就含有6种。氨基酸是构建生物机体的众多生物活性大分子之一,是构建细胞、修复组织的基础材料。

蛋白质

茶叶中的蛋白质含量占干物质量的20%～30%,能溶于水直接被利用的蛋白质含量仅占1%～2%。所以,茶叶中蛋白质含量不是很高,但这部分水溶性蛋白质是形成茶汤滋味的成分之一。蛋白质是维持机体的生长、组成、更新和修补人体组织的重要材料,通过氧化作用为人体提供能量。

生物碱

茶叶中的生物碱包括咖啡因、可可碱和条碱。其中以咖啡因的含量最多,约占2%～5%,其他含量甚微,所以茶叶中的生物碱含量常以测定咖啡因的含量为代表。咖啡因易溶于水,是形成茶叶滋味的重要物质。咖啡因,具有兴奋大脑神经和促进心脏机能亢进的作用,是导致"醉茶"的主要因素。

果胶

茶叶中的果胶等物质是糖的代谢产物，含量占干物质总量的4%左右，水溶性果胶是形成茶汤厚度和外形光泽度的主要成分之一。

糖类

茶叶中的糖类包括单糖、双糖和多糖三类。其含量占干物质总量的20% ~ 25%。单糖和双糖又称可溶性糖，易溶于水，含量为0.8% ~ 4%，是组成茶叶滋味的物质之一。

茶叶中的多糖包括淀粉、纤维素、半纤维素和木质素等物质，含量占茶叶干物质总量的20%以上。多糖不溶于水，是衡量茶叶老嫩度的重要成分。茶叶嫩度低，多糖含量高；嫩度高，多糖含量低。

色素

茶叶中的色素包括脂溶性色素和水溶性色素两种，含量仅占茶叶物质总量的1%左右。脂溶性色素不溶于水，有叶绿素、叶黄素、胡萝卜素等。水溶性色素有黄酮类物质、花青素及茶多酚氧化产物茶黄素、条红素和茶褐素等。

脂溶性色素是形成干茶色泽和叶底色泽的主要成分。尤其是绿茶、干茶色泽和叶底的黄绿色，主要决定于叶绿素的总含量与叶绿素A和叶绿素B的组成比例。叶绿素A是深绿色，叶绿素B呈黄绿色，幼嫩芽叶中叶绿素B含量较高，所以颜色多呈嫩黄或嫩绿色。

类脂类

茶叶中的类脂类物质包括脂肪、磷脂、甘油酯、糖脂和硫酯等，含量占干物质总量的8%左右。茶叶中的类脂类物质，对形成茶叶香气有着积极作用。类脂类物质在茶树体的原生质中，对进入细胞的物质渗透起着调节作用。

芳香物质

茶叶中的芳香物质是指茶叶中挥发性物质的总称。在茶叶化学成分的总含量中，芳香物质含量并不多，一般鲜叶中含0.02%，绿茶中含0.005% ~ 0.02%，红茶中含0.01% ~ 0.03%。茶叶中芳香物质的含量虽不多，但其种类却很复杂。据分析，通常茶叶含有的香气成分化合物达300多种，鲜叶中香气成分化合物为50种左右；绿茶香气成分化合物达100种以上；红茶香气成分化合物达300种之多。

组成茶叶芳香物质的主要成分有醇、酚、醛、酮、酸、酯、内酯类、含氮化合物、含硫化合物、碳氢化合物、氧化物等十多类。鲜叶中的芳香物质以醇类化合物为主，低沸点的青叶醇具有强烈的青草气，高沸点的沉香醇、苯乙醇等，具有清香、花香等特性。

成品绿茶的芳香物质以醇类和吡嗪类的香气成分含量较多，吡嗪类香气成分多在绿茶加工的烘炒过程中形成。红茶香气成分以醇类、醛类、酮类、酯类等香气化合物为主，它们多是在红茶加工过程中氧化而成的。

维生素

茶叶中含有丰富的维生素类，其含量占干物质总量的0.6% ~ 1%。维生素类分水溶性和脂溶性两类。脂溶性维生素有维生素A、维生素D、维生素E和维生素K等，维生素A含量较多。脂溶性维生素不溶于水，饮茶时不能被直接吸收利用。

水溶性维生素有维生素C、维生素B_1、维生素B_2、维生素B_3、维生素B_5、维生素B_{11}、维生素P和肌醇等。高档名优绿茶维生素C含量最多，一般每100克高级绿茶中含量可达250毫克左右，最高的可达500毫克以上。可见，人们通过饮用绿茶可以吸取一定的营养成分。

酶类

酶是一种蛋白体，在茶树生命活动和茶叶加工过程中，参与一系列由酶促活动而引起的化学变化，故又被称为生物催化剂。茶叶中的酶较为复杂，种类很多，包括氧化还原酶、水解酶、裂解酶、磷酸化酶、移换酶和同工异构酶等几大类。酶蛋白具有一般蛋白质的特性，在高温或低温条件下有易变性失活的特点。

各类酶均有其活性的最适温度，范围一般在30 ~ 50摄氏度内，酶活性最强。酶若失活变性，则就丧失了催化能力。酶的催化作用具有专一性，如多酚氧化酶，只能使茶多酚物质氧化，聚合成茶多酚的氧化产物茶黄素、茶红素和茶褐素等；蛋白酶只能促使蛋白质分解为氨基酸。

如绿茶在加工过程中，杀青就是利用高温钝化酶的活性，在短时间内制止由酶引起的一系列化学变化，形成绿叶绿汤的品质特点。红茶在加工过程中，发酵就是激活酶的活性，促使茶多酚物质在多酚氧化酶的催化下发生氧化聚合反应，生成茶黄素、茶红素等氧化产物，形成红茶红叶红汤的特点。茶叶的加工过程，实际上就是人为控制酶类的作用，以生产红茶、绿茶等。

不同茶类的功效

绿茶营养

绿茶具有提神醒脑、振奋精神、增强免疫力、消除疲劳等作用。茶中含有氟、茶多酚等成分，饮茶能防龋固齿。茶中维生素A、维生素E含量丰富，并含有多种抗病毒防衰的微量元素。它还是天然的健美饮料，有助于保持皮肤光洁白嫩，减少皱纹；还能抗氧化、防辐射、提高免疫力、预防瘀肿，具降血压、降血脂的作用，对防治心血管疾病十分有利。

红茶营养

红茶属于全发酵茶，经过发酵的红茶中多酚类化合物含量较低，所以红茶中含有的营养成分相对来说刺激性比较少，对于胃肠虚寒的人比较适合。红茶帮助胃肠消化、促进食欲，可利尿、消除水肿，并强壮心脏。

青茶（乌龙茶）营养

乌龙茶在日本被称为"减肥茶"。乌龙茶除具有解毒防病、消食去腻、减肥健美等保健功能外，还突出表现在防瘀肿、降血脂、抗衰老等特殊功效。乌龙茶中的主成分单宁酸，与脂肪的代谢有密切的关系，而且实验结果也证实，乌龙茶的确可以降低血液中的胆固醇含量。由乌龙茶、荷叶、山楂等减肥圣品配制成的保健茶，实在是不可多得的减肥茶。

黑茶营养

黑茶富含膳食纤维、维生素，古时候游牧民族就是靠它补充维生素，也是少数民族的"生命之饮",有效弥补了少数民族日常蔬菜吸收不足的缺憾。黑茶属于后发酵茶。采用的原料较粗老,是压制紧压茶的主要原料。制茶工艺一般包括杀青、揉捻、渥堆和干燥四道工序。主要有降血脂、降血压、降糖、减肥、预防心血管疾病等功效。

白茶营养

白茶主要成分如茶多酚、茶氨酸、咖啡因、茶多糖等逐一被确认,茶的保健功效逐步被人们认识。专家指出,白茶中黄酮的含量较高,它是天然的抗氧化剂,可以起到提高免疫力和保护心血管等作用。白茶中还含有人体所必需的活性酶,可以促进脂肪分解代谢,有效控制胰岛素分泌量,分解体内血液中多余的糖分,促进血糖平衡。还可解酒醒酒、清热润肺、平肝益血、消炎解毒、降压减脂、消除疲劳。

黄茶营养

黄茶经过高温杀青、多闷少抖,使多酸氧化成为消化酶,过氧化物酶失去活性,多酚类化合物在湿热条件下发生主动氧化和异构化,淀粉水解为单糖,蛋白质分解为氨基酸,都为形成黄茶醇厚的滋味及黄色创造了条件。具有防辐射、提神醒脑、消除疲劳、消食化滞、保护视力等功效好处。

茶叶虽然营养丰富,但喝茶不宜太浓,也不要长时间放置。服用药物时切忌不要喝茶,会影响药效。如果不喜欢苦味,可以选择花茶,适当地放一点冰糖调节味道,有利于健康还能使口气清新。

·第五章·

茶之雅

第一节 茶之仪

中国是礼仪之邦，礼是内在的思想与精髓，仪是外在程式的表现。"礼出于俗，俗化为礼"，礼仪本无定式，只是在人际交往中，逐渐形成了约定俗成的方式，以示律己和对他人的尊敬。

礼：基础原则

礼仪基础原则即是"礼"，它是我们行动的精神内涵。很多时候，即使我们并不知道特定的礼仪规则，只要怀有一颗敬意与宽容之心，就不会破坏茶的氛围。茶事礼仪大致可概括为四点。

遵守与自律

遵守规矩，自律不妄自尊大，自我审慎、自我约束，每一位参与者都应该自觉遵守一定的规则。

敬人与宽容

在茶事活动中，要严以律己、宽以待人，更多地包容他人，不可失敬于人。

平等与从俗

事茶时，该有颗平常心，对所有的对象都应该一视同仁，给予同样的礼遇。且要入乡随俗，与大多数人的习惯保持一致。

真诚与适度

事茶时需以诚待人，适度得体，不卑不亢，不可大声喧哗，唯我独尊。

仪：外在程式

基于"礼"的精神内涵，也就形成了"仪"的外在程式。喝茶宜静，尽量用微笑、眼神、手势、姿势等示意，一般不用幅度很大的礼仪动作，而采用含蓄、温文尔雅、谦逊、诚挚的礼仪动作，含而不露。

茶作为文化的载体，有着严格的敬茶礼仪。有些礼仪如果做得不好会被视为不礼貌。那么，最基本的喝茶礼仪有哪些呢？

行茶前的基本礼仪

着装

茶的本性是恬淡平和的，因此品茗时最好着装整洁大方，女性切忌浓妆艳抹，应素妆雅淡，尽量避免涂抹味重的化妆品。男性应避免留长发，衣装夸张怪诞。如果方便，不妨洗个手，尽量避免长指甲，也是对茶的敬意。

仪表

基本姿势诸如坐姿、站姿等，对于专业人员有一定的规定。虽然日常喝茶时不必太细究，但一定要避免掏耳朵、随地吐痰等不雅举止，做到基本得体，不卑不亢，保持平常心。

座次

茶道主张"主随客便""不分尊卑"。但在正规的场合，也会体现出主人对客人的敬意。主人左手边的是尊位，其次是主人的右手边，其他相向交替而坐。另外，在一些地方忌讳"对头"坐，也就是头对头和主人面对面地坐，这样坐时难免有些尴尬。如果实在避免不了"对头"坐的情况，可让小孩子来坐这个位置。如果人实在多，主人一定要拿出宽容的态度，对于一个懂"礼"的人这不会成为问题。

行茶时的基本礼仪

茶具要清洁

虽然茶具都是事先清洁过的，但在客人面前再清洁一次，是尊重客人的体现。用开水温杯烫壶，不仅可以除去茶具异味，而且可以提高茶具温度，对于茶汤的表现也会更好，可以给客人更好的品饮体验。正确做法是在泡茶之前用开水把茶具都烫洗一遍。这样，既讲究卫生，品饮效果也好。

泡前要简单介绍一下茶

在泡茶前，要先了解客人的身体状况、适宜饮什么茶、平时的饮茶习惯、喜欢的茶类和浓淡等，然后做好准备。或者多准备几款茶，等客人来时，让客人进行挑选。在冲泡之前，可以简要地介绍一下准备冲泡的茶叶的名称、产地、品质特征等；如果客人有看干茶的要求，要让客人欣赏干茶的外形、色泽和干香。

茶水要适量

泡茶的时候，茶叶要适量。放太多，茶味会过浓；放太少，泡出的茶没什么味道。在给客人倒茶时，不宜过满，七分最佳。俗话说"酒满敬人，茶满欺人"。在酒桌上敬酒时，酒要倒满表示对客人客气尊敬的意思；而茶是热的，茶杯也很热，满了接手时会让客人被烫，有时还会因受烫不小心摔破茶杯，造成难堪，有赶客人走的意思，所以茶倒七分满的程度刚好。

端茶要得法

按照中国的传统习俗，端茶给宾客的时候一定要双手递茶给客人。如果是有杯耳的茶杯，一般是用一只手握住杯耳，另一只手托住杯底，把茶端给宾客。

添水要及时

如果宾客的杯子里没茶水了，要及时为客人添茶，这样才能体现出对宾客的尊重。喝绿茶的时候，杯子里的水剩到一半的时候就要添水，要不茶叶就会苦涩。添两次水后就要换新茶叶，因为绿茶第一次冲泡时，内含物质50%析出，第二次冲泡是30%析出，第三次是10%析出，如果继续加水就没有滋味了。

再三请茶寓意是提醒客人该告辞了

将泡好的茶端给客人时，最好使用托盘，若不用托盘，注意不要用手指接触杯沿。端至客人面前，应略躬身，说"请用茶"。也可伸手示意，同时说"请"。在以前，我国有再三请茶的敬茶方式，这样做是为了提醒客人应该告辞了。所以一定要注意，在招待客人时不要再三请茶（一而再再而三地劝对方喝茶）。

不要把壶嘴、杯嘴对向客人

壶嘴、杯嘴对向客人，表示请人快速离开，是非常不礼貌的。其实不仅是壶嘴、杯嘴，一切尖锐、危险的物品都是不能对着他人的。烧水壶如果对着人，喷出的蒸汽易烫伤人；壶嘴、茶针之类尖锐的东西对着人，让人感觉很不舒服。就像我们在递剪刀的时候，都会把尖的一端对着自己，也是礼貌和素质的体现。

品茶时的基本礼仪

饮茶时不应大口吞咽，应小口细细品尝

在饮茶的时候，不要大口吞咽茶水，或者是制造出咕咚的声音，这样不仅表现得不礼貌，还会将礼仪分大减。其实喝茶的时候，要小口小口地品，细细体会茶叶的香水气韵。如果有茶叶在水面上漂浮，可以用茶杯盖将其拂至一边，也可以轻轻地将茶叶吹开。切记！不能吃茶叶，更不可用手把茶叶从杯里捞出来。

人多嘈杂时可行叩手礼

客人在主人请自己选茶、赏茶或主人敬茶时，应在座位上略欠身，并说"谢谢"。品茗后，应对主人的茶叶、泡茶技艺和精美的茶具表示赞赏。告辞时要再一次对主人的热情款待表示感谢。

如人多环境嘈杂，也可行叩指礼表示感谢。此礼是从古时中国的叩头礼演化而来的，叩指即代表叩头。客人要把拇指、食指、中指捏在一块，轻轻在桌上叩几下，表示感谢。晚辈向长辈表示感谢是：五指并拢成拳，拳心向下，五个手指同时敲击桌面三下，相当于五体投地跪拜。平辈之间是食指、中指并拢，敲击桌面三下，相当于双手抱拳作揖表示尊重。长辈向晚辈表示感谢是食指或中指敲击桌面三下，相当于点下头。

伸掌礼

伸掌礼表示"请"与"谢谢"，主客双方均可采用。两人对面时，均伸右掌行礼对答；两人并坐时，右侧的一方伸右掌行礼，左侧的一方伸左掌行礼。伸掌的姿势：将手斜伸向所敬奉的物品旁边，四指自然并拢，虎口稍分开，手掌向内凹。手腕要含蓄用力，动作不能轻浮。行伸掌礼时应欠身点头微笑，一气呵成。

品茶时不要"一口闷"或"亮杯底"

我们在喝酒时讲究"感情深，一口闷"，喝完时也会把杯口朝下亮杯底给

别人看，示意一滴不剩，以示尊重。但喝茶不同，要慢慢地品，十分忌讳"一口闷"或者"亮杯底"。品茶可以发出声音，让茶汤与口腔融合更好，声音也是对茶的一种赞赏。不过和喝酒一样，主人给客人倒的茶最好也要喝完，不能浪费了好茶，辜负了主人的一片好意。如果实在喝不下了，就留下半杯茶汤在杯里，主人就知道你的意思了。

品茶时尽量避免抽烟

喝茶是在很干净的环境下进行的，烟味会影响品茶的体验，何况同茶桌会有不吸烟的人，这时抽烟的人要照顾其他人的感受。所以在喝茶时，未经主人或在场客人的允许，是不能抽烟的。如果实在想抽，可以喝几泡茶后，和大家说一声，去外面抽烟。另外，才坐下就递烟的行为，也很失礼。

避免吐茶

第一泡的第一口茶汤，即使自己并不喜欢，也不可当着主人的面吐出来。当然，茶已变质除外。否则这是极大的失礼，甚至有一种挑衅的意味。

不要随意触碰主人的茶宠

主人的茶桌上，总会摆放很多可爱的茶宠，在观看之前，要询问主人，经过允许后再拿到手里仔细欣赏。桌上的茶宠，在每次泡茶时也会"喝茶"，没经过主人的同意，不要随意就将自己喝剩的茶水浇淋茶宠。

茶本性恬淡平和，品茶也讲究一种氛围。饮茶并不主张繁文缛节，但保持基本的和谐礼仪也很重要，最终才可愉己悦人。基础的礼仪会让茶喝得更加轻松与惬意，让我们在喝茶时得到身心的享受。

第二节　茶文化

茶道精神是茶文化的核心，是茶文化的灵魂，是指导茶文化活动的最高原则。茶道是产生于特定时代的综合文化，带有东方农业民族的生活气息和艺术情调，追求清雅，向往和谐；茶道基于儒家的治世机缘，倚于佛家的淡泊节操，洋溢道家的浪漫理想，借品茗倡导清和、俭约、求真、求美的高雅精神。

中国茶文化的特征

中国茶文化包括茶叶品评技法和艺术操作手段的鉴赏等。整个品茶过程的美好意境，体现了形式和精神的统一。中国茶文化博大精深，起源久远，文化底蕴深厚，与宗教结缘。近年来探索茶文化的人越来越多。饮茶活动过程中形成的茶文化包括茶道、茶德、茶联、茶书、茶具、茶画、茶学、茶故事、茶艺等。

中国茶道的概念

人们知道日本茶道，却对作为日韩茶道源头的中国茶道知之甚少。中国茶道是以修行得道为宗旨的饮茶艺术，其目的是借助饮茶艺术来修炼身心、体悟大道、提升人生境界。

中国茶道是"饮茶之道""饮茶修道""饮茶即道"的有机结合。"饮茶之道"是指饮茶的艺术，"道"在此作方法、技艺讲；"饮茶修道"是指人通过饮茶艺术来尊礼依仁、正心修身、志道立德，"道"在此作道德、真理、本源讲；"饮茶即道"是指道存在于日常生活之中，饮茶即是修道，茶即是道，"道"在此作真理、实在、本体、本源讲。

陆羽是中国茶道的鼻祖，所作的《茶经》倡导的"饮茶之道"实际上是一种艺术性的饮茶，它包括鉴茶、选水、赏器、取火、炙茶、碾末、烧水、煎茶、酌茶、品饮等一系列的程序、礼法、规则。陆羽的挚友诗僧皎然在其《饮茶歌诮崔石使君》诗中写道："一饮涤昏寐，情来爽朗满天地；再饮清我神，忽如飞雨洒轻尘；三饮便得道，何须苦心破烦恼……"此诗是关于"茶道"的最早记录。

中国茶道的精神特点

一为中和之道。"中和"为中庸之道的主要内涵。儒家认为能"致中和"，则天地万物均能各得其所，达到和谐境界。人的生理与心理、心理与伦理、内在与外在、个体与群体都达到高度和谐统一，是古人追求的理想。

二为自然之性。"自然"一词最早见于《老子》："人法地、地法天、天法道、道法自然。"自然是生命的体现，尊重自然就是尊重生命。

三为清雅之美。"清"可指物质环境，也可以指人格的清高。清高之人于清净之境饮用清清茶汤，茶道之意也就呼之欲出了。"雅"可以雅俗并称，可以有"高雅""文雅"等多种意义。环境要雅、茶具要雅、茶客要雅、饮茶方式要雅，无雅则无茶艺、无茶文化，自然也就达不到茶道的境界。

四为明伦之礼。礼仪作为一种人类形式化了的行为体系，可追溯到原始社会。历代封建统治者以"礼仪以为纪"维系社会专制秩序的基本制度和规则，而"非礼勿视、非礼勿听、非礼勿言、非礼勿动"乃是社会成员之间的交往规则。

中国茶道的价值

尽管"茶道"这个词从唐代至今已使用了一千多年，中国茶人也在不断实践探索，却没有能够旗帜鲜明地以"茶道"的名义来发展这项事业，也没有规范出具有传统意义的茶道礼仪。中国的茶道可以说是重精神而轻形式。

泡茶本是一件很简单的事情，简单的只要两个动作就可以了：进水、出水。但饮茶时讲究茶叶、茶水、火候、茶具、环境和饮者的修养、情绪等共同形成的意境之美，给这两个简单的动作，带来无尽的深意。

著名的哲学家老子《道德经》指出，"道可道，非常道"。中国历代茶人不仅仅满足于以茶修生养性的要求和仪式规范，而是更加大胆地去探索茶饮对人类健康的真谛，创造性地将茶与中药等多种天然原料有机地结合，使茶饮在医疗保健中的作用得以增强，并使之获得了一个更大的发展空间，这就是中国茶道最具实际价值的方面，也是千百年来一直受到人们重视和喜爱的魅力所在。

茶圣陆羽

陆羽公元（733—804年），唐代复州竟陵（今湖北天门）人，字鸿渐，号竟陵子、桑苎翁。陆羽精于茶道，以著世界第一部茶叶专著《茶经》而闻名于世，被后人称为"茶圣"。

陆羽原来是个被遗弃的孤儿。唐开元二十三年公元（735年），竟陵龙盖寺住持智积禅师在西湖之滨散步，忽然听到一阵雁叫，转身望去，不远处有一群大雁围在一起，一个弃儿蜷缩在大雁羽翼下瑟瑟发抖。智积禅师念一声"阿弥陀佛"，快步把他抱回了寺庙里。智积禅师给他起名，就以《易》占卦辞，"鸿渐于陆，其羽可用为仪"，于是就给他定姓为"陆"，取名为"羽"，用"鸿渐"为字。

智积禅师为唐代名僧，是个饱学之士。陆羽自幼得其教诲，必深明佛理。智积好茶，所以陆羽从小便得茶艺之术。不过晨钟暮鼓对一个孩子来说毕竟过于枯燥，况且陆羽自幼志不在佛，而有志于儒学研究，故在其十一二岁时离开寺院。此后曾在一个戏班子学戏。陆羽还会写剧本，曾作"诙谐数千言"之书。

天宝五载公元（746年），河南李齐物到竟陵为太守，成为陆羽一生中的重要转折点。在一次聚会中，陆羽随伶人做戏，为李齐物所赏识，遂被推荐到竟陵城外火门山，从邹氏夫子读书研习儒学。随后礼部郎中崔国辅被贬为竟陵司马，他和李齐物一样十分爱惜人才，与陆羽结为忘年之交，陆羽得其指点学问又大增。

天宝十四年公元（755年），陆羽随着流亡的难民离开故乡，流落湖州（今浙江湖州）。陆羽自幼在寺院采茶、煮茶，对茶学早就有浓厚兴趣，湖州又是名茶产地，陆羽在这一带收集了不少有关茶的生产、制作的材料。

这一时期他结识了著名诗僧皎然，皎然又是对茶有着浓厚的兴趣。陆羽又与诗人皇甫冉、皇甫曾兄弟过往甚密，皇甫兄弟同样对茶有特殊爱好。陆羽在茶乡生活，所交多是诗人，艺术的熏陶和江南明丽的山水，使陆羽把茶与艺术结为一体，构成他后来《茶经》中幽深清丽的思想与格调。

自唐初以来，各地饮茶之风渐盛，但饮茶者并不一定都能体味饮茶的要旨与妙趣。于是陆羽决心总结自己半生的饮茶实践和茶学知识，写出一部茶学专著。为收集资料，他远游巴山峡川，考察品水。逢山驻马采茶，遇泉下鞍品水，一口气踏访了彭州、绵州、蜀州、邛州、雅州等八州。唐上元初年公元（760年），游览了湘、皖、苏、浙等十数州群后，于次年到达盛产名茶的湖州，在风景秀丽的苕溪结庐隐居，潜心研究茶事，阖门著述《茶经》。

经过一年多努力，终于写出《茶经》的初稿，时年28岁。公元763年，持续八年的安史之乱终于平定，陆羽又对《茶经》作了一次修订。他还亲自设计了煮茶的风炉，标明"圣唐来胡明年造"，以表明茶人以天下之乐为乐的博大胸怀。大历九年（774年），湖州刺史颜真卿修《韵海镜源》，陆羽参与其事，乘机收集历代茶事，又补充《七之事》，从而完成《茶经》的全部著作任务，前后历时十几年。

《茶经》问世不仅使"世人知茶"，陆羽之名亦因而传布，以此为朝廷所知，曾召其任"太子文学""太常寺太祝"。但陆羽无心于仕途，竟不就职。陆羽晚年，由浙江经湖南而移居江西上饶。至今上饶还有"陆羽井"，称为陆羽的故居。在陆羽辞世200多年后，宋代诗人梅尧臣有诗句："自从陆羽生人间，人间相约事春茶。"《茶经》的问世也标志着中国茶文化的形成。

《茶经》的内容

陆羽的《茶经》，全书7000多字，分三卷十章，全面总结、记录了唐及唐以前有关茶叶栽培、制作、品饮的实践经验和历史文化，是我国古代的"茶叶百科全书"。宋代陈师道在《茶经序》中评论："夫茶之著书，自羽始，其用于世，亦自羽始。羽诚有功于茶者也。"

《茶经》第一章"茶之源"，记述茶树的植物学性状、"茶"字的构造及其同义字、茶树生长的自然条件和栽培方法、鲜叶品质的鉴别方法以及茶的效用等。强调饮茶"最宜精行俭德之人"。

《茶经》第二章"茶之具"，记述茶的采制工具，分采茶工具、蒸茶工具、成型工具、干燥工具、计数和封藏工具等，共19种。

《茶经》第三章"茶之造"，记述唐代饼茶的采制方法和品质鉴别方法，饼茶的采制经"采之、蒸之、捣之、拍之、焙之、穿之、封之"7道工序，饼茶的品质有自"胡靴"至"霜荷"八等。

《茶经》第四章"茶之器"，详列煮茶和饮茶的24种用具。分为生火用具，煮茶用具，烤茶、碾茶和量茶用具，盛水、滤水和取水用具，盛盐用具、饮茶用具、清洁用具等。从这些用具中可看出陆羽对饮茶的实用性和艺术性是并重的。

《茶经》第五章"茶之煮"，论述饼茶炙烤、捣末、煮水、调制的方法，还评述煮茶用水的选择。

《茶经》第六章"茶之饮"，论述饮茶的沿革，强调饮茶的特殊意义。陆羽推崇茶的清饮，对当时习惯加用配料混煮的"庵茶"表示感叹。

《茶经》第七章"茶之事"，比较全面地收集了从上古至唐代有关茶的历史资料。这在当时的条件下是很不寻常的，为后人研究茶的历史提供了很大的方便。这些历史资料包括医药、史料、诗词歌赋、神异、注释、地理、其他七类。

《茶经》第八章"茶之出"，记述唐代茶叶产地，具体列出产茶的8个道、43个州郡、44个县。

《茶经》第九章"茶之略"，述说在特定的时间、地点、条件下，对采制饼茶的工具和煮茶饮茶的器具，不必机械照搬照用，而可以适当省略。

《茶经》第十章"茶之图"，说的是把《茶经》全文写在白绢上，挂起来，可一望而知，便于操作。

第三节　茶典故

中国产茶历史悠久，茶品众多，因而有关茶的传说也很多。这些传说中的人物、故事和自然风光交织在一起，题材广泛，内容丰富，含义无穷，使人百听不厌，让茶文化的内涵变得更加浓郁深厚。

杭州老龙井十八棵御茶

相传在清乾隆年间，五谷丰登，国泰民安，乾隆皇帝不爱坐守宫中，而是喜欢周游天下。一次，他来到杭州想去看看平时最爱喝的茶叶。第二天来到胡公庙，老和尚恭恭敬敬地献上最好的香茗，汤色碧绿，芽芽直立，栩栩如生，煞是好看。乾隆啜饮之下，只觉清香阵阵，回味甘甜，齿颊留芳，便问和尚："此茶何名？如何栽制？"老和尚奏道："此乃西湖龙井茶中之珍品——狮峰龙井，采用狮峰山上茶园中采摘的嫩芽炒制而成。"

乾隆观看茶叶的采制情况后，赞曰："慢炒细焙有次第，辛苦工夫殊不少。"

回到皇宫恰好太后肝火上升，眼睛红肿，喝了乾隆带回的狮峰龙井，病全好了。于是乾隆忙传下御旨，封胡公庙前茶树为御茶树，派专人看管，年年岁岁采制送京，专供太后享用。因胡公庙前一共只有十八棵茶树，从此就称为"十八棵御茶。"

洞庭碧螺春的传说

很久以前，洞庭西山住着一位美丽勤劳的姑娘名叫碧螺。有一天，碧螺姑娘到洞庭东山去砍柴，忽然闻到一股清香。她抬头张望，发现洞庭东山最高峰莫厘峰上有几棵茶树，于是冒着危险攀上悬崖，采了些嫩芽揣在怀里下山回家。到家后，碧螺姑娘又累又渴，当她把怀中的茶叶嫩芽取出来时，只觉得清香袭人，姑娘脱口而道："香得吓煞人也！"

到了清代康熙年间，康熙皇帝视察时品尝了这种汤色碧绿、卷曲如螺的名茶，倍加赞赏，但觉得"吓煞人香"其名不雅，于是题名"碧螺春"。

黄山毛峰

明代天启年间，江南黟县新任县官熊开元来黄山春游迷了路，遇到一位老和尚，便借宿于寺院中。老和尚泡茶敬客时，只见热气环绕升起，化作一朵白莲花，随后清香满室。知县问后方知此茶名叫黄山毛峰。临别时老和尚赠送此茶一包和黄山泉水一葫芦，并嘱咐一定要用此泉水冲泡才能出现白莲奇景。

熊知县同窗旧友太平知县知道后暗喜，便到京城给皇帝献仙茶邀功请赏，然而却不见白莲奇景出现。皇上大怒，传令熊开元进宫受审。熊知县用黄山泉水在皇帝面前再次冲泡黄山毛峰，果然出现了白莲奇观。皇帝眉开眼笑，便升熊知县为江南巡抚。熊知县心中感慨万千，心想："黄山名茶尚且品质清高，何况为人呢？"于是他脱下官服玉带，来到黄山云谷寺出家做了和尚。

良马千匹换《茶经》的传说

唐朝使臣每年都带上一千多石上等好茶叶。与出产良马的北方回纥国以马换茶。这一年唐朝藩王割据，叛乱纷争，急需军用马匹。回纥使臣说道："今年想用千匹良马，换取一种制茶的书《茶经》。"

唐皇急传集贤殿众学士找那本书。太师奏本说："十几年前，曾听说有个陆羽，他是品茶名士，因为他是山野之人，谁也没有重视他，《茶经》也许是他写的，如今只有到江南陆羽住地去查访。"

唐皇准了奏，立刻派员先到湖州陆羽寓居查找，后来在竟陵城寻找到《茶经》三卷。唐使来到边关，把《茶经》递交给回纥使者，回纥使者好不容易得了这无价之宝，立刻将千匹良马如数点交给唐使。从那以后，《茶经》就传到外国，有多种文字译本，直到现在还是世界茶人研究的范本。

龙井茶与虎跑泉的传说

传说乾隆皇帝下江南时，来到杭州龙井狮峰山下，看乡女采茶，以示体察民情。这天，乾隆皇帝看见几个乡女正在十多棵绿荫荫的茶蓬前采茶，心中一乐，也学着采了起来。刚采了一把，忽然太监来报："太后有病，请皇上急速回京。"乾隆皇帝听说太后有病，随手将一把茶叶向袋内一放，日夜兼程赶回京城。其实太后只因山珍海味吃多了，一时肝火上升，双眼红肿，胃里不适，并没有大病。此时见皇儿来到，只觉一股清香传来，便问带来了什么好东西。皇帝也觉得奇怪，哪来的清香呢？他随手一摸，啊，原来是杭州狮峰山的一把茶叶，几天过后已经干了，浓郁的香气就是它散出来的。太后便想尝尝茶叶的味道，宫女将茶泡好，送到太后面前，果然清香扑鼻，太后喝了一口，双眼顿时舒适多了，喝完了茶，红肿消了，胃不胀了。太后高兴地说："杭州龙井的茶叶，真是灵丹妙药。"乾隆皇帝见太后这么高兴，立即传令下去，将杭州龙井狮峰山下胡公庙前那十八棵茶树封为御茶，每年采摘新茶，专门进贡太后。至今，杭州龙井村胡公庙前还保存着这十八棵御茶树，到杭州的旅游者中有不少还专程去察访一番，拍照留念。

安吉白茶的传说

美丽的蛇仙白娘子思凡下山，在西子湖畔邂逅药店伙计许仙，两人一见钟情，结为夫妻。金山寺和尚法海从中破坏，几次三番使白娘子现出真身。许仙不知原委，惊吓得昏死过去。

白娘子为了救许仙，冒死上仙山盗草。南极仙翁念她一片真情，允许带仙草下山，白娘子便从仙山带了仙草和仙果一路赶回。途经安吉，无意之中将仙果失落在山巅。仙果遇到肥沃的土壤、清澈的泉水便破壳而出，长成枝繁叶茂的安吉白茶树。于是，她就身居此山修道，并日夜呵护安吉白茶树。现在在安吉县溪龙乡的安吉白茶广场，你会看到一个安吉白茶仙女的塑像，这位安吉白茶仙女就是传说中的白娘子。

六安瓜片的传说

六安瓜片是世界上唯一的一种单叶茶，无芽无梗，十分神奇，它起源于这样一个故事。1905年前后，六安茶行的一位评茶师，从收购的鲜叶中拣取嫩叶，剔除梗枝，作为新产品应市，获得成功。消息不胫而走，金寨麻埠的茶行，闻风而动，雇用茶工，如法采制，因为茶叶长得像蜜蜂的翅膀，便起名"蜂翅"。

此举又启发了当地的另一家茶行，在齐头山的后冲，把采回的鲜叶剔除梗芽，并将嫩叶、老叶分开来炒制，结果成茶的色、香、味、形等均使"蜂翅"相形见绌。于是附近的茶农竞相学习，纷纷仿制。这种片状茶叶形似葵花子，遂称作"瓜子片"，后来慢慢地被人们叫成了"瓜片"。

太平猴魁的传说

传说古时候在黄山居住着一对白毛猴，有一天它们的小毛猴独自外出玩耍，来到太平县遇上大雾迷失了方向。老毛猴出门寻找几天后，因劳累过度病死在太平县的一个山坑里。山坑里住着一个老汉，以采野茶与药材为生，他心地善良，当发现这只病死的老猴时，就将它埋在山岗上，并移来几棵野茶和山花栽在老猴墓旁，正要离开时，忽听有说话声："老伯您真好，我一定会报答您。"但却不见人影。

第二年春天，老汉又来到山岗采野茶，发现整个山岗都长满了绿油油的茶树。这时老汉才醒悟过来，这些茶树是神猴的谢礼。为了纪念神猴，老汉就把这片山岗叫作猴岗，把自己住的山坑叫作猴坑，把从猴岗采制的茶叶叫作猴茶。由于猴茶品质超群，堪称魁首，后来就将此茶取名为"太平猴魁"了。

信阳毛尖的传说

相传很久以前信阳没有茶，一个叫春姑的女孩，为了给得了一种叫"疲劳痧"的怪病乡亲们治病四处奔走。一位采药老人告诉她，往西南方向翻过九十九座大山，蹚过九十九条大江，便能找到一种消除疾病的宝树。春姑走了九九八十一天，累得筋疲力尽，染上了可怕的瘟病，倒在一条小溪边。这时，泉水中漂来一片树叶，春姑含在嘴里，马上神清气爽。她顺着泉水向上寻找，果然找到了宝树，便摘下种子。

看管茶树的神农氏告诉姑娘，种子必须在10天之内种下，否则会前功尽弃。春姑便舍身变成了一只画眉鸟，很快飞回了家乡，将茶籽种下。画眉鸟又用尖的嘴巴啄下一片片茶叶，放进怪病乡亲的嘴里，病人便马上好了。后来，种植茶树的人越来越多，也就有了茶园和茶山。

庐山云雾的传说

传说庐山五老峰下有一个宿云庵，住持和尚憨宗以种野茶为业，在山脚下开垦了一大片茶园。一年四月，忽然冰冻三尺，茶树几乎全被冻死。当地官府派衙役来找憨宗，深夜把老百姓赶上山，逼着他们采摘茶叶，竟把憨宗的一园茶叶一扫而空。

憨宗和尚的满腔苦衷感动了上天。一天，从五老峰忽然飞来各种珍禽异鸟，不断撷取茶园中散落的茶籽，将茶籽分散在五老峰的岩隙中。采茶的季节到了，那些鸟儿又从云中飞过来，飞到山峰上的云雾中采茶。憨宗和尚将这些鲜叶进行加工制作，就成了"云雾茶"。

都匀毛尖的传说

相传在很早以前，都匀地区的一个蛮王有九个儿子，九十个女儿。老蛮王病了就叫来子女们，告诉他们如果谁可以治好他的病就让谁管理天下。老蛮王的九个儿子带回来的九种药，吃了后病情并没有什么好转，他的九十个女儿却带回了同样的药——茶叶，用茶叶治好了病。于是老蛮王将天下交给了她们，叫她们去弄回树种来种植，让更多的老百姓受益。

老蛮王的女儿们出去找茶，一只绿仙雀给了她们茶种，口中发出了类似"毛尖毛尖"的声音，于是女儿们就将茶种带回来种植成了一片茶园。老百姓根据地名和绿仙雀的发音将其取名为"都匀毛尖"。

峨眉雪芽的传说

峨眉雪芽的名称是隋末唐初峨眉山佛门茶僧所取，距今已有一千五百年左右的历史。峨眉雪芽茶叶同山上独特的自然气候紧密相关。峨眉山位于中国云贵川西南边陲的崇山峻岭，到了农历的二、三月，即雨水至清明时季，茶园中的白雪尚未融尽，在悬殊的昼夜温差作用下，雪野中的峨眉山茶新发茶芽且开且合，在冬雪未融的高山林间一一绽放，犹如白雪翡翠，晶莹剔透，鹅黄飞绿，因此得名"峨眉雪芽"。

我国茶文化的历史悠久，茶的传说故事，描写的多是勤劳勇敢的劳动人民种茶制茶的故事。品茶听故事，有了故事作佐料，这杯茶更有滋有味了。

第四节 茶艺

茶艺，是指如何泡好一壶茶的技术和如何享受一杯茶的艺术。日常生活中，虽然人人都能泡茶、品茶，但要真正泡好茶，喝好茶却并非易事。泡好一壶和享受一杯茶也要涉及广泛的内容，包括识茶、选茶、泡茶、品茶、茶文化、茶艺美学等。

茶道器具种类及用途

置茶器

茶则：由茶罐中取茶置入茶壶的用具。

茶匙：将茶叶由茶则拨入茶壶的器具。

茶漏（斗）：放于壶口上倒茶入壶，防止茶叶散落壶外。

茶荷：属多功能器具，除兼有前三者作用外，还可以用作给客人欣赏茶

形、闻茶的干香。

茶仓：分装茶叶的小茶罐。

理茶器

茶夹：将茶渣从壶中、杯中夹出；洗杯时可夹杯防手被烫。

茶针：用于通壶内网。

茶刀：取、倒茶叶。

分茶器

茶海（公道杯）：茶壶中的茶汤泡好后倒入茶海，然后依人数多寡平均分配；人数少时则倒出茶水到茶海里，可避免因浸泡太久而产生苦涩味。茶海上放滤网可滤去倒茶时随之流出的茶渣。

品茗器

茶杯（品茗杯）：用于品啜茶汤。

闻香杯：借以保留茶香用来嗅闻鉴别。

杯托：承放茶杯的小托盘，可避免茶汤烫手，也起美观作用。

涤洁器

茶盘：用以盛放茶杯或其他茶具的盘子。

茶船（茶池、茶洗、壶承）：盛放茶壶的器具，也用于盛接溢水及淋壶的茶汤，是养壶的必需器具。

渣方：用以盛装茶渣。

水盂（茶盂）：用于盛接弃置茶水。

涤方：用于放置用过后待洗的杯、盘。

茶巾：主要用于擦干茶壶，可将茶壶、茶海底部残留的杂水擦干；另外用于抹净桌面水滴。

茶瓶：摆放茶则、茶匙、茶夹等器具的容器。

其他配件

煮水器：种类繁多，主要有炭炉（潮汕炉）+玉书碨、酒精炉+玻璃水壶、电热水壶、电磁炉等。选用要点为茶具配套和谐、煮水无异味。

壶垫：纺织品。用于隔开壶与茶船，避免因碰撞而发出响声影响气氛。

盖置：用来放置茶壶盖、水壶盖的小盘（一般以茶托代替）。

奉茶盘：奉茶用的托盘。

茶拂：置茶后用于拂去茶荷中的残存茶末。

温度计：用来判断水温。

香炉：喝茶焚香可增茶趣。

喝工夫茶，讲究的就是一种境界和艺术。讲究茶饮之道的一个重要表现，就是注重茶具本身的艺术。选购一套工夫茶具，每个器物都要讲究"精、巧、雅"，才可做到相得益彰。

茶具材质的选择

冲泡茶叶，除好茶、好水外，还要有好的茶具。常见的茶具分为陶土茶具、瓷器茶具、玻璃茶具和竹木茶具等几大类。

陶土茶具

陶土茶具是指宜兴制作的紫砂陶茶具。宜兴出产的陶土制作出的紫砂茶具泡茶，既不夺茶之真香，又无熟汤气，还能较长时间保持茶叶的色、香、味。宜兴紫砂壶始制于北宋，兴盛于明、清，其造型古朴，色泽典雅，光洁无瑕。历代的制壶艺人们以刀作笔，将书、画、印融为一体，形成了紫砂壶古朴清雅的风格，其中的紫砂精品有"土与黄金争价"之说。

瓷器茶具

我国的瓷器茶具产生于陶器之后，它传热不快，保温适中，沏茶能获得较好的色香味，而且瓷器茶具造型美观，装饰精巧，具有较高的艺术欣赏价值，成为很多茶人的选择。

瓷器茶具可以分为白瓷茶具、青瓷茶具和黑瓷茶具三个类别。

白瓷早在唐代就有"假玉器"之称，因色白如玉而得名。以江西景德镇出产的白瓷茶具最为有名，无论是茶壶还是茶杯、茶盘，从造型到图饰，都体现出浓郁的民族风格和现代东方气息。

青瓷茶具主要产于浙江、四川等地，其中以浙江龙泉青瓷最为有名，以古朴的造型、翠青如玉的釉色著称于世，被誉为"瓷器之花"。

黑瓷茶具产于浙江、四川、福建等地。在古代，由于黑瓷兔毫茶盏古朴雅致，风格独特，而且瓷质厚重，保温性较好，因此常为斗茶行家所珍爱。

玻璃茶具

玻璃茶具向来以质地透明、光泽夺目、外形可塑性大、形态各异、品茶饮酒兼用等特质而受到消费者的青睐。用玻璃茶杯或玻璃茶壶泡茶，尤其是冲泡各类名优茶时，品饮者可以看见茶汤的鲜艳色泽，叶芽在冲泡过程中的上下浮动及叶片的逐渐舒展，可以说是一种动态的艺术欣赏过程，别有趣味。

玻璃茶具物美价廉，深受消费者的欢迎，但其缺点是易碎，也比陶瓷烫手。不过现在有一种被称为钢化玻璃的制品，其经过特殊加工后，质地坚固，隔热性能也比较强。

盖碗的选购

盖碗既能当茶杯使用，同时也兼具茶壶的功能，是一款功能多元的茶具，冲泡出来的茶味非常精醇，称为"万能泡茶器"。

入门者最好选择朴素无华的盖碗。白色的盖碗内面，可以清楚地呈现出茶水颜色；杯口很薄，杯口朝外的线条设计，可以产生舒适的口感。盖子不必完全密盖，盖碗需要留有一点空隙。盖子要做得容易滑动，如此一来才可以一面滑动碗盖，一面去掉浮沫；或者当茶叶膨胀得越来越大时，可以利用茶盖拨开茶叶，方便啜茶。

盖碗的大小视分发下去的茶杯大小而定，但是一般而言，以一泡能够分发六人份左右为宜。此时要留意变得很烫的盖碗以及从缝隙冒出的热气，不要烫伤。

紫砂壶的选购

紫砂壶比瓷器盖碗更适合保温，对于需要高温冲泡的茶叶，比如青茶、红茶、黑茶，紫砂壶冲泡的效果会更好。陶器和瓷器的质地不同，陶器会残留香味。所以青茶等新鲜系的茶和烘焙过的浓香系的茶，要区分使用不同的茶壶。此外，普洱茶有独特的香味，所以也要使用专用的茶壶冲泡。因为茶壶是手工制作的，所以必须仔细检查过后再购买。

轻轻转动盖子看看

盖子无论在任何角度都要密盖。如果削土削得不好就会有缝隙。要看看盖子转动时是否会卡住、可不可以完全密贴，这些都要事先仔细检查。

把手和壶口的关系

从正上方俯视茶壶，把手与注水口要在一条直线上。因为倒茶水时手腕要转为直角，注水口需朝正下方。

覆盖

拿开茶壶盖，覆盖在桌上看看，要完全密贴，不会摇晃才是好茶壶。

塞住盖孔

盖子中央有捏把，捏把上面有孔，这就是气孔。倒出热水，然后用指头压住气孔，水会止住倒不出来才是好茶壶。

将茶壶拿起来看看

选择拿起来很顺手的茶壶非常重要。敲打听听，盖子和壶身碰撞时会发出金属音为最好。

泡茶用水的选择

"水为茶之母，器为茶之父"。水，对茶的冲泡及效果起着十分重要的作用。水是茶叶滋味和内含有益成分的载体，茶的色、香、味和各种营养保健物质，都要溶于水，因此好茶必须配以好水。

古代人对泡茶用水的看法

最早提出水标准的是宋徽宗赵佶。他在《大观茶论》中写道："水以清、轻、甘、冽为美。轻甘乃水之自然，独为难得。"后人在他提出的"清、轻、甘、冽"的基础上又增加了个"活"字。

古人大多选用天然的活水，最好是泉水、山溪水；无污染的雨水、雪水其次；接着是清洁的江、河、湖、深井中的活水及净化的自来水。切不可使用池塘死水。唐代陆羽在《茶经》中指出："其水，用山水上，江水中，井水下。其山水，拣乳泉石池漫流者上，其瀑涌湍漱勿食之。"是说用不同的水，冲泡茶叶的效果是不一样的，只有佳茗配美泉，才能体现出茶的真味。

现代茶人对泡茶用水的看法

现代人认为"清、轻、甘、冽、活"五项指标俱全的水，才称得上宜茶水。

其一，水质要清。水清则无杂、无色、透明、无沉淀物，最能显出茶的本色。

其二，水体要轻。北京玉泉山的玉泉水密度最小，故被御封为"天下第一泉"。现代科学也证明了这一理论是正确的。水的密度越大，说明溶解的矿物质越多。有实验结果表明，当水中的低价铁超过0.1ppm时，茶汤发暗，滋味变淡；铝含量超过0.2ppm时，茶汤便有明显的苦涩味；钙离子达到2ppm时，茶汤带涩，而达到4ppm时，茶汤变苦；铅离子达到1ppm时，茶汤味涩而苦，且有毒性。所以水以轻为美。

其三，水味要甘。"凡水泉不甘，能损茶味。"所谓水甘，即一入口，舌尖顷刻便会有甜滋滋的美妙感觉。咽下去后，喉中也有甜爽的回味。用这样的水泡茶自然会增茶之美味。

其四，水温要洌。洌即冷寒之意，明代茶人认为："泉不难于清，而难于寒"，"洌则茶味独全"。因为寒洌之水多出于地层深处的泉脉之中，所受污染少，泡出的茶汤滋味醇正。

其五，水源要活。"流水不腐"，现代科学证明了在流动的活水中细菌不易繁殖，同时活水有自然净化作用，在活水中氧气和二氧化碳等气体的含量较高，泡出的茶汤特别鲜爽可口。

我国饮用水的水质标准

感官指标：色度不超过15度，浑浊度不超过1度，不得有异味、臭味，不得含有肉眼可见物。

化学指标：pH6.5～8.5，总硬度不高于25度，铁不超过0.3毫克/升，锰不超过0.1毫克/升，铜不超过1.0毫克/升，锌不超过1.0毫克/升，挥发酚类不超过0.002毫克/升，阴离子合成洗涤剂不超过0.3毫克/升。

毒理指标：氟化物不超过1.0毫克/升，氰化物不超过0.05毫克/升，砷不超过0.01毫克/升，镉不超过0.005毫克/升，铬（六价）不超过0.05毫克/升，铅不超过0.01毫克/升。

细菌指标：细菌总数不超过100个/毫升，大肠菌群不得检出。

以上四个指标，主要是从饮用水最基本的安全和卫生方面考虑，作为泡茶用水，还有别的讲究。

泡茶用水

宜茶用水可分为天水、地水、再加工水三大类。再加工水即城市销售的"太空水""纯净水""蒸馏水"等。

自来水：自来水是最常见的生活饮用水，其水源属于加工处理后的天然水，为硬水；含有用来消毒的氯气等，在水管中也滞留较久。当水中的铁离子含量超过万分之五时，会使茶汤呈褐色。而氯化物与茶中的多酚类发生反应，又会使茶汤表面形成一层"锈油"，喝起来有苦涩味。所以用自来水沏茶，最好用无污染的容器，先贮存一天，待氯气散发后再煮沸沏茶；或者采用净水器将水净化，这样就可成为较好的沏茶用水。

纯净水：纯净水是蒸馏水、太空水的合称，是一种安全无害的软水。纯净水是以符合生活饮用水卫生标准的水为水源，采用蒸馏法、电解法、逆渗透法及其他适当的加工方法制得，纯度很高，不含任何添加物，可直接饮用的水。用纯净水泡茶，不仅因为净度好、透明度高，沏出的茶汤晶莹透彻，而且香气滋味醇正，无异味，鲜醇爽口。

矿泉水：我国对饮用天然矿泉水的定义是：从地下深处自然涌出的或经人工开发的、未受污染的地下矿泉水，含有一定量的矿物盐、微量元素或二氧化碳气体。在通常情况下，其化学成分、流量、水温等动态指标在天然波动范围内相对稳定。

与纯净水相比，矿泉水含有丰富的锂、锶、锌、溴、碘、硒和偏硅酸等多种微量元素，饮用矿泉水有助于人体对这些微量元素的摄入，并调节机体的酸碱平衡。但矿泉水的产地不同，其所含微量元素和矿物质成分也不同，不少矿泉水含有较多的钙、镁、钠等金属离子，是永久性硬水。虽然水中含有丰富的营养物质，但用于泡茶效果并不佳。

活性水：活性水包括磁化水、矿化水、高氧水、离子水、自然回归水、生态水等品种。这些水均以自来水为水源，一般经过滤、精制和杀菌、消毒处理制成，具有特定的活性功能，并且有相应的渗透性、扩散性、溶解性、代谢性、排毒性、富氧化和营养性功效。由于各种活性水内含微量元素和矿物质成分各异，如果水质较硬，泡出的茶水品质较差；如果属于暂时硬水，泡出的茶水品质较好。

净化水：通过净化器对自来水进行二次终端过滤处理制得，净化原理和处理工艺一般包括粗滤、活性炭吸附和薄膜过滤等三级系统，能有效地清除自来水管网中的红虫、铁锈、悬浮物等机械成分，降低浊度，达到国家饮用水卫生标准。但是，净水器中的过滤装置要经常清洗，活性炭也要经常换新，时间一久，净水器内胆易堆积污物，繁殖细菌，形成二次污染。

天然水：天然水包括江、河、湖、泉、井及雨水。用这些天然水泡茶应注意水源、环境、气候等因素，判断其洁净程度。对取自天然的水经过滤、臭氧化或其他消毒过程的简单净化处理，既保持了天然又达到洁净，也属天然水之列。在天然水中，泉水是泡茶最理想的水，泉水杂质少、透明度高、污染少，虽属暂时硬水，加热后，呈酸性碳酸盐状态的矿物质被分解，释放出碳酸气，口感特别微妙，泉水煮茶，甘洌清芬具备。然而，由于各种泉水的含盐量及硬度有较大的差异，并不是所有泉水都是优质的，有些泉水含有硫黄，不能饮用。

江、河、湖水属地表水，含杂质较多，混浊度较高，一般来说，沏茶难以取得较好的效果。但在远离人烟，又是植被生长繁茂之地，污染物较少，这样的江、河、湖水，仍不失为沏茶好水，如浙江桐庐的富春江水、淳安的千岛湖水、绍兴的鉴湖水就是例证。唐代陆羽在《茶经》中说"其江水，取去人远者"，说的就是这个意思。

雪水和天落水，古人称之为"天泉"，尤其是雪水，更为古人所推崇。唐代白居易的"扫雪煎香茗"，宋代辛弃疾的"细写茶经煮茶雪"，元代谢宗可的"夜扫寒英煮绿尘"，清代曹雪芹的"扫将新雪及时烹"，都是赞美用雪水沏茶的名句。

至于雨水，一般来说，因时而异；秋雨，天高气爽，空中灰尘少，水味"清洌"，是雨水中上品；梅雨，天气沉闷，阴雨绵绵，水味"甘滑"，较为逊色；夏雨，雷雨阵阵，飞沙走石，水味"走样"，水质不净。但无论是雪水或雨水，只要空气不被污染，与江、河、湖水相比，总是相对洁净，是沏茶的好水。

井水属地下水，悬浮物含量少，透明度较高。但它又多为浅层地下水，特别是城市井水，易受周围环境污染，用来沏茶，有损茶味。所以，若能汲得活水井的水沏茶，同样也能泡得一杯好茶。唐代陆羽《茶经》中说的"井取汲多者"，明代陆树声《煎茶七类》中讲的"井取多汲者，汲多则水活"，说的就是这个意思。

现代工业的发展导致环境污染，已很少有洁净的天然水了，因此泡茶只能从实际出发，选用适当的水。

冲泡茶叶的流程

净手和欣赏器具：泡茶前要先洗手，然后取茶入茶荷，请宾客欣赏干茶。品茶讲究用景德镇的瓷器或者宜兴的紫砂壶为佳。

烫杯温壶：把茶叶器具都用沸水冲洗一次，不但干净卫生也可以给茶叶、茶具预热，让茶味更香。

素茶入宫：把茶叶放到器具里，动作要优雅有茶韵。

醒茶：把开水倒入放有茶叶的壶中，然后迅速倒出，让茶叶舒展，有利于下次冲泡时的口感。因为绿茶第一次冲泡营养50%溢出，芽头茶一般都很细嫩，采摘时间早，所以芽头茶或者明前绿茶就不要醒茶了。

冲泡：把沸水再次倒入壶中，倒水过程中壶嘴"点头"三次，称为"凤凰三点头"，表示向客人致敬。

春风拂面：指水要高出壶口，用壶盖把浮在上面的茶叶及冲出来的泡沫去掉，这样茶汤会更加清晰透亮，口感细腻醇厚。

封壶：盖上壶盖，保存茶壶里茶叶冲泡出来的香气。

分杯：分杯是喝茶开始的步骤，用茶夹将闻香杯、品茗杯分组，放在茶托上，方便加茶。

玉液回壶：把壶中茶水倒入公道杯，给客人每人一杯茶。

分壶：将茶汤倒入客人的闻香杯中。茶道要求茶斟七分满，表示对客人的尊敬。

奉茶：把杯子双手送到客人面前。注意倒茶礼仪，以茶奉客是中国礼仪之本。

闻香：客人将茶汤倒入品茶杯，轻嗅闻香杯中的余香。

品茗：客人用三指取品茗杯，分三口轻啜慢饮，细细品味茶的韵味。

茶叶储存

茶叶中的一些成分不稳定，在一定的物理、化学诱因下，易产生化学变化。茶叶的保存条件不好也会加速茶叶的自身氧化及霉变。另外，茶叶的吸附能力很强，也要注意不要与有异味的物品接触。所以，储存茶叶时要用正确的方法，避免茶叶的变质。下面就谈谈相关注意事项。

水分的控制

水分是促进茶叶成分发生化学变化反应的溶剂。水分越多，茶叶中的有益成分扩散移动和互相作用也就越显著，茶叶的陈化变质也就越迅速。

那么，茶叶的含水量控制在多大范围内最有利于存放呢？研究结果表明，茶叶储存的最佳含水量为3%～5%。当茶叶储存的含水量在8%～10%以上时，茶叶的变质相当明显。以绿茶为例，随着含水量的增加，与茶叶品质有关的水浸出物、茶多酚、叶绿素下降明显。红茶也同样如此，含水量越高，茶黄素、茶红素、茶多酚、水浸出物下降也越多，与此同时，对红茶品质不利的茶褐素却随之而增多。要防止茶叶储存过程中变质，必须将茶叶干燥至含水量6%以内，最好控制在3%～5%。

茶叶的含水量一般可凭触觉大抵估量出来，如果抓取一撮茶叶，用手指轻轻一搓，立即成粉末状，表明茶叶含水量在6%以内，适宜保存。如果用手搓茶只能使茶叶成片末状，表明茶叶的含水量在10%以上，这种茶叶一般不宜选购，要么立即进行干燥处理，否则不出10天，茶叶就会变色。

避免接触异味源

由于茶叶含棕榈酸和萜烯类化合物，使得茶叶具有很强的吸附作用。它就像海绵吸水一样，能将各种异味吸附在自己身上。如果将茶叶与有异味的物品，如烟草、油脂、化妆品、腌鱼肉、樟脑等混放在一起，无须多时就会被污染，从而严重影响茶叶的品质。

温度的控制

温度高，能加快茶叶的自动氧化，温度越高，变质越快。茶叶一般适宜低温冷藏，这样可以减缓茶叶中各个成分的氧化过程。相关试验表明，将茶叶储存在零下5摄氏度，茶叶的氧化变质会非常慢；贮存在零下20摄氏度，可久藏不变质，几乎能完全防止品质劣变。作为茶馆或家庭，一般以10摄氏度左右茶叶储存的效果较好，如果降低到0～5摄氏度，则茶叶储存的效果就更好。

光照的控制

光线除促进茶叶色素氧化变色以外，还能使茶叶中的某些物质发生光化反应，产生一种令人不愉快的异味，即通常所说的"日晒味"。

有的人为了去除茶叶中的潮气，把茶叶摊放在太阳下晾晒。这种做法有损茶叶品质，特别是对于高级绿茶更为不妥。因为茶叶经阳光照射之后，温度逐渐升高，茶叶的内含物便会发生强烈的光化反应，其色素脂类和多酚类化学成分发生变化，致使茶汤变红、滋味苦涩，不仅失去了绿茶原有的新鲜风味和清香，还会产生一个令人讨厌的鱼腥气味，从而加速茶叶的陈化，使品质变劣。因此，茶回潮后，切不可在日光下暴晒。一旦发现茶叶受潮回软，应及时将保存不当的茶叶放在锅中烘干或焙笼烘干。火温掌握在40摄氏度左右，最高不超过50摄氏度，并不断用手翻动茶叶，炒至捏茶条成末状即可。

茶叶忌长时间暴露

茶叶长时间暴露在光和空气的作用下，内含物质会发生自动氧化分解、挥发和缩合等反应，使茶叶香气散失、品质变劣，甚至会吸附各种异味。还会吸附空气中的水分，干燥的茶叶自然会吸湿还潮。

综上所述，根据茶叶的特性和造成的茶叶陈化变质的原因，从理论上讲，茶叶储存时以干燥（含水量在6%以下，最好是3%～5%）、冷藏（最好是0～5摄氏度）、无氧（抽成真空或冲氮）和避光保存最理想。在具体操作过程中，可抓住茶叶干燥这个核心要求，根据各自现有的条件设法延缓茶叶的陈化过程，采用一些其他措施。

茶室设计

茶对环境的选择、营造尤其讲究，旨在通过环境来陶冶、净化人的心灵，因而需要一个与茶活动要求相一致的精心打造的环境。

茶道环境有三类。一是自然环境，如松间竹下，泉边溪侧，林中石上。二是人造环境，如僧寮道院、亭台楼阁、画舫水榭、书房客厅。三是特设环境，即专门用来从事茶活动的茶室。

茶室的室外环境是指茶室的庭院。茶室的庭院往往栽有青松翠竹等常绿植物及花木。室内环境则往往有挂画、插花、盆景、古玩、文房清供等。总之，茶室环境要清雅幽静，使人进入此环境中可以忘却俗世，洗尽尘心，熏陶德化。

怎样泡一壶好茶

泡茶水温的掌握

泡茶水温的掌握，主要以泡饮什么茶而定。高级绿茶，特别是各种芽叶细嫩的芽头茶，不能用100摄氏度的沸水冲泡，一般以85摄氏度左右的水冲泡为宜。茶叶越嫩越绿，冲泡水温越要低，这样泡出的茶汤才会嫩绿明亮，滋味鲜爽，茶叶维生素C也较少被破坏。而在高温下，茶汤容易变黄，滋味较苦（茶中咖啡因容易浸出），维生素C被大量破坏。正如平时说的，水温高，把茶叶"烫熟"了。

按比例投茶

茶叶冲泡有个常用茶水比例是1∶50，也就是1克的茶叶加50毫升的水（乌龙茶、紧压茶除外，其大概为1∶22的茶水比例），这样就可以估算出你要加多少干茶了。比如你手上的壶能装400毫升的水，那么差不多放8克的茶叶是比较合适的。但一般是很难估算容器毫升和茶叶克数的，在没有硬指数的情况下，不如试试用体积投茶的方法来计算投茶量。

下面，我们以紫砂壶这个常见的泡茶工具作为例子来说明。

按体积投茶

绿茶：普遍来说，绿茶是公认为所有茶类中最为鲜嫩的茶类，且经过揉捻，浸出物出来得快。紫砂壶冲泡的时候，放差不多刚好覆盖满壶底部的量就可以了。

不过要记住两点：一是不要盖上盖子，会把茶汤闷坏；二是上面说到的，不能用太烫的水，会让茶汤变苦变涩，但水温又不能太低，使茶叶的香气激发不出来，一般常用的是85摄氏度的水，可以根据实际情况做出微调。

红茶：红茶的投茶量与绿茶相似，差不多也是覆盖满壶底部的量，不过可以比绿茶稍稍多一些。

红茶分为大叶种茶和小叶种茶，像祁门红茶是小叶种红茶，而云南红茶则是大叶种茶，大叶种红茶的叶子较大，占的体积大，所以泡茶时的投茶量要比小叶种红茶更大。常喝国外红茶的朋友，很多时候喝到的是红碎茶，由于红碎茶的浸出速度很快且并不太在意它的耐泡度，所以投茶要减近一半的量。

乌龙茶：乌龙茶的类别非常多，但还是可以按照外形大致分为条形和球形。条形的投茶量差不多占紫砂壶容量的1/6 ~ 1/5，球形则盖过紫砂壶底部大半就可以了。

球形乌龙茶由于形状特殊，茶叶展开比较慢，所以通常有第一泡——温润泡，把茶叶舒展开来。这种半发酵的茶，用热水冲泡会强烈激发它的香气和滋味。特别是高山乌龙，一定要用沸水冲泡，用温曛的热水冲泡简直可以称作"浪费"。

紧压茶：紧压茶的投茶量，差不多占紫砂壶容量的1/6。有些紧压茶比较紧，密度较大，所以可以适当减少投茶量进行微调。

为了舒张茶叶，紧压茶的冲泡过程中也常常会有温润泡。这里还有一点需要注意：紧压茶有"三年以下开盖泡，三年以上扣盖泡"的说法，原因是"年纪较轻"的紧压茶发酵度不高，盖上盖子会像绿茶一样把茶汤闷坏，而三年以上的紧压茶因为后期自我发酵则不存在这个问题。

白茶：由于白茶没有经过揉捻，仅仅是鲜叶采摘后经过萎凋、干燥制作而成的茶类，所以干茶普遍较轻且蓬松，投茶量会比较大，散茶约占紫砂壶容量的1/5或1/4；白茶饼，差不多占紫砂壶容量的1/6就可以了。

白茶应该是最好"控制"的茶叶，不会轻易把它泡坏，在实在没有信心且需要露一手的场合，果断泡白茶是最好的选择。

其他泡茶法的投茶量：除常见的泡茶方法以外，一些"不走寻常路"的泡茶方法也有一些投茶量的讲究。

碗泡法：由于碗泡法是用茶勺取茶汤，添汤的动作会比较慢，且茶叶一直浸在水中，所以即便茶碗较大，也不要投放太多的茶量，不然茶汤很容易变浓。

调饮茶：最常见的奶茶，茶水比例差不多1：22。因为制作过程中会加奶，所以可以把茶汤泡制得浓一点，这样也方便根据自己的喜好选择多奶还是多茶。

冷泡茶：冷泡茶的特点是冷水浸泡，且浸泡时间很长，夏天甚至会过夜，所以投茶量不用太大。按体积来投茶的话，紧压茶以外的所有茶类差不多投铺满容器底部的量就可以了，而紧压茶适当减少，以免茶汤过浓。

第五节　茶叶品饮方法

品茶是一门综合艺术。茶叶没有绝对的好坏之分，完全要看个人喜欢哪种口味而定。也就是说，各种茶叶都有它的高级品和劣等货。有高级的也有劣等的乌龙茶，有上等的也有下等的绿茶。好茶、劣茶是就比较品质的等级和主观的喜恶来说的。

一般判断茶叶的好坏可以从察看茶叶、嗅闻茶香、品尝茶味和分辨茶渣入手。

观茶（察看茶叶）

察看茶叶就是观赏干茶和茶叶开汤后的形状变化。干茶就是未冲泡的茶叶；开汤就是指干茶用水冲泡出茶汤内质来。茶叶的外形随种类的不同而有各种形态，有扁形、针形、螺形、眉形、珠形、球形、半球形、片形、曲形、兰花形、雀舌形、菊花形、自然弯曲形等，各具优美的姿态。而茶叶开汤后，茶叶的形态会产生各种变化，或快，或慢，宛如妙曼的舞姿，及至展露原本的形态，令人赏心悦目。

首先要看干茶的干燥度。如果茶叶有点湿软，最好不要买；另外看茶叶的叶片是否整洁，如果有太多的叶梗、黄片、渣沫、杂质，则不是上等茶叶；最后，要看干茶的条索外形。条索是茶叶揉成的形态，什么茶都有它固定的形态规格，像龙井茶是剑片状，冻顶茶揉成半球形，铁观音茶紧结成球状，香片则切成细条或者碎条。

不过，光是看干茶顶多只能看出 30%，并不能马上看出这是好茶还是劣茶。

察色

品茶观色，即观茶色、汤色和叶底色。

茶色：由于茶的制作方法不同，其色泽是不同的，有红与绿、青与黄、白与黑之分。即使是同一种茶叶，采用相同的制作工艺，也会因茶树品种、生态环境、采摘季节的不同，色泽上存在一定的差异。

如细嫩的高档绿茶，色泽有嫩绿、翠绿、绿润之分；高档红茶，色泽乌润，红艳明亮。而闽北武夷岩茶的青褐油润，闽南铁观音的砂绿油润，广东凤凰水仙的黄褐油润，台湾冻顶乌龙的深绿油润，都是高级乌龙茶中有代表性的色泽，也是鉴别乌龙茶质量优劣的重要标志。

汤色：冲泡茶叶后，内含成分溶解出来所呈现的颜色，称为汤色。不同茶类汤色会有明显区别，而且同一茶类中的不同花色品种、不同级别的茶叶，也有一定差异。一般来说，凡属上乘的茶品，汤色都明亮、有光泽。绿茶汤色浅绿或黄绿；清而不浊，明亮澄澈；红茶汤色乌黑油润，若在茶汤周边形成一圈金黄色的油环，俗称金圈；乌龙茶则以青褐光润为好；白茶，汤色微黄，黄中显绿，并有光亮。

观赏茶汤要快而及时，因为茶多酚类溶解在水中与空气接触很容易氧化变色，例如绿茶的汤色氧化即变黄、红茶的汤色氧化变暗等。时间拖延过久，会使茶汤混浊而沉淀；红茶则在茶汤温度降至20摄氏度以下后，常发生凝乳混汤现象，俗称"冷后浑"，这是红茶色素和咖啡因结合产生黄浆状不溶物的结果。冷后浑出现早且呈粉红色者是茶味浓、汤色艳的表征；冷后浑呈暗褐色，是茶味钝、汤色暗的红茶。

茶汤的颜色也会因为发酵程度的不同、焙火轻重的差别而呈现深浅不一的颜色。但是，有一个共同的原则，不管颜色深或浅，一定不能混浊、灰暗，清澈透明才是好茶汤应该具备的条件。

叶底色：就是欣赏茶叶经冲泡去汤后留下的叶底色泽。除看叶底显现的色彩外，还可观察叶底的老嫩、光糙、匀净等。

赏姿

茶在冲泡过程中，经吸水浸润而舒展，或似春笋，或如雀舌，或若兰花，或像墨菊。与此同时，茶在吸水浸润过程中，还会因重力的作用，产生一种动感。太平猴魁舒展时，犹如一只机灵小猴，在水中上下翻动；君山银针舒展时，好似翠竹争阳，针针挺立；西湖龙井舒展时，活像春兰怒放。如此美景，掩映在杯水之中，真有茶不醉人人自醉之感。

闻香

对于茶香的鉴赏一般要三闻。一是闻干茶的香气（干闻），二是闻开泡后充分显示出来的茶的本香（热闻），三是要闻茶香的持久性（冷闻）。

冲泡前先闻干茶，干茶中有的清香，有的甜香，有的焦香。绿茶清新鲜爽，红茶浓烈醇正，花茶芬芳扑鼻，乌龙茶馥郁清幽。如果茶香低而沉，带有焦、烟、酸、霉、陈或其他异味，则为次品。

冲泡茶叶后，按茶类不同，经1～3分钟后，将杯送至鼻端，闻茶汤面发出的茶香；茶香有热闻、温闻和冷闻之分。热闻的重点是辨别香气的正常与否，香气的类型如何，以及香气高低；冷闻则判断茶叶香气的持久程度；而温闻重在鉴别茶香的雅与俗。

一般来说，绿茶有清香鲜爽感，有果香、花香；红茶有果香、花香，以香气浓烈、持久者为上乘；乌龙茶具有浓郁的熟桃香、花香、焙火香等；而花茶则以具有清纯芬芳者为优。

要注意判断茶汤的香型，如有无菜香、花香、果香、麦芽糖香等，同时要判断有无烟味、油臭味、焦味或其他异味。这样，可以判断出茶叶的新旧、发酵程度、焙火轻重。在茶汤温度稍降后，即可品尝茶汤。这时可以仔细辨别茶汤香味的清浊浓淡及温茶的香气，更能认识香气特质。等喝完茶汤、茶渣冷却之后，还可以回过头来欣赏茶渣的冷香，嗅闻茶杯的杯底香。如果是劣等的茶叶，这个时候香气已经消失殆尽了。

嗅香气的技巧也很重要。在茶汤浸泡3～5分钟时就应该开始嗅香气，最适合嗅茶叶香气的叶底温度为45～55摄氏度，超过此温度时，感到烫鼻；低于30摄氏度时，茶香低沉，特别对染有烟气、木气等异气者，很容易随热气挥发而变得难以辨别。

嗅香气应以左手握杯，靠近杯沿用鼻趁热轻嗅或深嗅杯中叶底发出的香气，也可以将整个鼻部接近杯内，接近杯底以扩大接触香气面积，增加嗅感。为了正确判断茶叶香气的高低、长短、强弱、清浊及纯杂等，嗅时应重复一两次，但每次嗅时不宜过久，以免因嗅觉疲劳而失去灵敏度，一般是3秒左右。

嗅茶香的过程是：吸（1秒）—停（0.5秒）—吸（1秒），依照这样的方法嗅出茶的香气是"高温香"。另外，可以在品味时，嗅出茶的"中温香"。而在品味后，更可嗅茶的"低温香"或者"冷香"。好的茶叶，有持久的香气。只有香气较高且持久的茶叶，才有余香、冷香，也才会是好茶。

热闻的办法也有三种：一是从氤氲的水汽中闻香，二是闻杯盖上的留香，三是用闻香杯慢慢地细闻杯底留香。茶叶和香气与所用原料的鲜嫩程度和制作技术的高下有关，原料越细嫩，所含芳香物质越多，香气也越高。

第六节　茶艺与艺术

茶艺即饮茶艺术，茶艺有备器、择水、取火、候汤、习茶五大环节。以习茶方式划分，古今茶艺可划分为煎茶茶艺、点茶茶艺、泡茶茶艺。以主茶具来划分，则可将泡茶茶艺分为壶泡茶艺、工夫茶艺、盖碗泡茶艺、玻璃杯泡茶艺。

还可以所用茶叶来划分。中国十大名茶中四大工夫茶艺依发源地又可划分为武夷工夫茶艺、武夷变式工夫茶艺、台湾工夫茶艺、台湾变式工夫茶艺。

煮茶法

唐代以前无制茶法，往往是直接采生叶煮饮。唐代以后则以干茶煮饮，自明清迄今，很多少数民族依然保持着煮茶法的习惯，例如内蒙古的"奶茶"、西藏的"酥油茶"、苗族的"油茶"、维吾尔族的"香茶"等。

汉魏南北朝以至初唐，主要是直接采茶树生叶，烹煮成羹汤而饮，饮茶类似喝蔬茶汤，此羹汤又称为"茗粥"。唐代饮茶以陆羽式煎茶为主，但煮茶依然流行，特别是在少数民族地区。陆羽《茶经·五之煮》就记载："或用葱、姜、枣、橘皮、茱萸、薄荷之等，煮之百沸，或扬令滑，或煮去沫，斯沟渠间弃水耳，而习俗不已。"晚唐樊绰《蛮书》记载："出银生成界诸山，散收，无采早法。蒙舍蛮以椒、姜、桂和烹而饮之。"唐代煮茶，往往加盐、葱、姜、桂等佐料。

煎茶法

唐代至南宋末年流行煎茶法，团饼茶经过炙、碾、罗等工序，成为细微粒的茶末，再根据水的煮沸程度，当锅内的水煮到出现鱼眼大的气泡，并微有沸水声时，是"一沸"，这时要根据水的多少加入适量的盐调味，尝尝水的味道。当水煮到锅的边缘出现连珠般的水泡往上冒的时候，是"二沸"，这时需舀出一瓢开水，用竹夹在水中搅动使之形成水涡，再用量茶小勺取适量的茶末投入水涡中心。待水面波浪翻滚时，是"三沸"，这时将原先舀出的一瓢水倒回锅内，使开水停止沸腾。

此时，锅内茶汤表面即生成厚厚沫饽，但需及时将茶沫上形成的一层黑水膜去掉，因为它会影响茶汤的味道。然后将茶汤均匀地舀入三个或者是五个茶盏中，但是每盏的茶沫要均匀。陆羽认为茶汤的精华就是这茶汤上面的沫饽。

煎茶法的主要程序是：备器、选水、取火、候汤、炙茶、碾茶、罗茶、煎茶（投茶、搅拌）、酌茶。

点茶法

宋代点茶法比唐代煎茶法更为讲究，包括将团饼炙、碾、罗，以及候汤、点茶等一整套规范的程序。首先将茶末适量入盏中，再把煮好的水用"汤提点"（煮水瓶）注入盏中，先是调成膏状，接着注水，用茶筅快速击打，使茶与水充分交融，至茶盏中出现大量白色茶沫为止。

茶的优劣，以沫饽出现是否快、水纹出现是否慢来评定。沫饽洁白，水痕晚露而不散时者为上，或说成沫饽洁白不散，水脚晚露出。茶乳融合，水质浓稠，饮下去盏中茶汤胶着不干，称为"咬盏"。宋代点茶时强调水沸的程度，谓之"候汤"。候汤最难，未熟则沫浮，过熟则茶沉，只有掌握好水沸的程度，才能冲点出茶的色、香、味。

宋代点茶煮水改用肚圆、颈细高的汤瓶。因为很难用眼辨认煮化水的程度，因此只能依靠水沸的声音来判断煮水。从蔡襄《茶录》、宋徽宗《大观茶论》等书记载，点茶法的主要程序有备器、洗茶、炙茶、碾茶、磨茶、罗茶、择水、取火、候汤、茶盏、点茶（调膏、击拂）。

冲泡法

自明代开始，用沸水直接冲泡散茶的饮茶法，逐渐代替了唐代饼茶煎饮法和宋代点茶法，即冲泡法。置茶于茶壶或盖瓯中，以沸水冲泡，再分到茶盏（瓯、杯）中饮用。唐五代主煎茶，宋元主点茶，泡茶法直到明清时期才流行。

朱元璋罢贡团饼茶，遂使散茶独盛，茶风也为之一变。散茶代替龙团凤饼，炒茶工艺逐渐流行，六类茶开始逐步完善。今日流行的泡茶法也多是明代的延续。

泡绿茶的方法

绿茶种类繁多，根据茶叶的嫩度、制作工艺和采摘茶叶的差异，分为三种泡法："上投法"、"中投法"和"下投法"。

绿茶冲泡一般用玻璃杯，不出汤，喝到杯中水刚好没过茶时，再续水，称为"留根"。冲泡绿茶水温太高容易泡出涩味，水温以80～90摄氏度来冲泡。

上投法

上投法主要是冲泡细嫩绿茶，通常是全芽头或者一芽一叶或满身披毫，比如信阳毛尖、洞庭碧螺春、日照开园茶等。

操作很简单，即"先水后茶"——壶内注水至7分满，然后拨入茶叶，再倾斜壶身缓缓旋转两圈，让茶和水充分融合，最后静待1～2分钟，出汤，即可饮用。

细嫩的茶叶是茶树上刚刚生长出来的新生命，犹如刚出生的婴儿，珍贵且几乎没有防御力。冲泡这样的茶，不能用刚烧开的水，那样会烫伤它，一般用80～85摄氏度的水。采用"先水后茶"的上投法，也是为了避免热水直接冲击茶身带来的物理伤害。

中投法

中投法主要是冲泡较细嫩且高香，茶形紧结，扁形或嫩度为一芽一叶或一芽两叶的绿茶，如都匀毛尖、蒙顶甘露、日照绿茶等。

操作很方便，即"先水后茶，再添水"——壶内注水至3分满，然后拨入茶叶，再倾斜壶身缓缓旋转两圈。茶浸入水后，高冲注水至7分满，此时茶叶随水翻腾起舞，茶香开始弥漫。

细嫩且高香的茶叶，禁不得高温热力和水冲击的伤害，但是又需要温度来激发茶叶的香气，所以采用"水—茶—水"的投茶顺序。先水后茶，保护茶叶不受热力的伤害；二次高冲注水，激发茶香。

下投法

下投法是平时经常使用的一种冲泡方法。主要冲泡茶形较松、体积扁平及嫩度较低的绿茶，如太平猴魁、六安瓜片、西湖龙井等。

同家庭普通冲泡一样，即"先茶后水"——茶先投入壶，高冲注入水，等待

1～2分钟润茶，然后高冲进水，使茶叶随着水柱翻滚并舒展。

斗茶法

斗茶是古代文人雅士各自携带茶与水，通过比茶面汤花和品尝鉴赏茶汤以定优劣的一种品茶艺术。斗茶又称为茗战，兴于唐代末，盛于宋代，最先流行于福建建州一带。斗茶是古代品茶艺术的最高表现形式。其最终目的是品尝，特别是要吸掉茶面上的汤花，最后斗茶者还要品茶汤，做到色、香、味三者俱佳，才算斗茶的最后胜利。

现在我国各地也依然有斗茶比赛。斗茶比赛的标准主要是茶叶审评的各个元素。主要从色、香、味、形四个方面鉴别。干茶的外形，主要从五个方面来看，即围绕嫩度、条索、色泽、整碎和净度来评审打分。

工夫茶

工夫茶是唐、宋以来品茶艺术的流风余韵，流行于福建的汀州、漳州、泉州和广东的潮州。饮工夫茶，有自煎自品和待客两种，特别是待客，更为讲究。工夫茶最具代表性的就是潮州工夫茶。它并非只局限于中心区域为潮州及其周边地区的茶道，它是茶文化中一脉相承从未断代的中国茶道思想物化及具体而微的完整冲泡程式，是中国古代工夫茶的"活化石"。

工夫茶强调"和"，注重生活品质，在日常生活中通过一杯茶体现儒释道三家的执中、守中、空中之美，祈达包容圆融和谐境界。工夫茶注重茶叶、器皿、水质甄选，强调冲泡过程中的水温、节奏的把控，讲求氛围营造、寓礼于茶、自恣适己，在满足物质生活的日用基础上提炼出精神层面的美感，体现"百姓日用即道"这一实用哲理。

第一式：茶具讲示

逐一讲解展示孟臣壶、若深杯、玉书碨、红泥炉等茶器。实用而有美感的品质茶具，常常令人爱不释手，单是观摩赏玩已能自得其乐。

第二式：茶师净手

泡茶之前，须先净手，保持双手洁净无异味。

第三式：泥炉生火

泥炉生炭烧开的水，正如柴火灶煮熟的米饭，有独特的风味。榄炭燃烧力强，焰火"炉火纯青"。

第四式：砂铫淘水

砂铫：宋代称急需，是指煮水、烹茶、暖酒的小容器。工夫茶中指烧水的小陶壶。

第五式：榄炭煮水

乌榄炭烧的开水泡茶能起到"活火烹活泉"令茶汤鲜活清甘的效果，同时焰火呈青蓝色，无烟臭，并有淡淡的榄仁香。

第六式：开水热罐

罐：茶壶，俗称冲罐。用容量较小的茶壶配合小杯使用最适宜，壶小能留香不蓄水。没有茶壶，亦可以用盖碗代替。

第七式：再温茶盅

茶盅，即茶杯。工夫茶喜用薄胎"蛋壳杯"，以"若深杯"最为著名。三只小杯，寓意三杯为"品"，"品物流形"，"田获三品"，"三为万物"。三是最稳定的结构。不管人数多少均只用三个杯，大家轮流喝，体现"你中有我、我中有你"的和衷共济、圆融一体的人文精神。

第八式：茗倾素纸

以手掌大小的白方纸代替茶则，精俭节约，体现"如非必要，勿增实体"的"大道至简"精神。

第九式：壶纳乌龙

工夫茶喜用乌龙茶，也可以冲泡其他茶类。可以察看干茶条索、颜色。

第十式：甘泉洗茶

洗茶去沫，避免苦涩。

第十一式：提铫高冲

开水沿壶边定点入水，不能直冲壶心，不可断续。高冲令沸水直入壶底去除涩滞。

第十二式：壶盖刮沫

开水冲满勿溢，让白沫浮出壶面，提盖从壶口刮沫坠落，然后盖定。

第十三式：淋盖追热

淋盖的作用，一是去沫，二是追温，壶外追热令香气充盈壶中。

第十四式：烫杯滚杯

烫杯的目的在于提升杯温，"汤沸茶香"，热杯能起香。滚杯令杯缘互碰发出铿锵金玉声音，犹如器乐鸣奏般悦耳动听。

第十五式：低洒茶汤

低斟出汤，勿令飞溅，勿生气泡，能含香藏韵。

第十六式：关公巡城

工夫茶不用公道杯，执壶巡回往复匀速出汤，是谓"巡"，目的在于让三个杯里的茶汤浓淡均匀。

第十七式：韩信点兵

"韩信点兵，多多益善"是一个八字成语，只讲前四字不讲后四字，是为了体现幽默感，重点在没有说出来的后半句。茶汤点滴务尽，勿使残留浸泡过久致后续苦涩。匀分量均等，勿厚此薄彼，勿有分别心。

第十八式：敬请品茗

洒茶完毕，宾主互相礼让，按照长先幼后顺序轮流喝茶。同时以客为尊，必须待所有宾客喝过一巡然后才轮到主人喝。

第十九式：先闻茶香

杯面迎鼻，香气齐集。潮州单丛茶花香果花迥异，品种香型多达108款。品尝鉴赏，乐在其中。待客之道，礼让三先。

第二十式：和气细啜

趁热执杯，杯缘接唇，啜饮而尽，芳香满溢，甘泽润喉，余韵绵长。

第二十一式：三嗅杯底、瑞气和融

挂杯的茶香，温冷殊异。饮茶完毕三嗅杯底，林语堂说："气味芳香，较嚼梅花更为清绝。"

第七节　茶道

中国茶道吸收了儒、道、佛三家的思想精华。佛教禅宗强调禅茶一味，以茶助禅，以茶礼佛，在茶中体味枯寂的同时，在茶道中注入佛理禅机，这是茶人以茶道为修身养性的途径，借以到修心见性的目的。道家的学说则为茶人的茶道注入了"天人合一"的哲学思想，树立了茶道的灵魂，同时还提供了崇尚自然，崇尚朴素、崇尚真纯的理念思想。儒家以茶励志，借茶沟通人际关系，积极入世。表面看中国儒、道、佛各家都有自己的茶道流派，其形式与价值取向不尽相同，其实不然，这种表面的区别确实存在，但各家茶文化精神有一个很大的共同点，即和谐、平静。

茶　性

茶性"静"，静为茶之性，茶用静统合儒、释、道

儒家以静为本，致良知，止于至善。以虚静之态作为人与自然万物沟通智慧的渠道。儒家倡导"中庸""仁""礼"的思想。茶能使人沉静不乱，以茶励志，以茶品味人生，这些都是儒学的开创者孔子提倡的思想。

禅宗追求的就是在"静虑"中顿悟,以静坐的方式排除一切杂念,将"戒定慧"三字作为修持的基础,专心致志地默诵佛经,一直到领悟佛法的真谛。品茶能定心致静,历代僧人都以饮茶坐禅,赵州和尚赵谂就有"吃茶去"的禅语。

"静"更是道家重要的思想范畴,他们把"静"看成人与生俱来的本质特征。这既是一种功夫,又是一种修养。如《老子》云:"致虚极,守静笃,万物并作,吾以观其复。夫物芸芸,各复归于其根,归根曰静,静曰复命。"道家主张静虚则明,明则通。

品茶能使人去烦致静,在品茶过程中安静下来。所以儒、释、道三大派都唯茶是求。

茶性和,和为茶之魂,茶用魂统领儒、释、道

儒家认为只有"中庸""和谐",国民才能修身、齐家、治国、平天下,才能"五行协调"。恰恰茶文化的核心,茶的魂就是"和"。

"和"在佛学思想中也占有重要地位,《无量经》中讲:"父子、兄弟、夫妇、家室内外亲属,当相敬爱,无相憎嫉,有无相通,无得贪惜,言色常和,莫相违戾。"佛学强调在处理人际关系时,倡导和诚处世的伦理。主张世人和睦相处,和诚相爱,人人平等,一团和气。

"和"也是道家哲学的重要思想。老子《道德经》指出:"万物负阴而抱阳,冲气以为和。"道家认为人与自然万物都是阴阳两气相而生,本为一体,其性必然亲和。道家的"和"注重强调人与自然之间的和谐,要"法天顺地",将自己融于大自然中,追求物我两忘、天人合一的和美境界。

宋徽宗赵佶在《大观茶论》中说饮茶能"致清道和",当代茶叶专家提出饮茶能 使人"清静和雅"。中国茶叶传到日本,日本人提出饮茶能使人"和敬清寂"。传到韩国,他们则提出饮茶可以"和敬俭真"。茶文化中的和,正是儒、释、道一生所追求的。

茶性"清",清为茶之廉,茶用廉聚合了儒、释、道三家

儒家提倡清正廉洁,它的核心就是"清",清才能正,才能廉,才能洁身自好。这与孔子提的"中庸""仁""义""礼""智""信"相吻合，所以儒家以茶为"清心""清醒""清廉"，清茶一杯为廉，以茶品人生。

唐代高僧皎然诗曰："一饮涤昏寐，情来朗爽满天地。再饮清我神，忽如飞雨洒轻尘。"僧人历来以茶清身，以茶去烦而清静、清醒、清心。所以，僧人坐禅、诵经都离不开茶，以茶逐睡，使神志清醒，以茶清心悟道。

道家把"清"作为道家修炼的核心。所谓清风道骨、清风飘逸都是道家所修炼的成就。道家哲学中主张"五行"，而茶文化中就蕴藏着"五行"说："茶器为金，茶为木，泉为水，炭为火，灶为土"。因此道家都把饮茶当作"轻身换骨"成仙的灵丹妙药，煮水泡茶，饮茶修行。

茶性"雅"，雅为茶之韵，茶用韵吸引儒、释、道

"雅"是中国茶文化的重要特征之一，是在"静"与"和"的基础上形成的一种气质，所呈现的是一种神韵。"茶事高雅"，倡和致静，所以儒、释、道都乐意参与茶事，品茶修身，提高自己的修养，使自己成为高雅之士。

唐末刘亮在《茶十德》中说："以茶可雅志。"儒家的雅志是为人处世要励志图强。茶生长在深山大树下，有顽强的生存机能。鲜叶被采下经火炒，被卷曲，精血耗尽，但是一旦遇水，即刻芽叶伸展，绽放芬芳，惠泽于人类。这正是儒家所追求的，所以儒家提出"茶如人生""以茶立雅志""以茶惠人类"。

唐代诗人元稹诗曰："茶，香叶，嫩芽，慕诗客，爱僧家。"唐代的名僧玄奘，博古通今，是大雅士。皎然、陆羽都为儒僧，处世高雅，知识渊博。皎然诗曰："俗人多泛酒，谁解助茶香。"还有的名僧诗曰："书香门第出雅士，山寺茶香有高僧。"

道家的"清"所呈现出的风韵就是雅。隐居深山，避尘世污浊之事，品茶修炼，其中阴阳五行，太极修身术都为雅士所追求，都为茶人所喜爱，

中国的儒、释、道三大教派都与茶有缘，都以茶修身、养性、求智慧。儒、释、道的发展也丰富了茶文化，推动了茶产业的推广。

茶禅一味

僧人促进了茶叶生产的发展和制茶技术的进步。"天下名山僧占遍，自古高僧爱斗茶"，佛门寺庙的茶事活动，与茶文化结下了不解之缘。佛教禅寺多在高山丛林，得天独厚，云里雾里，极宜茶树生长。许多名茶，最初皆出于禅僧之手，如佛茶、铁观音，即为禅僧所命名。其于茶之种植、采撷、焙制、煎泡、品酌之法，多有创造。

由于茶成了佛教的重要饮品，是坐禅清修的不可缺少之物，所以新吴大雄山（今江西奉新百丈山）禅师怀海制定了一部《百丈清规》，对佛门的各种礼仪作了详细的规定，其中对茶事进行了严格限制。提出如下几种茶事规定。

应酬茶。这是佛门待客茶，来了香客，茶头（负责烧水、点茶的和尚）、知客（负责接待的和尚）要泡香茶接待，茶的好次，要看香客的身份而定。郑板桥一次去扬州的一座庙中，由于"知客"不知他的身份，就上了一般的茶，后来知道是扬州八大贤人郑板桥时，又换了好茶。临走时郑板桥送了该寺一副对联："坐，请坐，请上座。茶，敬茶，敬香茶。"写的就是寺庙看客上茶的规定。

佛事茶。佛门的重大事项都离不开供茶。如佛降诞日、达摩祭日等，都要鸣钟聚众，上香敬茶。

"茶毗"礼。僧人死后火化前在寿堂立牌位，每日由知客供茶。"茶毗"（梵语，意思是焚尸火化）礼，就是火化时，要焚香上茶。

议事茶。由于茶性不易移，茶味清淡，符合佛门清修要旨，所以重大议事都要饮茶议事，如新的住持上任，与众僧见面及各寺的名僧都要以茶礼招待。

《百丈清规》是我国第一部佛门的茶事文书，后来宋代湖北五祖山松涛庵和尚刘元浦又进一步写了《茶堂清规》确立了"和、敬、清、寂"的茶道宗旨。《茶堂清规》传到日本，日本人抽出了某些章节编辑成了《茶道清规》，"和、敬、清、寂"就成了日本茶道的核心，成了千利休等日本人顶礼膜拜的茶道宗旨。

由于长期以来僧人离不开茶，茶爱僧家，就形成了"茶佛不分家""茶禅一体""茶禅一味"。正如赵朴初的诗写得那样: "七碗受至味,一壶得真趣。空持百千偈,不如吃茶去。""阅尽几多兴废,七碗风流未坠。悠悠八百年来,同证茶禅一味。"

参禅公案"吃茶去"

赵州从谂禅师于公元857年八十岁高龄时行脚至赵州观音院,当时他以自己的一言一行开导世人僧众,玄言法语传遍天下,世称"赵州古佛"。对于那些东参西访来请教佛法大意的学人,无论来过与否,赵州从谂禅师总是苦口婆心地借茶说法,让学生自己"吃茶去"。

据说有一次,两个人来参访禅师,从谂问: "来过这里吗?"一人答,来过。从谂说: "吃茶去。"另一人回答,没来过。从谂又说: "吃茶去。"后来有个僧人不明白,问为什么来过和没来过的都让人吃茶去呢?从谂就叫道: "院主。"僧人回应。从谂还是那句: "吃茶去"。

其实三称"吃茶去"之意,在于消除学人的妄想心和分别心,所谓"佛法但平等,莫作奇特想","遇茶吃茶,遇饭吃饭"。平常自然是参禅的最基本原则,应从自己的日常生活中寻求解悟,否则便会烦恼不断。

·第六章·

中国茶对世界的影响

第一节　影响茶文化历史进程的十个人

茶、咖啡和可可并称为世界三大无酒精饮料，其中茶的品种最为丰富健康。茶叶被西方人称为"神奇的东方树叶"，是当今世界饮品界消费量仅次于水的饮品。在石油坐拥"黑金"的头衔之前，茶是世界的"黑金"。与石油不同的是，茶是可再生资源。

随着茶的对外传播，中国茶也给世界各地带去了新的文明生活方式。通过丝茶之路，径山茶传至日本，形成了对日本社会有巨大影响的日本茶道；传至朝鲜半岛，韩国广泛推行具有本国特色的韩国茶礼。中国茶传播到欧洲，养成了欧洲人喝下午茶的生活习惯。中国茶传至美洲，带去了新的饮食文明和创造财富的机遇。历史事实表明，茶给世界人民增添了健康与幸福，世界也因茶而改变。

在茶叶历史进程中，无数茶人、茶叶企业扮演了重要的角色。其中，有这样十个人物影响了整个茶叶历史发展的进程。

中国茶道的奠基人——茶圣陆羽

陆羽（公元733—804年）幼年托身佛寺，自幼好学用功，学问渊博，诗文亦佳，且为人清高，淡泊功名，一生与茶为伴，被世人尊为茶圣和茶仙。

陆羽所著《茶经》是中国乃至世界现存最早、最完整、最全面介绍茶的第一部专著，被誉为"茶叶百科全书"，是陆羽对人类的一大贡献。全书分上、中、下三卷，共十个部分。其主要内容和结构有：一之源，二之具，三之造，四之器，五之煮，六之饮，七之事，八之出，九之略，十之图。对唐代及唐代以前的茶叶历史、产地、茶的功效、栽培、采制、煎煮、饮用的知识技术都作了全面的阐述，是中国古代最完备的一部茶书，使茶叶生产从此有了比较完整的科学依据，对茶叶生产的发展起到一定的积极推动作用。它将生活中的茶事升格为一种美妙的文化艺术，是中国茶文化发展到一定阶段的重要标志。

茶道传播者——荣西禅师

荣西禅师（1141—1215年）是日本的高僧，14岁落发为僧，在日本的比睿山修天台宗及密宗，后两次入宋留学，将禅宗及茶道传入日本。他从中国带回茶树种子，鼓励在日本栽培，并普及饮茶之法，其所著的《吃茶养生记》是日本第一部关于茶的著作，被誉为日本的"茶祖"。

荣西带回去很多的茶籽及茶树苗，后来种在了三个地方：筑前背振山，博多圣福寺，又赠送高辨三粒种子栽植于母尾，不久分植于宇治。荣西禅师可谓是日本版的"玄奘大师"，中国茶叶经荣西传到日本后，很快得到了发展。

建保二年（1215年），荣西献上二月茶，治愈了源实朝将军的热病，自此茶风在日本的上流社会更为盛行。荣西在1202年建立了建仁寺，融合了天台宗、密宗和禅宗，三宗融合形成他自己风格独有的临济宗。现在很多日本枯寂禅意的庭院建筑，其美学思想来源就是荣西带回去的临济宗产生的思想，也是来自中国。

茶的世界传播大使——克鲁兹

中国出口茶叶贸易带来的巨额利润让欧洲各国产生了觊觎之心，都希望从丝茶贸易中分一杯羹。1560年葡萄牙传教士克鲁兹就带着"窃取"中国瓷器、丝绸、茶叶等制作工艺的目的来到中国，名义上是学习，实际上是行间谍之事。克鲁兹乔装混入一个考察商队，花了4年时间在中国的内地和贸易口岸进行调查，回国后写了一本《中国茶饮录》，成为欧洲第一本介绍中国茶的专著。

自克鲁兹所著的《中国茶饮录》传遍欧洲后，欧洲冒险家们前赴后继，未曾断绝。也正是从克鲁兹开始，不少西方资本家垂涎三尺，打起了中国茶的主意，从客观的角度也促进了茶向世界扩张和传播。

饮茶及红茶文化传播大使——凯瑟琳公主

茶最早并不是传到英国的，而是葡萄牙与荷兰，虽然当时英国人也饮茶，但后来的风靡还应该归功于1661年嫁给英国国王查尔斯二世的葡萄牙公主凯瑟琳·布拉甘萨。

这位英国国王的妻子、葡萄牙公主凯瑟琳王后把她高贵的饮茶习惯带入英国的宫廷生活，使家庭茶会成为王公贵族阶层最时髦的社交礼仪。到18世纪以后，饮茶已经从英国上流社会一种奢侈的时髦，慢慢地进入大多数英国人的日常家庭生活。也是因为凯瑟琳公主这位"时髦饮茶IP"的大V影响力，成就了今天英国乃至整个欧洲喝下午茶的风俗。

打破中国的茶叶垄断——罗伯特·福琼

中国与英国之间的茶叶贸易对英国整个国家的经济来说都意义非凡。1839年，英国进口的中国茶叶高达4000多万镑，征收的茶叶税超过300万镑，占英国国库全部收入的10%。

当时，中英之间的茶叶贸易已经成为英国的支柱产业之一。在世界茶叶市场上，中国强势垄断茶叶的出口，英国的茶叶经济命脉掌握在中国茶商手里，掌握在清政府手里，这让英国上下处于一种强烈的不安之中，他们迫切希望打破中国的垄断。

从19世纪中期开始，英国人决定在印度引种中国的茶树，自行生产茶叶。1848年，东印度公司派经验丰富的皇家植物园温室部主管罗伯特·福琼前往中国。他带回了2万株小茶树和大约1.7万粒茶种，并带来8个中国茶叶工人和茶农。此后，印度的茶叶开始取代中国的茶叶登上贸易舞台。到1890年，印度茶叶占据了英国国内市场的90%。中国在这场贸易战和商业间谍战中完全落败，成为彻底的看客。这位茶叶大盗，打破了茶叶被中国长久以来的垄断，一举将茶叶拓展到世界各地。这种盗窃他国技术的行为虽然不是被推崇的，但是客观上也促进了茶叶的全球发展。

从中国到全球的饮料——汤姆斯·立顿

汤姆斯·立顿是立顿品牌的创始人，1890年他在英国推出立顿红茶。他的广告词是"从茶园直接进入茶壶的好茶"（Direct from tea garden to the tea pot）。1892年，立顿开始了全球化运动，先是在美国设厂，接着又在印度开设分店，走进了远东市场。

1898年，立顿被英国女王授予爵位，得到"世界红茶之王"的美名。1992年，立顿进入了全球喝茶历史最悠久、饮茶人数最多的国家——中国。也是立顿，开创了目前中国茶叶界，被戏称现代中国7万茶企不敌1家立顿的局面。立顿的全球化战略，推动了全球饮品大发展，也使茶成为全球第一大饮料。

中国近代茶业复兴的先行者——茶商池秉德

英国在完成工业革命以后，对全球各国进了殖民扩张，并把红茶带到了殖民地。在英国全球殖民政策的影响下，英国一跃发展成国际茶叶贸易中的霸主。清末民初时，北美茶叶市场一度被英国和日本占据，英国红茶、日本绿茶一直是北美茶叶市场的大头。

池秉德（1877—不详），字阅龙，祖籍韶州府翁源县，其祖上世代制作乌龙茶，14岁便已到美珍茶庄担任制茶师，17岁时随父南下来到广州，21岁时已成为茶行业内闻名遐迩的制茶大师傅。1898年，池秉德在广州创办"德记茶庄"，后迁至香港改名"龙德记茶庄"，主要经营乌龙茶生意，一度发展成为近代比肩立顿的中国茶叶公司。

池秉德掌舵的这家有"乌龙世家"之称的龙德记茶庄以香港为跳板，把乌龙茶贸易拓展到世界各地，打破了北美市场乌龙茶的空白，被誉为中国近代茶业复兴的先行者。

茶叶工业化进程推进者——托马斯·沙利文

1908年6月，美国茶商托马斯·沙利文希望扩大销售，就把少量茶叶样品装入小丝袋寄送给潜在客户进行试尝。收到这些奇怪的小袋子后，疑惑的客户无从下手，于是连小袋子一道放在杯子里浸泡，世界上第一批袋泡茶就这样意外地诞生了。

沙利文无心之举成就了今天的袋泡茶产业。仅在英国，人们每天就喝掉大约1.3亿杯袋泡茶。一个小小的无心之举，发掘出了客户需要"便捷性"的茶包这一巨大市场。茶叶由散茶向茶包转变，在现在看来或许是非常普通的"发明"，在当时却是一场重大的茶叶变革。

沙利文的茶包发明，促进了茶叶生产的工业化和标准化，推动了茶叶从农业时代向工业时代迈进。

现代茶叶巨著《茶叶全书》——威廉·乌克斯

《茶叶全书》是美国威廉·乌克斯编著，1935年出版，是一部涉及面很广的世界性的茶叶巨著。全书共分6大部分：历史方面、技术方面、科学方面、商业方面、社会方面、艺术方面。

这部世界茶叶全书，是乌克斯从1925年起，用了10年时间编写的。其间收集资料、整理分类、到各有关茶叶国参观查看、校正有关记录、定稿付印，可谓颇费苦心。全书6大篇25章，其面之广、类之全、目之细当为茶著首列，被茶界称为世界茶叶大全著作。《茶经》《吃茶养生记》和《茶叶全书》，并称为世界茶史三大名著。

中国现代茶业复兴先驱——吴觉农

茶叶是中国近代最重要、最大宗的出口商品。然而，中国近代茶业的发展却十分艰难。外有西方列强经济文化的冲击，印度、日本、锡兰（今为斯里兰卡）、印度尼西亚等竞争对手的出现以及日本帝国主义的侵略；内则战争频繁，茶叶生产技术落后，内忧外患之下的中国茶叶生产贸易逐渐走向衰落。寻求中国茶业复兴与发展之路成为当时国人的迫切愿望。

吴觉农（1897—1989年），浙江上虞人，中国著名的农学家、茶叶专家，也是我国现代茶叶事业复兴和发展的奠基人，他将一生都奉献给了中国近现代茶叶事业。他最早论述了中国是茶树的原产地，为发展中国茶叶事业做出了卓越贡献。他所著的《茶经述评》是当今研究陆羽《茶经》最权威的著作，被誉为当代"茶圣"。他创建了中国第一个高等院校的茶叶专业和全国性茶叶总公司，又在福建武夷山麓首创了茶叶研究所，为发展中国茶叶事业做出了卓越贡献，被誉为中国现代茶业复兴的先驱。

第二节　中国茶在世界的演变

中国进行跨文化传播活动的历史可谓源远流长，历史上的周穆王西征、徐福东渡、张骞出使西域、甘英出使大秦等，繁盛一时的丝绸之路、茶马古道，川流不息的遣唐使，堪称人类历史中跨文化传播的典型范例。六百年前，郑和船队七次跨越南中国海和印度洋，远达阿拉伯半岛和非洲东海岸，拉开了人类走上世界性交往舞台的序幕。在海外贸易与殖民活动促进世界范围内交往的大形势下，中国跨文化传播过程中，器物和技术、思想和文化也发生着碰撞。器物与技术往往是看得见的，易被人感知的文化因素，而器物与技术之下隐含的思想、观念和意识也在潜移默化地进行着交流与融合。

茶在日本

中国茶及茶文化传入日本，主要是以浙江为通道，并以佛教传播为途径而实现的。自唐代至元代，日本遣使和学僧络绎不绝，来到浙江各佛教圣地修行求学，回国时，不仅带去了茶的种植知识、煮泡技艺，还带去了中国传统的茶道精神，使茶道在日本发扬光大，并形成具有日本民族特色的艺术形式和精神内涵。日本茶道中保留了一部分唐代茶道的内容，通过行茶、饮茶以求得"味"和"心"的最高享受。以"和、敬、清、寂"为基本精神的日本茶道，更适合成为美学宗教。

在这些遣使和学僧中，与茶叶文化的传播有较直接关系的主要是都永忠和最澄。都永忠到了中国，在唐朝生活20多年，后与最澄等一起回国。嵯峨天皇经过梵释寺时，作为该寺大僧的都永忠，亲手煮茶进献，天皇则赐之以御冠。同年六月，嵯峨天皇便命畿内、近江、丹波等地种茶，作为每年的贡品。

传播中国茶文化的另一个重要人物是日僧最澄。最澄到浙江后，便登上天台山，学习天台宗，又到越州龙兴寺学习密宗。从浙江天台山带走了茶种，植于日吉神社旁（现日吉茶）。

具有日本民族特色的茶道，是由奈良称名寺的和尚村田珠光，将平民饮茶的集会"茶寄合"与贵族茶会"茶数寄"合二为一形成的禅宗点茶法。自珠光完成茶道的建立后，千利休继续发扬光大，提炼出"和、敬、清、寂"茶道四规，从而取得"天下茶匠"的地位。

从此以后，日本茶道各流派涌现，各具特色，但"和、敬、清、寂"四规和待人接物的"七则"，仍然是茶道的主要精神。

现代日本茶道一般在面积不大、清雅别致的茶室里进行。室内有珍奇古玩、名家书画，茶室中间放着供烧水的陶炭（风）炉、茶锅（金），炉前排列着专供茶道用的各种茶叶、品茶用具。日本茶道的规矩比较讲究，友人到达时，主人在门口恭候。待宾客坐定，先奉上点心，供客人品尝。然后在炭炉上烧水，将茶放入青瓷碗中。水沸后，由主人按规程泡茶，依次递给宾客品饮。品茶时要吸气，并发出"吱吱"声音表示对主人茶品的赞赏。当喝尽茶汤后，可用大拇指和洁净的纸擦干茶碗，仔细欣赏茶具，且边看边赞"好茶"以表敬意。仪式结束，客人鞠躬告辞，主人跪坐门侧相送。整个日本茶道艺术，无不体现出与佛教的息息相通，至今仍然散发着中国唐宋时代的文化气息，保留着浙江天台山、径山等地的佛家饮茶遗风。

茶在韩国

茶文化在韩国发展大致经过了这样一个历程：在韩国兴德王三年，即唐文宗太和二年（828年），韩国就已经从中国引进了茶种，并开始种茶、饮茶。韩国的茶文化就此萌芽。"神农尝百草，日遇七十二毒，得茶而解之"，因此，中国与韩国便把炎帝神农氏称为"茶圣"。

韩国接受中国茶文化并进行本土化发展大致可以分为四个时代：孕育茶文化的三国时代，饮茶之风盛行的高丽时代，茶文化衰微与复兴的朝鲜时代，茶文化的自主与发展时代。

在三国时代，朝鲜半岛分为新罗、高句丽和百济，中国与朝鲜半岛诸国进行茶叶贸易，僧侣和贵族也开始产生饮茶这一习俗，茶道思想开始孕育，茶文化在韩国诞生。

在高丽时代，由于茶树种植面积的增加，各地开始设置茶所，以便征收茶叶，茶园、茶艺以及青瓷等文化有了极大发展。高丽的青瓷艺术继承宋朝越州秘色窑的生产技术，并加以改进，形成了"象嵌青瓷"的独特艺术；高丽时代的茶礼也比较完备，在宫廷之中特别设有茶房，用来专门管理宫中茶汤和药汤的供应，并设有行炉军士和茶担军士，行炉军士带着香炉、茶风炉、提炉等，茶担军士则担着皇上御用的茶。不仅如此，在高丽的春之燃灯和冬之关会这两大传统祝祭活动之中，都会举行以茶为主的茶礼，这在一定程度上促进了茶文化的传播与发展。

在朝鲜时代，佛教影响力日益衰弱，茶被当作玩物丧志的东西而被丢弃，茶园也因缺乏管理而逐渐荒芜，茶文化也随之衰落。后来，茶文化在草衣禅师和丁若镛等人的极力倡导下再次蓬勃发展。

1910年后的一段时期，韩国茶文化受到日本茶文化的极大压制，日本式的茶室遍布韩国。1945年后，日本茶道作为生活化应用的形式基本消失，日本式的茶室也改为韩国式，但日本茶文化还是在韩国产生了影响。如今，韩国现代茶文化与茶道效仿古礼，寻求高丽时代的茶文化习惯。

茶在英国

中国茶于1560年前后取道威尼斯进入欧洲，尽管葡萄牙商船可能早在1515年就与中国有了贸易往来。最先把茶运进欧洲的是葡萄牙和荷兰的商人，到1610年已经有船只定期运送茶叶。英国是后来参与茶叶贸易的，直到18世纪中叶，东印度公司才开始抓住茶叶受欢迎的商机。

将茶推介给英国人的是伦敦的咖啡馆。托马斯·加威是第一批在咖啡馆里供应茶叶的商人之一。他在伦敦交易街开了一家咖啡馆，早在1657年就向人们出售茶水和茶叶。茶在咖啡馆里很快风行起来。到1700年已经有500多家咖啡馆卖茶。英国政府企图控制茶叶，从风靡英国的茶中获利。到18世纪中叶，茶税荒谬地攀升至119%，这导致了一个全新的行业出现——茶叶走私。

茶叶走私来自荷兰和纳维亚的船只，船只将茶运到英国海岸。即使是走私的茶叶也很昂贵，但也因此利润特别高。许多走私者开始往茶叶里掺其他植物，如柳叶、甘草、玫瑰等。

19世纪早期，运茶快船从远东将贵重的茶叶运到英国需要一年多的时间。1832 年东印度公司获得茶叶贸易的垄断地位，他们意识到必须缩减航行时间。其实当时美国人首先设计出第一批"快帆船"，但英国人也紧随其后。船只航行比赛的景象非常壮观，以至于从珠江出发到伦敦码头的快帆船年度竞赛开始举行。最著名的一艘快帆船是建造于1868年的卡蒂萨克号，在那个时候它是一艘了不起的船只，现在展览于格林尼治。

茶和英国陶瓷产业的发展有什么关系？原因很简单：在中国，人们通常是用无把的杯子喝茶；在英国，当茶风靡起来之后，人们迫切需要有把的杯子，这适合英国人的习惯。这导致了英国陶瓷业的蓬勃发展，以及诸家大公司的繁荣，如韦奇伍德、斯伯德、罗亚尔、道尔顿等影响世界的陶瓷品牌。

茶在印度

印度是一个具有灿烂文化的文明古国，对茶的利用历史也很悠久，但是真正大规模地栽培茶树，却是在沦为英国殖民地以后才开始的。印度生产的茶叶大都销往英国等欧洲国家。

在印度本国开始种茶、制茶之前，印度人并不饮茶，直到19世纪40年代，饮茶才逐渐被上流社会及城市居民接受。印度人通常把红茶、牛奶和糖放入锅中或壶里，加水煮开后，滤掉茶叶，将剩下的浓似咖啡的茶汤倒入杯中饮用。这种甜茶已经成为他们日常生活、待客的必需品。

印度人的客来敬茶也很有特色。客人到访，主人会请客人坐在地上的席子上，客人的坐姿必须是男士盘腿而坐，女士双膝合并屈膝而坐。主人给客人捧上一杯甜茶，摆上水果、甜食等茶点。主人第一次敬茶时，客人不能立即伸手去接，而要先礼貌地表示感谢和推辞。主人再敬，客人才能以双手接茶。

茶在土耳其

在土耳其，不管流行何种信仰，茶总比咖啡更为流行，并且一般在厨房看不见的地方泡制。浓黑的茶汤经过滤后倒入曲形的玻璃杯中，可在家中饮用，也可在餐馆用于招待客人，还可以全天候地用来招待生意上的顾客。

土耳其人使用一大一小两个茶壶煮茶。大的茶壶盛满水放在火炉上，小的茶壶装入茶叶放在大茶壶上面。等大茶壶里的水煮开后，将开水冲入小茶壶中，再煮上片刻。最后根据个人对茶汤浓淡的需求，将小茶壶里的茶汁不等量地倒入小玻璃杯中，然后再将大茶壶中的开水冲入，加上适量白糖搅拌几下就可以饮用了。一些家庭时常把一壶茶放在火上，在喝茶前加一些热水到茶叶中。在土耳其，茶对家庭生活非常重要，以至于母亲们一定要查明，自己未来的媳妇是否懂得如何正确地泡茶。

茶在俄罗斯

俄罗斯从17世纪开始饮茶，但直到19世纪初，这种饮料才开始盛行。在俄罗斯，绿茶和红茶都是放在有金属柄的玻璃杯中且不加牛奶饮用。在呷啜一口茶之前，要先把一块糖或一茶匙果酱放进嘴里。

有加热装置的俄式茶炊是在18世纪30年代开始流行的，它是由蒙古人所用的火壶发展而来的，至今仍然是俄罗斯家庭用具的一部分。这种茶炊的下部有炉火，而且插在中部的一根内管可以保持水温。很浓的茶是在位于顶部的小茶壶中泡制的，并且可通过壶侧的水龙头中的热水进行稀释。俄式茶炊可保持茶温好几个小时，为家庭成员和客人可以随时提供准备好了的茶水。

茶在摩洛哥

漫漫的丝绸之路将茶传入了阿拉伯世界，再来到北非的摩洛哥。如今，摩洛哥饮茶之风相当盛行，而且讲究排场，可以说已融入了摩洛哥文化。一是因为摩洛哥地处非洲热带，季风强劲，气候炎热，人体由于出汗，水分散失量很大，而茶水能及时补充水分。二是在摩洛哥，阿拉伯人占80%，而阿拉伯人信奉伊斯兰教，不饮酒，其他饮料亦较少，唯有饮茶不可短缺。在这里，宁可一日不吃饭，但绝对不可一日不饮茶，饮茶对于人们生活的重要性仅次于吃饭！

在摩洛哥，喝的是薄荷和绿茶搭配出来的一种茶，喝茶通常都在白色的屋舍中进行。煮茶过程很排场，整个泡薄荷茶的专注过程仿佛在进行一场神圣的仪式。通常是由茶棚老板从身边的麻袋里抓一把茶叶，再用榔头从另一个麻袋里砸下半个拳头大的一块白糖，再揪一把鲜薄荷叶，一起放进小锡壶里，兑上滚水，放在火上煮。等到两次水滚之后，茶才可以喝。倒水时，把银制摩洛哥茶壶高高举起，众人一齐观赏并聆听茶水以优美的弧度和旋律落入杯中，加上鲜薄荷的清凉。摩洛哥茶清香、馥郁，使暑气全消，极能提神。

茶在荷兰

荷兰人是用碟子喝茶的。中国茶叶是荷兰商人将绿茶从中国澳门装运到爪哇，再转运到欧洲。那时，茶仅仅是宫廷贵族和豪门世家作为养生和社交礼仪的奢侈品。据说在当时的上流社会，一些富裕的家庭主妇，都以家中备有别致的茶室、珍贵的茶叶和精美的茶具而自豪。

如果客人来访，主人会迎至茶室，用隆重的礼节打开漂亮精致的茶叶盒，里面码着各种茶叶。客人可以凭自己的喜好挑选茶叶，放进瓷制的小茶壶中冲泡，每人一壶。最有意思的是，早期的荷兰人饮茶时不用杯子，而是用碟子。当茶沏好以后，客人自己将茶汤倒入碟子里，喝茶时要发出"啧啧"的声响，而且声响越大，就越表示出对主人和茶叶的赞美之情。如今，荷兰人的饮茶之风依然存在，佐以糖、牛奶或柠檬的红茶是荷兰人的最爱。不过，现在荷兰人喝茶已然平和、淡然多了，不必再发出"啧啧"的声响了。

茶在伊朗

伊朗人每天必饮茶，而他们喝茶的次数也多得惊人。对于许多伊朗人来说，一天十五六杯茶是最起码的。因为伊朗禁酒，所以人们便以茶代酒，提神、健身、醒胃、清肠。伊朗人喝茶的方式很奇特，他们喝茶时喜欢加糖，小巧玲珑的玻璃杯子里盛着琥珀色的茶，但是喝茶时，并不是直接将糖块放进茶里的，而是先将糖放入口中，再去啜茶。伊朗的糖是一片片的，将略带涩味的茶送入口中，以舌尖略略搅和，那种甘醇至极的好味道，真是无法用言语形容。明亮的黄色结晶体，轻轻一咬，随着"咔咔"数声，糖片便分崩离析了，再悠悠然地把茶吸入、眯起眼睛，细细体味茶与糖在口腔内中和的过程。有些糖片还镶嵌着柠檬皮，一咬满嘴生津。

茶在法国

当茶叶随着16世纪的帆船，带着大西洋的海风，传到位于欧洲西部的法国时，这种神秘的饮料更多的是一种作为降火药物，以祛除肥鹅肝、巧克力或美酒佳酿吃得太多而导致的上火。根据文献记载，在1665年太阳王路易十四的御医所开的药方里，便以来自中国的茶作为帮助消化的良方。于是，法国饮茶之风从皇室贵族逐渐普及民间，成为人们日常生活和社交不可或缺的一部分。

茶在美国

在美国，不同民族、不同地区的饮茶习俗各有不同。南部一些州市，冬季饮热茶，夏季则大量饮用冰茶，城镇街道上冰茶室到处可见。近年来，冰茶更是风靡全美，食谱上也正式列入热茶与冰种饮料。

美国人喜欢红茶，专门出售冰红茶的柜台在美国到处可见。美国市场上的中国乌龙茶、绿茶等有很多种类，但多是罐装的冷饮茶。饮用茶时，先在茶中放冰块，或是先将冷饮茶放入冰箱冰好。美国人一般饮用袋泡茶，也是取其方便省事的特点。

第三节　中国茶叶产销形势

面对2019年度中国经济发展过程中的内外环境与条件的复杂变化，中国茶产业总体保持平稳发展——茶叶总产量、总产值，内销量、内销额，出口量、出口额等多项指标均创历史新高；第一、第二、第三产业发展基本顺畅；茶业助力精准脱贫的主力军作用继续凸显。但与此同时，困扰产业发展的产销矛盾日益突出——消费人口与消费总量增速持续趋缓，市场存量继续增多，企业经营压力不断加大，行业创新亮点不多，产业注资热度明显降温。具体产销形势如下。

生　产

数据指标

茶园面积仍在扩大。据统计，2019年全国18个主要产茶省（自治区、直辖市）茶园面积4597.9万亩，比上年增加230万亩，增长率为4.60%。其中，可采摘面积3690.77万亩，比上年增加213.99万亩，增长率为6.15%。可采摘面积超过300万亩的省份有5个，分别是云南（604.65万亩）、贵州（470.10万亩）、四川（44.624万亩）、湖北（370.00万亩）、福建（309.39万亩）。未开采面积超过100万亩的省份有3个，分别是贵州（228.60万亩）、四川（128.76万亩）、湖北（125.00万亩）。

茶叶产量继续增加。2019年，全国干毛茶产量为279.34万吨，比上年增加17.74万吨。产量超过20万吨的省区是福建（41.20万吨）、云南（40.00万吨）、湖北（33.54万吨）、四川（30.10万吨）、贵州（28.60万吨）、湖南（22.31万吨）。四川首度突破30万吨，保持第四位；贵州大增8.67万吨，一举取代湖南，位居第五。增产逾万吨的省区，分别是贵州（8.67万吨）、湖北（2.09万吨）、陕西（1.81万吨）、广西（1.53万吨）、福建（1.04万吨）。

农业产值保持增长。2019年，全国干毛茶总产值比上年增加238.65亿元，达到2396.00亿元，增幅为11.06%。干毛茶产值超过200亿元的省份有4个，分别是贵州（321.86亿元）、福建（297.27亿元）、四川（279.69亿元）、浙江（224.74亿元）；产值增长超过30亿元的省份有5个，分别是广东（60.65亿元）、福建（39.30亿元）、贵州（40.86亿元）、四川（33.64亿元）、云南（33.56亿元）。

茶类结构变化不大。2019年，全国六大茶类产量均出现不同幅度增加。尽管绿茶、乌龙茶占比继续向下微调，但总体格局不变。具体来看，绿茶产量177.29万吨，占总产量的63.47%，比上年增加5.05万吨，增幅为2.93%；黑茶产量37.81万吨，占比13.54%，比上年增加5.92万吨，增幅为18.59%；红茶产量30.72万吨，占比11.00%，比上年增加4.53万吨，增幅为17.29%；乌龙茶产量27.58万吨，占比9.87%，比上年增加0.46万吨，增幅为1.70%；白茶产量4.97万吨，占比1.78%，比上年增加1.60万吨，增幅为47.41%；黄茶产量0.97万吨，占比0.35%，比上年增加0.17万吨，增幅为22.56%。

运行状况

全年气象稳定，局部灾害但整体可控。2019年，春茶采制期间气象情况整体平稳，保证了茶叶产量与品质。尽管云南、湖南、贵州等局部地区受灾害性天气影响，但面积扩增使总产量稳中有升。夏季，部分东部省份遭遇了强台风，但对全年茶园整体产出影响不大。7月下旬后，长江中下游地区持续高温少雨，引发安徽、江西、湖北、湖南、福建等省旱情，预计对次年春茶产量和品质略有影响。此外，各地茶园虽偶有病虫害发生，但整体可控。

生产总体平稳，供给侧调整压力加大。茶园面积，特别是可开采茶园面积的持续增加，使产量已达近280万吨；持续上升的成本使农业产值继续提升。全国茶园结构持续优化，无性系良种茶园面积比例达68.2%。绿色优质产品生产基地的建设，区域公用品牌、集群品牌、知名企业品牌的打造，使茶叶绿色安全稳定向好，质量效益提升。从各茶类产量看，白茶增速较快，占比提升，黑茶、红茶占比增速不变，乌龙茶下调幅度减弱，绿茶占比持续回调；名优茶产量占比达48.4%，与大宗茶基本持平。

但从需求侧反馈看，当前茶叶供给侧存在四大隐忧：一是产销脱节、产大于销、库存持续增加，情况日趋严重；二是区域品牌与企业品牌、传统产区与新兴产区、干毛茶加工与精制茶加工的发展不均衡，使产业提质增效困难；三是智慧茶业进展缓慢、茶园管护不到位、绿色发展短板明显、季节性采工短缺等痼疾仍在困扰生产；四是茶产业精准扶贫工作压力较大。

内销市场

国产茶叶

内销总量稳中有升，茶类格局基本不变。据统计，2019年，中国茶叶国内销售量达202.56万吨，增幅为6.02%。其中，绿茶内销量121.42万吨，占总销量的60.0%；黑茶31.86万吨，占比15.6%；红茶22.60万吨，占比11.2%；乌龙茶21.63万吨，占比10.7%；白茶4.22万吨，占比2.1%；黄茶0.83万吨，占比0.4%。

内销均价有所下调，内销总额增速变缓。据调查推算，2019年，中国茶叶内销均价为135.25元/千克，减幅为2.90%。各茶类中，绿茶均价131.50元/千克，红茶178.98元/千克，乌龙茶131.39元/千克，黑茶93.73元/千克，白茶149.11元/千克，黄茶120.45元/千克。

2019年，中国茶叶国内销售总额为2739.50亿元，增幅为2.95%。其中，绿茶内销额1596.74亿元，占内销总额的58.3%；红茶570.26亿元，占比20.8%；乌龙茶296.87亿元，占比10.8%；黑茶202.72亿元，占比7.4%；白茶62.92亿元，占比2.3%；黄茶9.98亿元，占比0.4%。

运行情况：从销售数据看，内销市场依然是拉动中国茶业经济增长的主要动力源；但内销总额持续缓增，均价出现回调，反映出供大于求的压力不断增大。从茶类结构看，总体格局保持稳定，但产销量占比持续变化显示流转速度趋缓；名优茶仍是创造茶产业价值的主力军，保守估计内销额贡献率不低于70%，使商品茶处境尴尬。从销售通路看，线上销售份额继续扩大，连锁渠道逐步化身新零售，批发市场功能弱化、转型在即，商超卖场辅助功能有待提升；传统茶馆发展定位不清、路径不明，有待破茧重生；新中式茶饮延续产业创新担当，但已出现明显分化迹象。从消费市场看，饮茶人口数量与消费需求量的增速远低于供给侧增速，消费宣传不足、引导不力、内容浮浅、包装过度，使消费提振、产业营销成为大势所趋。

进口茶叶

据中国海关统计，2019年1—12月，中国进口茶叶4.34万吨，同比增加22.25%；金额1.87亿美元，同比增长5.06%；均价4.31美元/千克，同比下降13.97%。

分茶类看，2019年，红茶进口量3.64万吨，同比增长23.33%，占总量的83.9%；绿茶0.41万吨，同比增长29.12%，占比9.3%；乌龙茶0.26万吨，同比增长14.48%，占比6.1%；花茶0.03万吨，同比下降10.06%，占比0.6%；普洱茶45吨，占比0.1%，同比下降76.29%。

红茶进口额1.26亿美元，占总额的67.3%；绿茶0.18亿美元，占比9.4%；乌龙茶0.39亿美元，占比20.7%；花茶0.03亿美元，占比1.9%；普洱茶0.01亿美元，占比0.7%。

红茶进口均价3.46美元/千克，同比下降13.18%；绿茶均价4.35美元/千克，同比下降21.92%；乌龙茶均价14.67美元/千克，同比下降12.67%；花茶均价13.65美元/千克，同比增长2.52%；普洱茶均价27.43美元/千克，同比增长748.16%。

分省区看，2019年，中国进口茶叶逾千吨的省（自治区、直辖市）共计8个，依次是浙江（0.93万吨）、福建（0.89万吨）、江苏（0.76万吨）、广东（0.55吨）、上海（0.48万吨）、北京（0.28万吨）、广西（0.26万吨）、安徽（0.12万吨）。

与进口量正相关，2019年中国进口茶叶金额最大的8个省，排序则是上海（0.51亿美元）、福建（0.42亿美元）、广东（0.25亿美元）、浙江（0.22亿美元）、江苏（0.20亿美元）、广西（0.10亿美元）、北京（0.09亿美元）、安徽（0.04亿美元）。

外销市场

据中国海关统计，2019年1—12月，中国茶叶出口数量36.65万吨，同比上升0.52%；金额20.20亿美元，同比上升13.61%；出口均价5.51美元/千克，同比上升13.14%。

分国别看：传统市场面临调整，战略转移初见成效

传统市场：2019年，中国茶叶在传统市场面临了严峻挑战。制约出口在局部市场出现下降的两大因素是技术壁垒和关税壁垒。

在技术壁垒方面，一是中国茶叶对摩洛哥这一最大传统市场的出口量仅为7.43万吨，同比下降4.2%，主要原因是该国于2019年10月1日起正式实施进口茶叶农残限量新标准。二是欧盟不断增加农残检测项目，提高农残限量标准，使中国茶叶对欧盟出口量仅为2.8万吨，出口金额为1.2亿美元，同比分别下降1.5%和12.1%。

在关税壁垒方面，2018年，美国是中国茶叶出口（量、额）的第四大贸易国。2019年9月1日起，美国对中国茶叶征收15%的关税，致使2019年中国对美国出口茶叶1.47万吨、出口额0.70亿美元，同比分别下降5.2%和21.35%。

新兴市场：面对传统市场出现的变化，2019年度中国茶叶对东盟及"一带一路"沿线国家和地区的贸易成为新亮点。

据海关统计，2019全年对东盟出口茶叶2.3万吨，同比增加25.6%，出口金额

4亿美元，同比增加55.7%；对"一带一路"沿线国家和地区出口茶叶9.4万吨，同比增加4%，出口金额5.6亿美元，同比增加30.7%。

分茶类看：绿茶仍是中流砥柱，出口品种有待丰富

出口量：绿茶保持优势，红茶稳中趋升，其他茶类下降。

绿茶出口量30.39万吨，同比增长0.33%，占总量的82.9；红茶3.52万吨，同比增长6.67%，占总量的9.6；乌龙茶1.81万吨，同比下降4.73%，占总量的4.9%；花茶0.65万吨，同比下降5.80%，占总量的1.8；普洱茶0.28万吨，同比下降6.67%，占总量的0.8%。

出口额：绿茶地位稳固，各茶类占比变化不大。

绿茶出口额13.18亿美元，同比增长7.77%，占额的65.3；红茶3.49亿美元，同比增长24.20%，占总额的17.3；乌龙茶2.36亿美元，同比增长3111%，古总额的11.6；花茶0.65亿美元，同比下降1.52%，占总额3.2；普洱茶0.52亿美，同比上升85.71%，占总额的2.6%。

出口均价：各茶类均价不同程度上涨。

绿茶出口均价4.34美元/千克，同比上涨7.43%；红茶均价9.91美元/千克，同比上涨16.59%；乌龙茶均价13.04美元/千克，同比大幅上涨36.97%；花茶均价10美元/千克，同比上涨4.49%；普洱茶均价18.57美元/千克，同比激增96.72%。

分省份看：格局大体不变，中西部正在崛起

出口量：浙江继续保持领先，四川首度突破万吨。

2019年，中国茶叶出口量突破万吨的省份共有七个，依次是：浙江15.88万吨，同比下降5.75%，占总量的43.32%；安徽6.00万吨，同比增长1.44%，占总量的16.37%；湖南3.90万吨，同比增长7.14%，占总量的10.65%；福建，2.40万吨，同比下降0.43%，占总量的6.55%；湖北1.74万吨，同比增长43.14%，占总量的4.75%；江西1.45万吨，同比增长8.30%，占总量的3.97%；四川1.08万吨，同比增长15.21%，占总量的2.94%。

出口额：福建持续大幅攀升，广东有望进入前十。

2019年，中国茶叶出口额达到1亿美元以上的省份有五个，依次是：浙江4.84亿美元，同比减少7.46%，占总额的23.95%；福建4.55亿美元，同比增长31.50%，占总额的22.54%；安徽2.48亿美元，同比增长0.40%，占总额的12.28%；湖北214亿美元，同比增长47.59%，占总额的10.62%；湖南1.03亿美元，同比增长8.42%，占总额的5.12%。

英国剑桥大学是一所世界闻名的大学，该大学有个卡文迪许实验室。这个实验室自1871年创办以来，共培养出了25个诺贝尔奖获得者、上百个皇家学会的会员、数以千计的物理学著名教授，成为世界现代物理学尖端学科的发祥地。说起来，这一切的获得，都与"下午茶"有关。

一直以来，卡文迪许实验室有个不成文的规矩，那就是开始两周一次、后来几乎每天一次举办"下午茶时漫谈制"。到时，科学家们一边品茶、一边自由漫谈交流，相互启发，有时就在这种轻松的气氛中忽然开窍，有了新思路。很多新观点、新看法，就是在这种品茶交流中探讨出来的。所以他们也开玩笑地说，欧美国家的很多发明家、诺贝尔获奖者，有不少是在喝茶时自由讨论中获得灵感的。

中国茶传播至世界各地，依附于茶物质的茶文化，诸如客来敬茶、以茶休闲、以茶健身，以及"清、敬、和、美"的茶道理念，深刻地影响着各国的饮茶爱好者，从而更加丰富了世界人民的物质文化生活。

第七章

香之境

第一节 香满乾坤

古人宴请宾客时，必须要插花、焚香、品茶三样具足，才算是合乎待客的礼节。香道、茶道、花道，都表现出"沉""静""定"的品位，合称为"雅道"。

人的嗅觉比视觉、听觉更能挑动人们细腻的心。香是一种嗅觉文化，它的深度及美学是一种超越国界、心灵共通的语言，也是我们身边最容易理解的文化。正因为如此，它也最能够得到人类的共鸣。所以当我们闻香时，透过纯净的香气，无形中可以净化心灵的杂质。

何谓香道？人类生活在无限的气味之中，经过感性和理性的选择，知道如何应用生活中的香料，由嗅觉感官的享受到精神层面修身养性，所产生的一门生活美学。

那么香道的定义是什么？简单地说，就是关于香气的艺术。如果要进一步说明，就是从香料的熏点、涂抹、喷洒所产生的香气、烟形，令人处于愉快、舒适、安详、兴奋、感伤等气氛之中，配合富于艺术性的香道具、香道生活环境的布置、香道知识的充实，再加上典雅清丽的点香、闻香手法，经由以上种种引发回忆或联想，创造出相关的文学、哲学、艺术的作品，使人们的生活更丰富、更有情趣的一种修行法门，就叫作香道。

香道究竟想要达到什么样的理想目标呢？在记载夏、商、周三代历史的《尚书》之中，就已谈到香的精神层面，所谓"至治馨香，感于神明。"又说"黍稷非馨，明德惟馨"。香道发展到今天，已经不单纯是品香、斗香的概念，而是一种以天然芳香原料作为载体，融汇自然科学和人文科学为一体的，感受和美化自然生活，实现人与自然的和谐，创造人的外在美与心灵美的和谐统一的香文化。

香的起源

在远古时代，有一种祭祀活动叫作"燎柴祭天"。"柴"的甲骨文，就是右边有一个人，他的手里拿着一个带有香味的植物，放到祭祀的台子上。所以从最古老的香用途来说，就是祭祀。

历史上最早记载香的《尚书·舜典》记载："正月上日，受终于文祖。在璇玑玉衡，以齐七政。肆类于上帝，禋于六宗，望于山川，遍于群神。岁二月，东巡守，至于岱宗，柴，望秩于山川。"简单来说，就是大约4100年前的一个正月的吉日，在尧的太祖宗庙举行了一场盛大的烟祭典礼。舜接受了尧禅让的帝位，查得天象瑞正，知道摄政顺乎天意，便行专门的祭礼，告于天帝。燔木升烟，上达天，以此"烟"祭之法祭拜日月、风雷、四时；郑重地遥望远近山河，以此"望"祭之法向山川行了祭礼，燔烧香木行祭，并依次遥祭各大山川。由此开始，焚香就一直是古代君王在每年定期祭祀时沟通天地的祭礼。

香烟始升：萌发于先秦

传统文化的许多部类都可溯至先秦，香的历史则更为久远，可以一直追溯到殷商以至遥远的先夏时期——新石器时代晚期。6000多年之前，人们已经用燃烧柴木与其他祭品的方法祭祀天地诸神。中国的香还有一条并行的线索——生活用香，其历史也可溯及上古以至远古时期。早在四五千年之前，黄河流域和长江流域都已出现了作为日常生活用品的陶熏炉。

到春秋战国时期，祭祀用香主要体现为燃香蒿、燔烧柴木、烧燎祭品及供香酒、供谷物等祭法。在生活用香方面，品类丰富的芳香植物已用于香身、熏香、辟秽、驱虫、医疗养生等许多领域，并有熏烧、佩戴、熏浴、饮服等多种用法。佩戴香囊、插戴香草、沐浴香汤等做法已非常普遍，熏香等生活用香，也在一定范围内流行开来，并出现了制作精良的熏炉。此外，以先秦儒家"养性"论为代表的"香气养性"的观念已初步形成，为后代香文化的发展奠定了重要的基础，也为西汉生活用香的跃进创造了十分有利的条件。

博山炉暖：初成于秦汉

香文化的发展史上有两个高峰格外引人注目：一是2000年前的汉代，中国的香文化初具规模；二是1000年前的宋代，堪称香的鼎盛时期。

西汉初期，在汉武帝之前，熏香就已在贵族阶层广泛流行起来，而且有了专门用于熏香的熏炉，长沙马王堆汉墓就有陶制的熏炉和香茅出土。熏香在南方两广地区尤为盛行。汉代的熏炉甚至还传入了东南亚，在印尼苏门答腊就曾发现刻有西汉"初元四年"字样的陶炉。

香文化在汉代的快速发展，汉武帝有很大贡献。他在位期间大规模开边，遣使通西域、统南越、开海路，使战国时期初步形成的丝绸之路真正畅通起来，在促进东西方交流的同时也便利了南部湿热地区及海外香料的传入。汉武帝本人也很喜欢熏香，更是大大带动了汉代的用香风气。相传，"博山炉"（模拟仙境博山）就是汉武帝遣人制作的一种香炉。

香光庄严：成长于六朝

魏晋南北朝的近四百年，政局纷乱动荡，而哲学思想与文化艺术领域却异常活跃，对中国文化的贡献巨大，也是香文化发展中的一个重要阶段。

到魏晋南北朝时期，汉代就已非常兴盛的道学对社会生活的影响仍然很大，从汉代开始传入中国的佛学也迅速传播开来，无论道家还是佛家都提倡用香；而盛行玄学风潮（道家与儒家的融合）的魏晋文人对香更是尤为青睐；再有魏文帝、晋武帝、南唐后主李煜等爱香的帝王的带动，从而使这一时期的香文化虽经连番战乱，却仍然获得了较大的发展。

这一时期，人们对各种香料的作用和特点有了较深的研究，并广泛利用多种香料的配伍调和制造出特有的香气，出现了"香方"的概念。配方的种类丰富，并且出现了许多专用于治病的药香，香疗法应用渐成习惯。人们视香疗法为豪华的享受，香药也因此而十分贵重。

盛世流芳：完备于隋唐

香文化在隋唐时期虽然还没有完全普及民间，这一时期却是香文化史上最为重要的一个阶段，香文化的各个方面都获得了长足的发展，从而形成了一个成熟、完备的香文化体系。

佛教在唐代的兴盛对香文化也是一个重要的推动。佛家的教理经书对香大加推崇，几乎在所有的佛事活动中都要用香。不仅敬佛供佛时要上香，而且在高僧登台说法之前也要焚香；在当时广为流行的浴佛法会上，要以上等香汤浴佛；在佛殿、法坛等场所还常要泼洒香水。唐代皇帝大多信佛，皇室参加佛事活动甚为频繁，其用香量之大就更是可想而知了。

大唐盛世，使中国的香文化获得了前所未有的全面发展，为其在宋、元、明、清的兴盛奠定了一个极为良好的基础。可以说，正是由于唐代的发展，使得后来香文化的普及成为一件自然的，也是十分必然的事。

巷陌飘香：鼎盛于宋、元

宋代，中国封建社会的政治经济都进入了一个高峰时期。宋代之后，不仅佛家、道家、儒家都提倡用香，而且香更成为普通百姓日常生活的一个部分。在居室厅堂里有熏香，各式宴会庆典场合也要焚香助兴，而且还有专人负责焚香的事务；不仅有熏烧的香，还有各式各样精美的香囊、香袋可以挂佩，制作点心、茶汤、墨锭等物品时也会调入香料；集市上有专门供香的店铺，人们不仅可以买香，还可以请人上门作香；富贵之家的贵妇人出行，常有丫鬟持香熏球陪伴左右；文人雅士不仅用香，还亲手制香，并呼朋唤友，鉴赏品评……

香文化也从皇宫内院、文人士大夫阶层扩展到普通百姓，遍及于社会生活的方方面面，并且出现了《洪氏香谱》等一批关于香的专著，中国步入了香文化的鼎盛时期。

对宋元时期文人来说，香已成为生活中的一个必不可少的部分，这一时期文艺作品对香的描写可谓俯拾皆是。而且从苏轼、曾巩、黄庭坚、陈去非、邵康节、朱熹等人写香的诗文中可以看出，香不仅渗入了文人的生活，而且已有相当高的品位。

即使在日常生活中，香也不单单是芳香之物，而已成为怡情的、审美的、启迪心灵的妙物。宋代香文化的兴盛，很大程度上得力于文人雅士的积极参与和大力提倡。

香满红楼：广行于明清

宋元香文化的繁荣在明清时期得到了全面保持并有稳步发展。社会的用香习惯更加浓厚，香品成型技术有较大发展，香具的品种更为丰富。

到明朝时期，线香开始广泛使用，并且形成了成熟的制作技术。线香即常见的直线形的熏香，还可细分为竖直燃烧的"立香"、横倒燃烧的"卧香"、带竹木芯的"竹签香"等。

《本草纲目》不仅论述了香的使用，而且记载了许多制香方法，如书中所记：使用白芷、甘松、独活、丁香、藿香、角茴香、大黄、黄芩、柏木等为香末，加入榆皮面作糊合剂，可以做香"成条如线"。这一制香方法的记载是现存最早的关于线香的文字记录。

在元明清时期，开始流行香炉、香盒、香瓶、烛台等搭配在一起的组合香具。"炉瓶三事"即指香炉、箸瓶及香盒三种器具，是焚香的必备之物。焚香时，中间放置香炉，香炉两边各置箸瓶、香盒。香炉为焚香之器，所焚之香，并不是今天这样成把的线香，而是香面或香条。故焚烧时必须要用铜箸与铜铲，箸瓶就是用来盛放箸铲的，香盒即是用作贮藏香面或香条的。

到明朝宣德三年（1428年），因见郊坛太庙内廷所陈设之鼎彝式样鄙陋，宣宗皇帝曾亲自督办，差遣技艺高超的工匠，利用真腊（今柬埔寨）进贡的几万斤黄铜，另加入国库的大量金银珠宝一并精工冶炼，制造了一批盖世绝伦的铜制香炉，这就是后世传奇的"宣德炉"。

第二节 香的类别

秦统一中国，随着国家疆域的扩大、文化的交融，香文化有了长足的发展。此时期的香由于用料考究、用方庞大，故有浑厚大气、香韵宽博而深远的特点。

此时期，由于疆域扩张，南方湿热地区的香料可进入中土，故中原地区所用香料的种类增多。更随着"陆上丝绸之路""海上丝绸之路"的活跃，东南亚、南亚及欧洲的许多香料也传入了中国，香方中出现了丁香、安息香、乳香、龙涎香等新的香药。

汉代的熏炉甚至还传入了东南亚，在印尼苏门答腊就曾发现刻有西汉"初元四年"字样的陶炉。西汉初期，在汉武帝之前，熏香就已在贵族阶层流行开来，沉香、苏合香、鸡舌香等香料在汉代都已成为王公贵族的炉中佳品。长沙马王堆汉墓就出土了陶制的熏炉和熏烧的香草。用香药装饰居室成为帝王们的专利，如长安的宫阙中有"合欢殿""披香殿"等。

为求抑阴助阳使居室温暖，除恶气，多子多孙，皇后居住的未央宫要以椒（川椒）及其他香药磨碎后和泥涂在墙上。因此，皇后的居住之所也称为"椒房"。《汉官仪》说："皇后居处称椒房，去其实，蔓延盈升；以椒涂室，取温暖，除恶气也。"宫廷中的路上也要撒香，"以椒布路，取意芳香。"曹植《洛神赋》说："践椒涂之郁烈，步蘅薄而流芳。""椒涂"即"椒途"，"蘅薄"意为芳草丛生。

《汉官仪》中还有大量的用香仪轨，如"尚书郎入直台中，给女侍史二人，皆选端正指使从直，女侍史执香炉烧熏，以从入台中给使护衣"。意思是官员们上朝要在怀中揣香。又有汉官兴职曰"尚书郎怀香握兰，趋走丹墀"等。

据传，自汉代起，宫中的侍女多持孔雀翎，其目的就是打扫香灰。汉代香品的另一个特色就是合香，"香"已不再是单一品种香药，而是出现了像中医药方一样的香方，宫廷的术士开始用多种香药根据阴阳五行和经络学说来调配香方，以满足人们对不同香品的需求。

马王堆一号墓就发现了混盛高良姜、辛夷、茅香等香药的陶熏炉。这可算是"早期的合香"。《后汉书》曾有《汉后宫和香方》详细记述和介绍了汉代后宫经典香方以及香药的炮制、香方的配伍方法等，可惜已经失传。

从史料的部分汉代香方来看，当时的香方配伍十分严谨，方剂较大。多为一君、五臣、九佐、十八辅的大配方。《苏悉地羯罗经》把香分为：①五种坚香：沉水香、白檀香、紫檀香、沙罗香、天木香。②七种胶香：乾陀罗婆香、萨阇罗婆香、安悉香、苏合香、熏陆香、设落翅香和室利吠瑟吒迦香。香按原料分还有龙脑香、紫降香、紫莉香、甘松香、药香等。

香按照原料的不同分类

丹檀香，又称为檀香，有白檀香、赤檀香两种；沉水香，又称为沉香，由生产于印度、南洋等香木的树脂而制成；丁子香，即丁香；郁金香，郁金即番红花的花汗所压制而成；龙脑香，樟脑的一种，由生产于南洋的香木制成。以上称为五香。坛时，将五香与五宝、五谷一同埋入地中。

除此之外，还有熏陆香（又称为乳香，似松脂）、伽罗、真盘（又称为真那盘，是含暗褐色的树脂，或者指黑沉香）、安息香（由生产于南洋的香木的树皮脂汗凝固后所制成，或是将树脂磨成粉状）等。含有香味的植物经过加工成为烧香和涂香。

烧香是将原料晒或烤干后使用，涂香是用烧香碾成粉末来用。涂香便于保存，使用方便。用涂香混以净水制成的线香或棒香，不但使用方便、安全，还可以在燃烧中使香气充分发挥，又可维持相当的时间。

香按照制作方式的不同分类

香按制作方式的不同，可以分为末香、线香和盘香、瓣香等。

末香：就是香木的粉末，因为香的粉末可以点燃熏臭，也可以加入油料，涂抹在人身袒露之处，用来防止虫咬。

线香和盘香：是条状的香枝，是将各种香末混杂在一起，然后再加上黏糊制造而成。线香又称为仙香、长寿香。因为线香的烟柱很长久，所以称为仙香；线香的制作十分纤长，所以称为长寿香。有时，将线香在干硬之前弯成"福、禄、寿"等字形的"福寿香"，可以在喜事庆典的场合中使用。

瓣香：是香檀木的碎块，因为把檀木劈成了片段的小瓣，所以称为瓣香。又因为上等檀木是香中的极品，所以瓣香又称为大香。

香按照产地的不同分类

老山香：也称白皮老山香或印度香，产于印度，一般条形大、直，材表光滑、致密，香气醇正，是檀香木中之极品。

新山香：一般产于澳大利亚，条形较细，香气较弱。

地门香：产于东帝汶。地门香，多弯曲且有分枝、节疤。

雪梨香：产于澳大利亚或周围南太平洋岛国的檀香，其中斐济檀香为最佳。雪梨香一般由香港转运至内地。

第三节　香的制作工艺

人类使用天然香料的历史久远。从现有的史料可知，春秋战国时期，中国对香料植物已经有了广泛的利用。

秦汉时期，随着国家的统一，疆域的扩大，南方湿热地区出产的香料逐渐进入中土。随着"陆上丝绸之路""海上丝绸之路"的活跃，东南亚、南亚及欧洲的许多香料也传入了中国。

西汉初期，在汉武帝之前，熏香就已在贵族阶层流行开来。魏晋南北朝时期，人们对各种香料的作用和特点有了较深的研究，并广泛利用多种香料的配伍调和制造出特有的香气，出现了"香方"的概念。配方的种类丰富，并且出现了许多专用于治病的药香。由此"香"的含义也发生了演变，不再仅指单一香料，也常指由多种香料依香方调和而成的香品，也就是后来所称的"合香"。从单品香料演进到多种香料的复合使用，这是香品的一个重要发展。

根据所用香料的性质划分香品

天然香料类香品：以天然香料（动植物香料或其萃取物）或中药材制作的香品。除气味芳香之外，更有安神、养生、祛病等功效。古代的香，所用都是天然香料。

天然香主要有两类

第一类是使用单一香料的"单品香"。这种单一香品只是汉代之前原始的用香方法。

第二类是调和多种香料制成的合香。传统合香的制造，不仅要有天然香料作原料，更要有合理的配方，严格的炮制方法和制作工艺。

合成香料类香品：以化学合成香料制作的香品，着重于香味的优美，香型的丰富，比天然香品的成本低。

化学香料与天然香料相比，虽然香味相似，甚至香气更浓，但就香味品质而言，却大不相同。

很多天然香料被列为上品药材，而作为化学产品的合成香料虽初闻也芳香四溢，但多用却有害健康。而且，即使单就气味而言，化学香精也只是接近而远远不能与天然香料相媲美。

常见的熏香类型

香料不同，气味芬芳不同；药性不同，用香方法不同，带给人的精神体验也不同。静心端坐之时，香料通过熏点、涂抹、喷洒等方式产生香气和烟形，使人身心放松、呼吸深入，周身毛孔七窍开放，继而产生令人心神愉悦、舒适安详等诸多美妙的感觉。

中国用香形式主要有熏烧、佩戴、汤煮、熬膏等。

熏烧方法应分为两种。一种是中国香道传统香席所用熏香之法：先将木炭放进炉火中烧红。取出烧红的炭放入香炉的灰中，用灰盖住。取出香料放在灰上，透过热度，散发出香味。然后用左手传递给香席中的香友，香友以右手承接香炉，左手提颈。右手轻放左手上，吸气。脸转向侧边吐气。此种方法是不直接点燃香品，可免于烟气，使香气的释放更为舒缓。

另一种是直燃，称为"焚香""烧香"。即将香品直接点燃，产生烟气以供养神佛，或是对祖宗、圣人传递虔敬之心，或是文人营造香雅空间环境，或是烧香辟邪祛妖，等等。

佩戴是将单一或复合粉末香料装入器物当中，随身携带，通过体温、行走，使香气自然散发，从而达到防病祛疾或愉悦身心的目的。盛装的容器为织物或是金、银等其他材质。

熬膏是将备好的各种不同药用功能的香料，即药香，在水中浸泡，后加水煎煮，提取药液后过滤，去掉残渣然后用文火慢熬，同时放入适量的冰糖或蜂蜜，待浓缩到滴水成珠时即可。可以内服也可外敷。

液体香，即"香汤""香水"，以香料浸泡或煎煮的水。入酒，将香料浸泡至酒中，药用。

栽齐，或称盆栽，将香草香木栽种至特定的区域或是容器（盆）中，自然散发香气。

涂抹，将香料研磨成粉末，制成香水香膏涂沫在身上，净身去味，防病去疾。

香来自天然，天然的芳香植物生机盎然，芳香随着呼吸沁入心扉，天然的香气成分使人产生愉悦之感。

香饼、香丸

依据香的功效、香型、品位等，仔细严选香料或中药材，将香材倒入擂钵里反复擂磨，充分混合。未经加工的生蜜加以炮制焠炼称为炼蜜。为了让蜜与香粉均匀调和，需将蜜炼至小珠状或滴水不散的程度，但也不可太过，过于浓稠合香就不匀。将捣制好的香粉倒在盘子里加入炼蜜搅拌均匀，使蜜、香充分结合。然后移至石臼用木杵舂捣，搅拌揉制后，揉捻成丸状或制成饼状，即为香丸、香饼。香丸、香饼一起入瓶窖藏，可以热熏也可以佩戴。

线香

线香早在宋明时期就已经出现。线香燃烧时间比较长，所以又被称为"仙香"或"长寿香"，古时候常见寺庙以线香长度作为时间计量的单位，因此也被称为"香寸"。最常见的香，一根一根可以直着点的叫"竖香"，可以躺着点的叫"卧香"。线香也有一种以竹、木等料作芯，称为"竹签香""篾香"，常用于寺院室外烧香用。

塔香和倒流香

倒流香是塔香的一种，倒流香多为圆锥中空型，在燃烧过程中产生的烟雾由于焦油含量较高而像水一样由高处流向低处而得名。另外香点燃后，烟含有微粒比空气重，只要室内没有风，同时隔离开燃烧加热的外围上升的热空气，不让热空气带着烟往上升，烟就会下沉。烟气中混入比较多的杂质，也就是说在点燃的时候能产生较多的杂质微粒，烟微粒大于空气的比重，烟就往下沉了。一般在使用过程中配以专用香炉，香炉置香处有孔或槽，便于烟雾下流。

盘香

盘香香条由内向外依次围绕成若干圆圈形成同心环状，香条的横断面呈多边形。如四边形、六边形、八边形。香上可设沟槽，沟槽是按香的轴向及径向边缘交叉设置的。香条上设有木质材料的助燃颗粒。

它在烘干成型时收缩力不集中在中心区域，可提供较佳的空气导流和续燃层，使盘香燃烧时不易断燃熄灭。盘香有大小粗细的分别。大盘香香条较粗，可以垂直挂起燃烧，或用香架支托在香炉内熏烧。

盘香香条在平面上回环盘绕，常呈螺旋形（许多"盘香"也可悬垂如塔，与"塔香"类似），适用于居家、修行、寺院等使用。之所以制作盘香，主要是因为盘香燃烧的时间比线香更持久。

香珠、香牌

合香粉末黏合以后做成的珠子手串或者牌子，经过打磨以后戴在身上有对身体疾病的治疗效果。古人爱香至深，香牌、香珠平日随身佩戴，熏衣香体，怡情养性，在古时又称为"佩帏法"。

旧时宫廷则有秘制香方特供皇帝、妃嫔养生之用。后发现制成香牌、香珠随身闻嗅、把玩，可以达到养生的目的。养牌则后于香珠，由宫廷内御制，最著名的则是"御赐养老"牌和"斋戒"牌。前者是皇帝命宫廷造办处精心制作，赐予退休臣子的一种荣誉勋章，是对其一生功劳的肯定。香牌的赐予还含有"告老还乡"的祝福之意。而"斋戒"牌则是古代行斋戒礼时所用的警示牌。宫廷内专制压模后，还要进行雕刻修饰，精心打磨和抛光。

现今仍有少量清代香牌与香珠串流传下来。2014年瀚海秋季北京拍卖会，展拍一块清代香牌，成交价高达161000元。此香牌以名贵药香制作而成，上刻"御赐养老"四字，嗅之有沉檀混合芬芳。虽然时空变迁，仍历久弥香，包浆古润，实属难得。

香水、精油、扩香、香熏蜡烛等是现下比较受欢迎的熏香方式，这里主要论述偏古朴一些的相关香道知识。

第四节　中国香料的配制及原理

制作传统香，首先是要综合考虑该香的用途、香型、品位等因素，再根据这些基本的要求选择香料或药材，按君、臣、佐、辅进行配伍。只有君、臣、佐、辅各就各位，才能使不同香料尽展其性。诸如衙香、信香、贡香、帷香以及疗病之香，各有其理，亦各有其法，但基本都是按五运六气、五行生克、天干地支的推演而确定君、臣、佐、辅的用料。

例如，对于甲子、甲午年日常所用之香，按五运六气之理推算，是年为土运太过之年，少阴君火司天，阳明燥金在泉；从利于人体身心运化的角度看，宜用沉香主之，即沉香为君，少用燥气较大的檀香；再辅以龙脑、大黄、丁香、菖蒲等以调和香料之性，从而达到合于天地而益于人。

香药粉的炮制

传统合香所需要的工具主要有切割香药的铡刀、研磨用的石臼、黏合用的木黏粉与蜂蜜，还有最常见的炮制香药的铁锅等工具。

香药的炮制与一般中药炮制的方法类似，不外乎蒸、煮、炒、炙、炮、焙、飞等手法。

炮制完香药后按照君、臣、佐、辅进行配伍，需要掌握合香的时辰，根据中医天人合一的理论，制药也要顺应天时。在中国中医看来，香的阳气旺盛，所以制香时还要考虑自身的特性，有些需要在子时合香，可以扶之正气。说起来很玄妙，也很难找到科学依据，但是这就是中国传统制香技艺的传承。

一些特殊的香，不仅对用料、炮制、配伍有严格要求，而且其配料、合料、出香等过程须按节气、日期、时辰进行，才能达到特定的效果。如《灵虚香》记载，在制作上要求甲子日合料、丙子日研磨、戊子日和合、庚子日制香、壬子日封包窖藏，窖藏时要有寒水石为伴，等等。

传统香不仅在香料配方方面十分考究，而且对于香料的炮制也有非常严格的要求，"不及则功效难求，太过则性味反失"，炮制得当与否，直接影响着香的质量。香料的炮制与中药的炮制有相似之处，但又有很多差别。

同一种香料，用在不同的香里，炮制方法常常也不一样。从总体上说，炮制香材的目的，一是去其杂质，便于使用；二是导顺治逆，理其药性。恰当地炮制可以加强香材的药性，使其功效充分发挥出来，并消除可能具有的毒副作用。此外，可以根据配伍的要求，使用特定的炮制方法使香材的药性发生改变。

具体的炮制方法很多，例如修制、蒸、煮、炒、炙、炮、烘焙、水飞、窖藏等。

修制

一是使香材纯净。二是做切制、粉碎处理，即采用拣、摘、揉、刮、筛、凉以及切、捣、碾、镑、挫等方法，除去杂质、多余的水分、变质的部分及其他非药用成分，并使其大小规格满足要求，如龙涎香需要清除其中的沙石、沉香则要清除泥土等。

蒸

蒸即利用水蒸气或隔水加热香材，可清蒸，也可加入辅料；蒸的火候、次数视要求而定。此法既可使香材由生变熟，也可调理药性、分离香材。如笃耨香黑白间杂者，必须分离单用，其法为：以瓷器盛香入笼中蒸，沸后约半小时则白浮于上黑沉于下，分而用之即可。

煮

用清水或加料浸煮，主要目的是调整药性，去其异味。如制甲香，即需先用碳汁煮，次用泥水煮，最后用好酒煮。或用米泔水浸多日后，再用米泔水煮，待水尽黄气发出时收起，凉后再火炮。

炒

根据需要或清炒或料炒，火候上有炒令黄、炒令焦等。如制檀香的方法之一是，选好檀香制成碎米粒大小，慢火炒令烟出紫色，断腥气即止。

炙

用液体辅料拌炒，使辅料渗入和合于香材之中，以改变香材的药性。在制香中常用的辅料主要有蜜、梨汁、酒等。

炮

用武火急炒，或加沙子、蒲黄粉等一起拌炒；炮与炒只是火候上的区别，炮烫用武火，炒炙用文火。

烘焙

将香材置于容器（瓦器等）中加热使其干燥。

水飞

把粉碎后香的材料加水研磨（其粉末即"飞"入水中），再将液浆静置沉淀，将沉淀物晒干研细备用。此法能防止香材在研磨时粉末飞扬的损耗，又可分离出香材中可溶于水的成分，使香更加细腻。

窖藏

高档沉香中的线香通常会挑选天然植物作为黏合剂，如楠木粉。天然楠木粉的味道在制成香品后放置两个月左右就会渐渐流失，最好窖藏3个月以上，对沉香线香的味道无影响。沉香线香进行窖藏之后，能削减香品的燥性，软化香品的药性和香味，焚烧时保留了香品中沉香韵的纯度。

窖藏的环境很有讲究，需具备恒温、恒湿、避光、无异味、微微通风等条件。窖藏的过程中，不同香料之间的气味分子会进行碰撞融合，从而提升香韵的层次。沉香线香新制时的燥气会被慢慢中和，其味道会渐渐变得香醇而柔和。从这方面来看，沉香真的与美酒和好茶一样，都是越存越香。窖藏的时间越久，纯化就越好，味道就会越纯越好。

中国传统香艺所包含的理念、规程、技巧是香品功效与品质的重要保证，非常值得今人学习、效法、继承。在高明的用香者和制香家那里，真正尊古法制作的香品与其他香品的差别是极其明显的。不过现在市面上已很少能见到天然香料制作的合香，至于真正遵循古法、采用传统工艺的正宗制香，则更如凤毛麟角。

·第八章·

香之魂

香，不仅要芳香养鼻，更要养神养生，开窍开慧，这是传统制香工艺的一个核心原则。正是由于秉承了这一理念，传统香品不仅成为芳香之物，更成为开慧养生之药。在从秦汉到明清的漫长历史时期中，赢得了社会各阶层的广泛欢迎。

相比而言，以化工技术为基础的现代制香工艺，所务求的主要是气味的芳香，而不是香品的养生功能，这一理念影响到制香的各个方面。例如，为了提高生产效率、降低原料成本、美化香品外观等，会使用包括化学合成香料在内的许多化学制剂，并且采用了许多在传统工艺看来有损香的品质的纯工业化的生产方法。

可以说，传统制香工艺是求"香气养神"，现代制香工艺则是求"香味养鼻"，两类香品的差异是非常显著的。

第一节　中国传统香道中的制香方法和传承

香道，重在于"道"，用香之法通于"道"法。道法自然，用香也必须合乎自然之法。具体来说，中国传统香道依据《易经》和《黄帝内经》，运用阴阳之道、五行之法、经络学说，汇乾坤之精气于香品之中，聚自然之灵动于香气之内，通天得之神明于馨香之间。以"道"为主线，将自然之法贯穿于香道的每一个环节：配其料，融草木精华于内；成其香，纳五行道法于髓；燃其味，通经络呼吸于肺；品其魂，透天地智慧于心。

传统香品中的原料均为天然香料，而这些香料都归入了中药范畴，不同的香品由于香药配伍不同，会产生不同的养生效果。

四大名香

中国四大名香在古书中常提到"沉檀龙麝"，分别有沉香、檀香、龙涎香、麝香，而沉香更被推崇为"众香之首"。每一种香料都是大自然馈送给人们的礼物，是经过时间沉淀下来的极品与精华。

沉檀龙麝之沉香

又名"沉水香""水沉香"。古代常说"沉檀龙麝"之"沉"就是指沉香。沉香是自然界极为稀少、极为珍贵的香料资源，也是中国自古以来一直沿用，历史久远的传统名贵药材。其原料珍稀，香气高雅，取得困难，被列为众香之首。

沉香形成原因

某些树木的树干损伤（电闪雷劈、强风吹折、兽虫啃咬、人为砍伐）后，会分泌树脂来修复创口，创口部恰巧被一种叫作黄绿墨耳真菌的微生物所感染，树本身的抗体类物质和侵入树体内的真菌等物质发生生物化学反应，产生了名叫"苄基丙酮"的化合物。随着生化过程的深入，继而又形成了倍半萜和色酮类化合物。含有这两大类化合物质的树体就叫"沉香"。

产生沉香的树种

产生沉香的原生树木的木质，均有色泽浅而疏松的特征，树干因外伤病变，所出现的那种色泽较深、质地较密的"结香"部分，可以很容易地区分出来。在树木活体中采伐到的称"生香"；树木死亡腐败后，未分解的香结称"熟香"。产沉香的树木有"四科七种"之说，因此衍生出种种不同的沉香。从植物学来看"四科"指的是瑞香科、樟树科、橄榄科、大戟科。

瑞香科包括莞香树、蜜香树、鹰木香树等。其中，莞香树产于中国广东、广西、贵州、云南、海南岛，蜜香树产于老挝、越南、柬埔寨，鹰木香树产于马来西亚半岛、印度尼西亚。

莞香树的沉香分为三级。

三级香，也叫白木，只有香脂腺纹，木芯及树皮有极淡的清香，不能入药，可做香品助燃添加物。

二级香，人工结香，刀砍引香，电钻开孔（开香门），一般不能沉水，一年香一千克数百元，两年香价格增加一倍，三年香增加两倍，五年就是一级香了。良好的配香，可降低油脂，增加清香、助燃。闷香十分好用。

上品，雨林中的野生香、多年结"生香"都能入品，"熟香"品质更高。

按照色泽外观分为绿棋（最多）、黄棋（次之）、白棋（最少）、紫棋、黑棋（罕见）五类。

绿棋：灰绿色，通体有香脂射腺细丝，初香清越、本香甜凉、尾香转为乳香。

黄棋：土黄色，深棕色香脂射腺，初香短而浓郁，本香甜淡，尾香转为乳香。

白棋：白黄色如牛油，黄褐色香脂射腺如细丝，初香如悠远花草之香，极其优美。本香甜凉浓郁，尾香乳味迷人持久。

紫棋：不如越南蜜香树。

黑棋：云贵山区所产沉香，隋代时期就已大量用于王公贵族豪宅，现已罕见，不过仍有黑棋佳品出现。初香清凉，本香浓烈而带苦涩雅致的药香味，尾香的乳香十分令人回味。黑棋以中国南方山林所产最佳，越南、柬埔寨亦产，品质不如我国所产。

蜜香树沉香产地主要是缅甸、泰国南部，印度半岛原来也产，现已采伐殆尽。目前只有越南、老挝、柬埔寨产量尚可。老挝、柬埔寨多为蜜香树和鹰木不同程度地混种，80%运往曼谷、新加坡，转销中东。20%以越南惠安为集中地，销往河内、胡志明市。所以，中南半岛沉香统称越南沉香，只是因为销售在越南，产地其实是三个国家。

老挝沉香分级如下。

生香一级：棕黄色，黑咖啡色星点状斑纹，两种花色比例相等，油脂多，沉手，出油，生香中只有一级可以入品。

生香二级：黑色多于棕黄色，常温下比一级要香，品起来闷酸，反而不如一级香，切成小块文火烤方有甜凉味。

熟香一级：蜜棋，棕色，十分硬而易碎，粗大者极少见，纵断面有点状闪亮结晶，横断面有棕色年轮，色泽外深内浅。初香香甜怡人，清香如糖果；本香浓烈，如醉人的葡萄酒，尾香出烟，气味凛冽，凉意十足，极品，少见。

熟香二级：糖结，断枝老蜂巢蛀洞窝底腐朽化成，甚甜凉，但沉浊，不如一级清越醇厚，尾香亦甜凉，体型比蜜棋更大，每千克数百元不等。

三级以及三级以下：外形与生香较像，但土湿味重。

越南沉香产于越南中部山区，以惠安集散交易，又称"惠安沉"，甜凉味最佳，通体一色。

生香外观黄皮黑沉，有香味，但不能上火品评。熟香"黄土沉"分三级：一级卫下"黄土片"（即古称"黄熟香""速香"），二级为大块腐木状，最高级"越南黄油"。"黑土沉"分两种："黑土皮子"和成块者；"红土沉"最为昂贵。紫棋也是越南特产，分为两种：灰紫板片状和红紫丝条扭曲状，灰板最佳。

星州鹰木沉香以新加坡为集散地，故名。以泰国南部、马来西亚和印度尼西亚产"鹰木"为主，也有少量柬埔寨"壳子香"。主要是药用和日本香道大宗。其中金丝棋楠（佐曾罗）和红棋楠（伽罗）比较特别。

樟树科：南美洲北部（圭亚那、巴西的巴拉州、亚马孙州北部）原生，又称"开云沉香"。

橄榄科：又名"西班牙沉香"，墨西哥原生。

大戟科：产于我国台湾地区，沉香属木有四种："台湾沉香"、"红背桂花"（青紫木）、"水贼"（台湾土沉香）、"川上沉香"。

沉香树的生长环境

乔木型香品种树木，一般生长在潮湿的热带雨林，常年气温需在19～34摄氏度，要求有充足的光照，但又不能长时间被阳光直射，适合裹挟在其他树木中间生长，还需湿度大、水分足的微酸性土壤条件。

沉香按结成情况的不同分类

一般被分为如下六种。

倒架：沉香木因年代及自然因素，倒伏经风吹雨淋后，剩余不朽之材。香型特点：香气清醇。

土沉：沉香木倒伏后埋进土中，受微生物分解腐朽，剩余未朽部分。香型特点：香气厚醇。

水沉：倒伏后陷埋于沼泽，经生物分解，再从沼泽区捞起者。香型特点：香气温醇。水沉的市场价格最高。

蚁沉：为活体树经人工砍伐，置地后经白蚁蛀食，所剩余部分。香型特点：香气清扬。

活沉：活树砍伐直接取得沉香者。香型特点：香气较高亢。

白木：树龄十年以下，已稍具香气者。香型特点：香气清香。

第一种到第三种都是死沉香（熟结），自然状态就能散发出不同的香味来；第四种到第六种为活沉香（生结），只有点燃才能散发出香味来。

活沉与死沉

沉香树为生长于浓密原始森林内的稀有树种，若在其存活的数百年间未被发现，会因老化而自然死亡。在树干倒地之后，其内之木质部分受到风化及腐蚀致逐渐消失，然而，原树干内含有沉香油脂的部分却因能抗风化及腐蚀而存留下来，通常形成不规则的大小薄片。此种沉香薄片因采拾于已死亡之树株，所以称为"死沉"；亦因其被埋覆于地表土壤之下，又称为"土沉"。

"活沉"，顾名思义，即在沉香树尚为活株时，即予砍伐开采，因此，任何"活沉"都会有刀斧痕迹。

对制香业而言，所需之沉香片越富含油脂者越佳，因"死沉"的木质已腐蚀消失，仅余下含油脂的部分，虽然其外表干枯且大小不齐，但仍是制香业的最佳选择。"活沉"则因伐自活株，因此仍含部分木质部，但其外表干净漂亮，且每块均较大、较完整，是雕刻、造景的好材料。

因"死沉"表面已经历数十年的风化，且埋于土壤之下，所以其表面闻起来毫无味道，仅在燃烧时会有沉香气味。"活沉"则因采自新鲜活株，其沉香片在未经燃烧及燃烧时均呈沉香气味。

沉香的主要成分

沉香的丙酮提取物（40%～50%）经皂化蒸馏，得挥发油13%，其中含苄基丙酮、对甲氧基苄基丙酮等，残渣中有氢化桂皮酸、对甲氧基氢化桂皮酸等。

经霉菌感染的沉香含沉香螺醇、沉香醇、沉香呋喃、二氢沉香呋喃、4-羟基二氢沉香呋喃、3,4-二羟基二氢沉香呋喃、去甲沉香呋喃酮。

未经霉菌感染的沉香含硫、芹子烷、沉香醇等。白木香的挥发油中分得2个新沉香呋喃类倍半萜，即白木香醇和去氢木香醇。

沉檀龙麝之檀香

檀香为檀香科植物。分布于印度、马来西亚、澳大利亚及印度尼西亚等地。中国台湾亦有栽培。檀香树被称为"黄金之树"，是因为它全身几乎都是宝。檀香木的芯材是名贵的中药。檀香树根部、主干碎材可以提炼精油，檀香精油俗称"液体黄金"。檀香树冠的幼枝和生长过程中修剪下的部分枝条是高档制香制品厂争相收购的原材料。

化学成分

芯材含挥发油（白檀香）3%～5%，其成分为 α-檀香萜醇和 β-檀香萜醇（90%以上）、檀萜烯、α-檀香萜烯和 β-檀香萜烯、檀萜烯酮、檀萜烯酮醇及少量的檀香萜酸、檀油酸、紫檀萜醛。

药用价值

性味归经，味辛，性温，无毒。入脾、胃、肺经。理气，和胃。治心腹疼痛，噎膈呕吐，胸膈不舒。《本草纲目》记载："治噎膈吐食。又面生黑子，每夜以浆水洗拭令赤，磨汁涂之。"

治心腹冷痛：白檀香9克（为极细末），干姜15克。泡汤调下。

治噎膈饮食不入：白檀香4.5克，茯苓、橘红各6克。俱为极细末，人参汤调下。

治阴寒霍乱：白檀香、藿香梗、木香、肉桂各4.5克。为极细末。每用3克，炒姜15克，泡汤调下。

佛教称檀香为旃檀。檀香的香气能使人安心凝神，更可抚慰忧郁，缓释压抑，乃修身养性之良佐。恰因其产量甚巨，因而成为寺观庙祠供奉香的主要原料。

沉檀龙麝之龙涎香

龙涎香其实是抹香鲸的分泌物，由于抹香鲸未能消化鱿鱼、章鱼的喙骨，会在肠道内与分泌物结成固体后再吐出。刚吐出的龙涎香黑而软，气味难闻，不过经阳光、空气和海水长年洗涤后会变硬、褪色并散发香气，可用于制造香水。

因其昂贵难求，中东与西方称为"灰琥珀"。唐代由阿拉伯商人带入我国后，人不知其名，初称"阿末香"，后讹传其源自"大食西海多龙，枕石一睡，涎沫浮水，积而能坚"，故名龙涎香。自古以来就作为高级的香料使用，它的价格昂贵，差不多与黄金等价。《本草纲目》记载龙涎香可以"活血、益精髓、助阳道、通利血脉"，是治病和补益强壮的名贵中药。龙涎香在我国古代多用于为器物熏香，或藏诸香囊直接佩戴，或研末作药以内服。

龙涎香的历史

有人认为中国在汉代发现龙涎香是最早的"记录"，但事实上这一说法并无明确的文字佐证。龙涎香应是南亚海域居民偶然发现后，逐渐成为王室、上流社会的奢侈商品，并通过阿拉伯一带商人于唐代传入中国。

龙涎香在唐代称为"阿末香"，段成式《酉阳杂俎》记载："拨拔力国，在西南海中，不食五谷，食肉而已。常针牛畜脉，取血和乳生食。无衣服，唯腰下用羊皮掩之。其妇人洁白端正，国人自掠卖与外国商人，其价数倍。土地唯有象牙及阿末香。"

宋代称为龙涎。《岭外代答》龙涎条："大食西海多龙，枕石一睡，涎沫浮水，积而能坚。鲛人探之以为至宝。新者色白，稍久则紫，甚久则黑。因至番禺尝见之，不薰不莸，似浮石而轻也。人云龙涎有异香，或云龙涎气腥能发众香，皆非也。龙涎于香本无损益，但能聚烟耳。和香而用真龙涎，焚之一铢，翠烟浮空，结而不散，一篑分烟缕。此其所以然者，蜃气楼台之余烈也。"

龙涎香在宋代是高价奢侈品，在当时志怪小说夷坚志里，就有仿制龙涎香以牟取暴利的记载，《夷坚志》卷九："许道寿者，本健康道士。后还为民，居临安太庙前，以鬻香为业。仿广州造龙涎诸香，虽沉麝笺檀，亦大半作伪。其母寡居久，忽如妊娠，一产二物，身成小儿形而头一为猫、一为鸦，恶而杀之。数日间母子皆死，时隆兴元年。"此一故事，提到了商人在南宋国都临安（今杭州市）贩卖号称广州造的伪制龙涎香的情形。

龙涎香起初有一股强烈的腥臭味，但干燥后却能发出持久的香气，点燃时更是香味四溢，比麝香还香。宫廷里用作香料，或作为药物。

龙涎香的经济价值

其味甘、气腥、性涩，具有行气活血、散结止痛、利水通淋、理气化痰等功效；用于治疗咳喘气逆、心腹疼痛等症，是各类动物排泄物中最名贵的中药，极为难得。自古以来，龙涎香就作为高级的香料使用，香料公司将收购来的龙涎香分级后，磨成极细的粉末，溶解在酒精中，再配成 5% 浓度的龙涎香溶液，用于配制香水，或作为定香剂使用。所以，龙涎香的价格高昂，差不多与黄金等价。

1912年12月3日，一家挪威捕鲸公司在澳大利亚水域里捕到一头抹香鲸，从它的肠子里获得一块455千克重的龙涎香，并以23000英镑的巨价出售。1955年，一位新西兰人在海滩上捡到一块重 7千克的灰色龙涎香，卖了 2.6 万美元。如果捡到白色的龙涎香，更是无价之宝。

当前，天然龙涎香的国际市场，完全由香水大国法国控制，每千克的收购价为 1～4.5 万法郎，香料公司加工后的售价为每千克6～10 万法郎。据商业资料显示，世界龙涎香交易最盛时每年在 600千克。随着人类对抹香鲸的大量捕杀，龙涎香的资源逐年减少，每年的交易量已经减少到100千克。

化学成分

科学家对龙涎香的化学成分进行分析后，发现一种名为龙涎香醇的物质起了关键作用。龙涎香醇本身不具备龙涎香的香味，但是龙涎香醇在氧化和光解后，会分解出一种名为降龙涎醚的物质，该物质就能发出龙涎香的特殊气味。

降龙涎醚晶体呈白色，不纯的降龙涎醚呈黏稠状，分子式为$C_{16}H_{28}O$，不溶于水，可以溶于酒精等有机物，熔点为75摄氏度左右，沸点为121摄氏度。人工合成降龙涎醚的步骤非常复杂，而且制造原料香紫苏醇（$C_{20}H_{36}O_2$）也比较稀缺，所以龙涎香的价格高居不下。

沉檀龙麝之麝香

麝香是雄性麝科动物（形如鹿，广布于亚洲）肚脐与生殖器之间腺囊的分泌物，干燥后呈颗粒状或块状，味苦而香浓，不需燃焚即可得其香味。既可作香料，也可入药。

麝香的历史

麝香与熊胆、牛黄、虎骨并称中药四大珍宝。麝香最初被用于梳妆和熏衣，秦汉时期才入药，《神农本草经》将其列为上品。《本草纲目》解注了其名字的来历："麝之香气远射，故谓之麝。或云麝父之香来射，故名。"历史上麝香曾有西路香、中路香、北路香之分；民国初期曾有陕南麝香、西藏麝香、青海麝香、四川麝香四大名麝香之说。

腺囊干燥后割开初闻强烈恶臭，经加工方能"芬芳可用"，居名贵动物中药之首。《唐书》《宋史》记载商州之麝曾为朝廷贡品，《九州志》亦曰"金州贡麝香"。《图经本草》载："（麝香）极难得，价同明珠。"

麝香的经济价值

麝香性辛、温、无毒、味苦。入心、脾、肝经，有开窍、辟秽、通络、散瘀之功能。主治中风、痰厥、惊痫、中恶烦闷、心腹暴痛、跌打损伤、痈疽肿毒。

许多临床材料表明，冠心病患者心绞痛发作时，或处于昏厥休克时，服用以麝香为主要成分的苏合丸，病情可以得到缓解。古书《医学入门》记载："麝香，通关透窍，上达肌肉，内入骨髓。"《本草纲目》云："盖麝香走窜，能通诸窍之不利，开经络之壅遏。"意思是说麝香可很快进入肌肉及骨髓，能充分发挥药性。治疗疮毒时，药中适量加点麝香，药效特别明显。西药用麝香作强心剂、兴奋剂等急救药。

化学成分

麝香主要含有水分22.56%，灰分3.62%（其中含钾、钠、钙、镁、铁、氯、硫酸根、磷酸根离子等），含氧化合物（其中含碳酸铵1.15%，铵盐中的氨1.89%，尿素0.40%，氨基酸氮1.07%，总氮量9.15%），胆甾醇2.19%，粗纤维0.59%，脂肪酸5.15%，麝香酮1.2%。

麝香主要有效成分为麝香酮。它曾用在牛黄丸、苏合香丸、西黄丸、麝香保心丸、片仔癀、云南白药、六神丸等产品中。

香料之繁，原不限于此四大名香，更有乳香、安息、龙脑、苏合等众多调香佳品。然而沉檀龙麝因为量的稀少，从古至今一直是华夏燃香文化唯尊之品。

第二节　合香的原料及方法

其实早在汉代，古人就已经意识到单品香的局限，并根据中医药物配伍理念，开始转而使用多种香料配伍而成的合香。从西汉初期的"四穴熏香炉"可以看出，合香在那时就已是呼之欲出了。汉代之后，香料配伍水平不断提高，香方种类也日益丰富，直到明清，合香一直是传统香品的主流。香料主要分为天然香料和合成香料。天然香料又可分为动物性天然香料和植物性天然香料。

动物香料多为动物体内的分泌物或排泄物，约有几十种，常用的有麝香、灵猫香、海狸香、龙涎香、麝香鼠香五种。现已得到有效利用的植物香料约有400种，植物的根、干、茎、皮、叶、花、果实、树脂等皆可成香。配制而成的香品主要有粉末香、熏香、线香、饼香等。

沉香：众香之首

沉香是香树受伤被感染后长期形成的油脂与木质的混合物，而沉香木只是沉香的宿主，是香树中没有结香的木质部分。沉香是一种稀缺的、难以再生的自然资源，尤其是优质沉香，再生的速度非常缓慢，且生长要求极为特殊。而且沉香的消耗量很大，作为药材入药和作为香材品香的消耗都是巨大的。

它具有极高的保健价值，可以日常使用，如泡茶、泡酒、日常佩戴、闻香等。香韵奇特，是沉香的一大特色。沉香味道总的概括起为清凉味、花香味、果香味、药香味、奶香味等味道，这些味道交叉混合最终散发出不同感觉的味道，充分彰显了沉香的神奇之处。

根据产地的不同，香型也不一样。辛苦温，归脾、胃、肾、肺经。除了是上等的香材，沉香还是一味极为珍贵的药材。沉香可以治疗很多病痛，例如胃寒、肾虚、腰膝虚冷、大肠虚秘、小便气淋、男子精冷等。用沉香制作而成的中成药也有很多，如沉香化滞丸、沉香养寒丸、沉香化气丸、八味沉香丸等。

白檀：被誉为"香料之王"

檀香是由檀香木的树芯部分提炼而成的香料，可镇静安神，提高免疫力。作为香料是佛堂香品的主料，单独使用香气比较弱，要与其他香料配合使用才有层次感，被称为"引芳香植物上至极高之分"。做香时檀香粉过多容易折断，一般用到所有配料的一半以上。因其带着浓浓历史气息的醇厚味道而备受佛家推崇。

檀香气味单纯浓烈而有刺激性，制香时需要放置数年，去除野气，待气味沉稳浑厚，再打粉的就叫"老山檀"，新伐的檀木打的粉就叫"新山檀"。

主要功效是散风解毒，消炎软坚，调气治腹内肿瘤、乳腺炎、淋巴腺炎、疝气肠痛、腹部冷痛、恶心呕吐，清热燥湿，治疗过敏性皮炎、荨麻疹等。《玉溪中草药》方中：治乳腺炎，淋巴腺炎，白檀9~24g。水煎服，红糖为引；治肠痈，胃癌：白檀9g，茜草6g，鳖甲6g，水煎服；治疮疖，白檀15g，干檀香6g，水煎服。《福建药物志》方中，治荨麻疹，白檀根、长叶冻绿根各30g，雀榕叶15g，水煎服。《西双版纳傣药志》方中，治烧伤，白檀嫩尖叶捣粉，用芝麻油调匀外搽。

迷迭香：有海上灯塔之称

迷迭香为爱情、忠贞和友谊的象征，而它的花语则是安慰回忆的忧伤。迷迭香的香味浓郁，据说古代匈牙利女王喜欢用迷迭香泡澡，而古代人相信它可以增强记忆力。当外出的船迷失方向时，迷航的水手可以凭借着这浓浓的香气来寻找陆地的位置。

原产欧洲及北非地中海沿岸，在欧洲南部主要作为经济作物栽培。中国曾在曹魏时期引种，现主要在中国南方大部分地区与山东地区栽种。迷迭香是一种名贵的天然香料植物，生长季节会散发一种清香气味，有清心提神的功效。

它的茎、叶和花具有宜人的香味，花和嫩枝提取的芳香油，可作为调配空气清洁剂、香水、香皂等化妆品的原料，最有名的化妆水就是用迷迭香制作的，并可在饮料、护肤油、生发剂、洗衣液中使用。

迷迭香具有镇静安神、醒脑作用，对消化不良和胃痛均有一定疗效。多将其捣碎，用开水浸泡后饮用，1天2～3次，可起到镇静、利尿作用。也可用于治疗失眠、心悸、头痛、消化不良等多种疾病。外用可治疗外伤和关节炎。还具有强壮心脏、促进代谢、促进末梢血管的血液循环等作用。可改善语言、视觉、听力方面的障碍，增强注意力，治疗风湿痛，强化肝脏功能，降低血糖，有助于动脉硬化的治疗，帮助麻痹的四肢恢复活动能力。

广藿香：素有"催情剂"美誉

广藿香在1826年初次出现于欧洲的贸易买卖中，接着被用作纺织品的香料。对香水的制造业而言，广藿香是最好的发挥定香剂之一。在印度、中国以及马来西亚被当作家庭必备药，因为它具备兴奋提神、退烧功效。

广藿香其名源自印度斯坦，在马来西亚、印度、日本、中国已有长久的药用历史，它能解昆虫及蛇咬伤的毒。维多利亚时代的人们，把干燥的广藿香叶夹在印度制的克什米尔布中，用来包裹商品以防虫蛀。印度人流行用广藿香香包来熏香抽屉或驱离床上的虱虫。它是东方情调香水中的基础香料，20世纪60年代崇拜"花朵力量"的时期，广藿香和檀香、茉莉都是最时髦的东西。

在蒸馏之前，原料要经过干燥和发酵过程。因为带有的樟脑的香味非常浓烈，所以香料每次的用量要严格控制。香料中的独特辛香和松香会随时间推移而变得更加明显，这是已知香料中持久性最好的。它第一次引起欧洲人的注意是在19世纪，那时印度商人带来的披巾散发着这种味道，并很快成为时髦的香型。三分之一的高级香水都用它。

广藿香具有一种带土味的麝香气味，香味持久，当比较刺鼻的气味消失后，气味就变得比较香甜，而且随时间越久变得越来越香甜。泥土的感觉，加上甜甜的香料味儿，广藿香就像好酒一样，时间越长，效用与气味越好。

乳香：被称为"基督的眼泪"

乳香取自乳香树脂，散发着温馨清纯的木质香气，又透出淡淡的果香，可令人感受到从未有过的放松和舒缓。原产于中东的黎巴嫩和伊朗，香味除木头香外，尚带有些许水果香调。

在中东及北非文明中，乳香是所有宗教均偏好的香味，埃及、伊斯兰教及基督教均有献神及驱邪的典故。埃及人亦将其用于敷面以保持青春，中国人则用于治疗淋巴炎症。

在古代，乳香身价如黄金般贵重，古埃及人在很早以前就懂得用乳香制作面膜以保持青春。《圣经》中记载，东方三博士特别挑选乳香作为礼物，送给刚诞生的耶稣，表示对他敬畏和虔诚的心，因而乳香又被称为"基督的眼泪"。

乳香可以安抚躁动的心灵。将乳香精油滴于浴缸中泡浴或香熏炉中熏蒸，人吸入空气中的乳香分子，净化心灵，舒缓急躁、受挫、哀伤等负面情绪。可安抚躁动的心灵，使人心情平和，并有助冥想。

中医记载，乳香最大的作用在于治疗痛经和缓解经前期综合征，还可以治疗风湿性关节炎、肌肉酸痛，可活化老化皮肤，促进结疤，治疗月经不顺、产后忧郁、子宫出血，能放缓呼吸。

丁香：古代的防腐剂

丁香有点藓苔及木香的辛辣香气，可舒缓因情绪郁结而产生的不快或胸闷感。在香熏炉中加入丁香，除具有药用功效以外，还具有一定的心理疗效，能调节人类情绪，并能缓解焦虑和抑郁不安等多种不良症状，能减轻人的负面情绪。另外，丁香还具有一定的催情作用，能改善人类的性功能和性冷淡。也能镇静安神，提高人们的睡眠质量。效果特佳，冬天使用，可增强身体对细菌的抵抗力，并使人有温暖的感觉。

丁香是配制高级香料的原料。具健胃消胀、促进排气的功效，可减轻因胃部发酵产生的呃逆、反胃与口气不佳，缓和因拉肚子所引起的腹部疼痛，减轻上呼吸道感染症状。丁香有净化空气的作用，利用扩香器向室内增香，可有效杀灭空气中的细菌。

川芎：活血顺气的神药

川芎刺激性的辛辣，又有像芹菜一样的清香。可以行气活血，常用来治疗因瘀血导致的月经不畅、闭经、痛经等，常常配合当归、桃仁、红花、香附等同用。由于川芎活血，故还可治疗跌打损伤，多配合红花、乳香、没药等使用。

川芎可燥湿祛风，用于治疗头痛、关节痛、风湿病。治疗风寒头痛常配合细辛、白芷、羌活、防风等药。治疗风湿关节痛多配合秦艽、独活、防风、当归等。现代药理学研究证实，川芎能扩张心脏冠状动脉，增加血流量，改善心肌缺血缺氧，改善心肌代谢。川芎还能抗血小板聚集，可用于预防及治疗冠心病、心肌梗死、脑梗死等。川芎性雄烈，性偏热，所以气虚的患者、阴虚火旺的患者不宜使用或不宜多用，以免耗伤正气，助热伤阴。

白芷：延长香品燃烧时间的佳品

白芷是古代宫廷女性的美容用品，主入阳明，芳香通窍，善祛风止痛。能兴奋延脑呼吸中枢、血管运动中枢和迷走神经，能使呼吸增强、血压上升、脉搏变慢。以根入药，有祛病除湿、排脓生肌、活血止痛等功能。主治风寒感冒、头痛、鼻炎、牙痛、赤白带下、痈疖肿毒等症。

茴香：去除杂味，重新添香

大、小茴香都是常用的调料，是烧鱼炖肉、制作卤制食品的必用之品。因它们能除肉中臭气，使之重新添香，故曰"茴香"。味辛性温，具有行气止痛、健胃散寒的功效，具有良好的防腐作用，可用于腌渍食品。功能：温肝肾，暖胃气，散塞结，散寒止痛，理气和胃。用于寒疝腹痛、睾丸偏坠、妇女痛经、小腹冷痛、脘腹胀痛、食少吐泻等症。

白芥子：有刺鼻辛辣味及刺激作用

白芥子可用于麻醉性药物中毒的治疗，应用于皮肤，有温暖的感觉并使之发红。可治疗神经痛、风湿痛、胸膜炎及扭伤等。芥子粉作为调味剂，可使唾液分泌及淀粉酶活性增加，使心脏体积和心率减少。小量可刺激胃黏膜增加胃液及胰液的分泌，有时可缓解顽固性呃逆。内服大量可迅速引起呕吐，可用于麻醉性药物中毒的治疗。

肉桂：具有一定的功效

肉桂是一种香料植物，自古以来被广泛用在各种食品添加剂里，因此，肉桂又被称为香料黄金。肉桂不仅能够直接用作香料，还能够提炼出更加精华的精油成分，肉桂精油是天然的催情剂，可温和地收敛皮肤，紧实减肥后的松垮皮肤，促进血液循环，抗衰老，清除皮肤油疣类。肉桂还是腺体的强劲刺激剂，可改善循环不良，对经痛、月经量过少、经前下腹闷滞都有效果。

豆蔻：甜而温暖，类似苦柠檬味的香料

豆蔻甜而温暖，带香料味，类似苦柠檬味。豆蔻是姜科植物，有暖性。萃取自豆蔻植物的种子或者药草，是古龙水里很受欢迎的成分，在古代各个国家都有很好的应用。印度人因为它有助于消化的功效而用于调料和药材；埃及人将它用于香水的调制和香薰中；阿拉伯人也喜爱它的助消化功能，而将其在大餐后食用。

豆蔻香气是玫瑰和茉莉的结合，温暖的特性很适合滋养胃部，能有效预防便秘、改善胀气、反胃、口臭、腹泻等问题。也是好的利尿剂，适用于排尿困难和疝气时。具有催情作用，可改善性冷淡。可提振情绪，使人感觉清新并富有活力，还能清理迷惑、紊乱的思绪。

莳萝：去腥臊味，有"鱼之香草"之称

莳萝有平静、消除之意。古称"洋茴香"，原为生长于印度的植物，外表看起来像茴香，开黄色小花，结小型果实。自地中海沿岸传至欧洲各国。

莳萝属欧芹科，叶片鲜绿色，呈羽毛状，种子呈细小圆扁平状，味道辛香甘甜，多用作食用油调味，有促进消化的效用。有着独特的堪比薄荷的清凉味道，辛香甘甜，温和而不刺激，直接食用不仅可以去除口中异味，还会在齿颊留下独有的清香，余味无穷。

香茅：驱虫蚊的常见植物

香茅草是一种较为常见的植物，香茅草因为释放着青柠檬的香味，因而也常常被人们称为柠檬草。其温暖的草本植物气味，让人充满了自然纯粹的香氛感觉。仿佛置身于芒草山上，能够清洁并提升情绪，有助于人们更好地解决纷杂俗事。在病症初愈环节能够协助修复心身均衡。

香茅可以杀菌消炎、舒缓经络，还能防虫、护发。它还可以食用。

石决明：合香的保香剂

石决明是鲍鱼的贝壳，性寒，有平肝潜阳、清肝明目退翳、滋养肝阴的作用，可以治疗肝阳上亢、头晕目眩，特别是肝肾阴虚的眩晕。石决明有保存香气的效果，但应用时量不要太多，以免不易燃。

龙脑：调节香品的香型

龙脑气清香，味辛凉，开窍醒神，具挥发性，点燃发生浓烟，并有带光的火焰。龙脑又叫作冰片，配伍天南星，具有开窍醒神的作用，还可以清热消肿止痛，两者配伍在一起，可以燥湿化痰、祛风定惊、消肿散结。配伍黄檗，可以清热消肿，具有清热燥湿的功效。对于咽喉肿痛、口腔溃疡、糜烂等都有很好的治疗作用。配伍麝香，可以通窍醒神，消肿止痛。还可用于治疗中风痰厥、跌打损伤等。

秦椒：提高香品的甜度

秦椒是辣椒中的佳品，素有"椒中之王"的美称，具有颜色鲜红、辣味浓郁、体形纤长、肉厚油大、表面皱纹均匀等特点，含维生素C和多种营养成分。可除风邪气，温中去寒痹，改善心脏功能，刺激神经。婴儿或宠物内热加重慎用。可以提高香的香甜度。

其他香的原料

茉莉：茉莉花清香四溢，能够提取茉莉油，是制造香精的原料。具有辛甘凉、清热解毒利湿作用。

玫瑰：主要用于食品以及提炼香精玫瑰油，气味芳香，是香料中不可取代的原料。

桂花：具有崇高美好、吉祥忠贞的寓意。可养颜美容，舒缓喉咙，改善多痰、咳嗽症状。辛性温。

薰衣草：安神，可以祛除跳蚤，减轻和治疗昆虫的咬伤。精油加水和玫瑰水可以治疗粉刺。薰衣草油也可以用来治疗皮肤烧烫伤或发炎，过敏者慎用。

薄荷：性凉味甘辛。可让人感觉通体舒坦，精力倍增。有愿与你再次相逢和"再爱我一次"的寓意。

麝香：开窍通经、醒神活血、消肿止痛，对寒邪腹泻、咽喉肿痛、痈疽肿毒、跌打损伤等症有效。

龙涎香：可行气活血、散结止痛、利水通淋、理气化痰，对咳喘气逆、心腹疼痛等症有效。

降真香：可辟邪，除邪气。对跌打损伤，痈疽疮肿，风湿腰腿痛，心胃气痛等症有效。

苏合香：辟恶，杀鬼精物，令人无梦魇。能开窍辟秽，豁痰止痛。用于中风痰厥、惊痫、胸腹冷痛、心绞痛、疥疮、冻疮。

安息香：主治中风昏厥、心腹诸痛，有开窍、行定血之效。辟邪行气活血，止痛。用于中风痰厥、气郁暴厥、中恶昏迷、心腹疼痛、产后血晕、小儿惊风等症。

零陵香：祛风寒，辟秽浊。对伤寒、感冒头痛、胸腹胀满、遗精、鼻塞、牙痛等症有效。

粉末香，以原始的天然香料或是与其他物质复合为原料，研磨成单一粉末香或是复合粉末香。在夏、商、周三代，对香粉胭脂就有记载，张华《博物志》载"纣烧铅锡作粉"，中华古今注也提及"胭脂起于纣"，又云"自三代以铅为粉，秦穆公女美玉有容，德感仙人，肖史为烧水银作粉与涂，亦名飞云丹，传以笛曲终而上升"。

粉末香也是合香的基础，将香的原料按照比例配置好后，以篆香的方式就可以应用了。

第三节　篆　香

篆香又称"印香""百刻香"，以镂空的山梨或楠樟木制成的模具将香粉压制成各种图案或文字，即成篆香。篆香是古时人们以焚香计时的计时器，也是美化环境清新空气的清新器，更是夏秋之季的驱蚊器，在民间流传很广，使用历史悠久。

篆香的历史

关于篆香，宋人洪刍在其《香谱》中载："（香篆）镂木以为之，以范香尘。为篆文，然于饮席或佛像前，往往有至二、三尺径者。"宋人陈敬编《新纂香谱》辑录有专章介绍"印香"百刻篆图及多种适合于"印香"使用的诸香，如定州云库印香、和州公库印香、资善堂印香等。明高谦撰《遵生八笺》录有篆香印图。

篆香在宋代文人中亦十分流行。宋代文豪苏轼曾专门合制了一种"印香"香粉，并准备了制作印香的模具、檀木雕刻的观音像，送给苏辙作为寿礼，并赠诗

《子由生日，以檀香观音像及新合印香银篆盘为寿》。

宋代市井生活中亦可随处见到使用"印香"的影子。宋代大画家张择端所绘《清明上河图》中，有多处描绘了与香有关的场景，其中尚可见一香铺门前立牌上题有"刘家上色沉檀拣香"字样。

篆香的操作方法

香篆：需专用的篆香模，称香篆或香印模。

篆香炉：适合于篆香的香炉之器，其造型有专门的要求，即篆香炉需炉口开阔平展，炉腹较浅以便铺灰压印香粉。

工具/原料

香席、香道灰、香篆、灰押、七件套、香粉罐、香炉、打火机、香粉碟

步骤1：理香灰

用香铲将香灰混合均匀，动作要轻，不要扬起香灰。充分将香灰混合均匀，便于空气流通。

步骤2：把香灰压平

用圆灰押，将香灰从四周到中间初步理平，再用直柄的灰押，可以压得更平。香灰处理平整后，用羽尘把灰押和香炉边缘上的香灰扫入香炉内。

步骤3：放香篆

香篆放在香炉正中，最好用的不是带手柄的香篆，而是古法的双耳篆。古法香篆缝隙比较大，便于填粉，提起来的时候更加平稳，便于操作。炉口光洁，用起来很顺手。

步骤4：填香粉

用香勺取香粉，放入香料碟中，搅拌均匀后把香粉撒在香篆上，不要碰到香篆。用香铲填平香粉，注意香篆不要被移动。填过一遍之后，可以用香铲轻轻压一下，再补一次香粉，这样点燃后不容易断篆。

步骤5：起篆

用香铲的手柄轻轻敲打香篆的边缘，使香粉和香篆之间出现松动，然后垂直提起香篆就行了。

步骤6：点篆

打火机要先打着火，最好用线香作为引子再去点燃。要从香篆的一头点燃，不要一次点燃好几个地方，否则香篆会燃烧不完全。

第四节　线香

对于香的制作，中国古代就已形成一整套与中医学说、道家外丹学说一脉相承的理论，有一个十分成熟完善的工艺体系，也是中国传统文化的一个密不可分的部分。在香方的确立、香料的使用、配伍与炮制、制作的流程等方面都十分考究，有一套严整的、行之有效的方法和规范。

线香根据原料、材料分类

单品香：也就是以单一的香料直接使用，或研磨成粉，或制成线香、盘香等香品。常见的有沉香、檀香等木块或粉末，使用时以发挥其特有的香气与功效为主，不掺杂其他的香料成分。但有些种类的单品香容易产生燥气，香味虽纯却不一定能够让人产生愉悦之感，难以发挥静心、疗疾的功效。

和合香：就是指有数种香料调和而制成的香品，例如在宗教供养或祭祀的时候使用的香品经常是由多种成分组成。和合香一般都是采用多种植物香料，有固定的配方，每种和合香都有其特定的功效，也各自具有独特的名称。常见的佛教和合香品有除障香、文殊香、药师香等。

线香外形纤长似线，可以分为有木芯和没木芯两种。有木芯的就是指在削成细直条状的竹枝上涂裹榆树等树皮糊作为黏合剂，再将香粉均匀裹在香枝上压实而成。没有使用竹芯的线香则是直接将混合的香末，压实制成长条状的香品。

线香根据所选用的材料也分为不同的种类，有芽庄沉香线香、安汶沉香线香、新山檀线香、老山檀线香、越南惠安沉香线香、印尼水沉香线香、红土沉香线香等，每款香都有独到的香味和功效，人们可以根据自己的需要来加以选择。

线香的手工制作

线香的香料粉要细，最好用100目以上的网漏筛一下。

要想让做出来的线香结实有弹性而不易折断，一定要用黏粉，常用黏粉有榆树皮粉、玉米淀粉，或者树叶黏合剂。

檀香或沉香粉加黏粉的比例，重量比为1∶1～1∶2（视材料而定）。最好将所有的原料和水进行充分混合，重量比为1∶1～1∶2（视材料而定）。

用机器挤出来晒干就可以点燃使用了。

自制线香弯曲的解决办法

将纸皮箱一面的外皮撕去，可见条条沟槽，把制好的线香置之沟槽中便可。拌香料的时候不要加太多水，做好后盖张薄纸巾吸干。

待线香表面稍干时，就滚滚它，这样底部也可接触到空气了。待线香开始发白，不是特别软，但也没开始弯曲时，将所有线香并排聚拢到一起，一根紧挨着一根，两侧可用书脊夹紧，一直保持到干透。

其他成型香的制作方法基本相同，根据使用模具的不同，造型会有所变化。中国香道历史久远，陪伴着中华民族走过了数千年的风雨兴衰。它既能祛疫辟秽，是传统医药养生的秘诀，又可祭天敬圣，是中华民族礼仪的表达。

第五节　香丸

香丸的重要工序——炼蜜

将白沙蜜倒入瓷罐内，用油纸封好罐口，在大锅内隔水蒸煮至沸腾。沸腾后将瓷罐放置在炭火上用文火煎煨制，使其沸腾数次后，待水汽去尽即可。炼蜜以滴水成珠为度，即将炼好的蜜放入冷水中可成珠。在每斤蜂蜜中加入二两苏合油，效果更好。或者加入少许朴硝，除去蜜气，品质尤佳。制作合香时不可加入太多，那样会使料剂过于浓厚，调制成的香品品质多半不均匀。

香丸的制作

捣制好香药粉末，放入已置蜜的瓷盆内，混合搅拌使其均匀至干湿合一成蜜香团，移至石臼用木杵舂捣，至于舂捣多久或次数，若以宋代香谱所载香方为例，有杵百余下、三五百下，或千余下，不同香方的香丸有不同的要求。总之，要让蜜粉香团均匀有弹性。搅拌揉制后，将香团分割成条揉捻成丸状，至表皮有光泽为止，阴干。香丸的制作至此初步完成。

对香丸表面进行加工，称为挂衣。初成的香丸色泽单一，挂衣的工序主要目的是让香丸呈现不同的色泽，增加美观，或者在此时加入比较珍贵的香粉末，减少成本又兼具气味的多样性；同时也可以减少香丸初成后产生的蜜糖潮气。挂衣的颜色，若要红色，古方中可加朱砂（丹砂、银朱、心字红等）。若要深色或黑色，古人用香墨烧红研为末，或加入皂儿灰、百草霜、杉木炭等。若要显示其豪华，加入金箔为衣，古方中的"宣和贵妃王氏金香"与"韩魏公浓梅香"都以金箔为衣，作为礼物送人是十分受欢迎的，"如欲遗人，圆如芡实，金箔为衣，十丸作贴。"富贵人家以金银香盒装盛，夸耀奢华。而以漆香盒装盛，亦显文雅，次之以瓷香盒装盛，也颇通行。

香丸窖藏

合香制成需要收贮一段时间，传统称之"窖藏"。窖藏时间从七天、半个月至一月余，或更久，视香方而定，谓之熟成或陈化期。一般而言，经过陈化期的熟成，便能改善初合成时粗糙未定的香调，使气味更加均匀，同时也调整香丸的干湿程度。为避免新合香之香气走泄，可装入密闭性良好的瓷器并储存放在不见亮光之处。

第六节　合香的配比原则

以《黄帝内经》为理论基础，传统香方的构成充分体现了中国传统养生之法以及"天人合一"的世界观。其合香的方法可以总结为四句话，即"十二经络择一行，君臣佐辅辨分明；各取芳草馨香气，纳尽五行香自灵"。这四句话充分说明了中国传统香香方的组成条件。

第一，组成香方的所有香料必须同时归入一条经络。以经络为主线，以达到最好疏通经络的作用。

第二，根据制香的目的选择合适的香料。

第三，根据个人的品位和喜好不同，选择适合的芳香味道。

第四，为了使制成的香品达到天人合一的地步，必须使香方纳尽金木水火土五行的属性，这样才能使所配的香方拥有与自然和谐的灵气。

传统香是有些讲究的，传统文化很重视"体用"观，首先要看你想要用香做什么，这是"体"；然后再看用什么香，这是"用"。"体"决定"用"。如果用香来调养身心的话，那么你自己的身体就是"体"，香料、季节什么的都是"用"。首先要确定你的身体状况的阴阳偏盛状况，然后确定用什么香。另外香料以养性为主，养生为辅。

合香配伍

合香是传统制香工艺的核心，参照中医和道家饮食中配伍调味的规律，遵循"君臣佐使"中医组方原则进行配伍。

君香：合香当先定主客，主要材料即为君药，君药的选择要味道包容柔和，又要独特明显。君药当有土之德，可包容众香，忌味道太过霸道独特，味道既可包容臣佐又不可泯灭他香。常见君药如沉檀，性情包容柔和可以为君。如麝香就太过霸道，不可为君。

臣香：君可以克制臣，不能被臣所克，臣药可以生君药，不能被君所生，君臣可以比和为用,这是大的原则。具体怎么用要根据合香的味道取向而定。总之臣是为了帮助君,为臣之道辅佐为主,不能盖主。

佐药:使用比较灵活,但是也要依据五行关系来用。如檀香之类的火性重的为君臣,可以配乳香冰片之类药以耗泻火气,增清凉之味。也可以用绿茶的寒星来去檀香的阳火。佐药可以佐君也可以佐臣,佐的方式可以是生旺比合,也可以是克制耗泻。比如臣药太旺容易盖过君药,可以使用克制臣药的佐药或者使用泻臣生君的佐药。还有一种佐药就是可以调和众香促进融合的,比如甲香,好比中药中的甘草的作用。总之,佐药的作用就是使君臣更加和谐。

除考虑五行关系外,阴阳也要考虑。阳性太重的合香闻多了容易上火,也比较刺激,应以阴阳和谐为妙。另外,分析五行关系要考虑节气旺衰的影响,这也是古人强调的一个观念。这在香料的炮制和针对个别人审美需求上特别有意义,如春天木旺火相,炮制檀香就比冬天要加量。如某人阴虚火旺,自然喜清凉类的味道,如需在合香中加入火性大的香料,在春夏就特别要减量。

按照《香乘》的说法,合香之道要使众味合一,不能让各种香料的味道各自为政。这是合香成功必须达成的条件。关键还是要结合操作经验,按照理论的指导多练多试最重要。

下面就两个基本线香的香方来进一步说明。

八份檀香,两份沉香,搓为线香

注意:檀香用的是澳大利亚檀,沉香是用海南沉打粉。

这个烧出来的味道,檀香中带有淡淡的沉香,沉檀味道可以混合在一起,比单纯的檀香线香气味要更香。

八份沉香,两份檀香,搓为线香

用料和上面的一致,但这个烧出来完全是沉香味道,檀香味几乎不见,但是和纯沉香的线香相比,沉香的味道柔和许多。

以上这两个方子说明了君臣配伍分量的变化作用。檀香为火,沉香为水。

第一方子中火强水弱，水不能克火，弱水进强火反而激发了火性，所以比单纯檀香更为香甜，同时水衰而随火气上行，所以檀香味道中能闻到丝丝的沉香。

第二个方子中火弱水强，火被克死所以闻不到什么檀香味，但火被克的同时也消耗了水的力量，所以沉香的味道能变得柔和些。

如果闻香的人本身体质有寒热水火的明显偏差，可能会与普通人闻到香品的感受稍有区别，这就是香人相应的道理。

传统香方

制作香的诀窍，贵在选料纯净，焚烧这样的香，香气远溢而余味无穷。下面收录了一些香方，大家有时间可以试试，看看所选的香方是否令人满意。

《玉华香方》

沉香四两，速香黑色者四两，檀香四两，乳香二两，木香一两，丁香一两，郎台六钱，奄叭香三两，麝香三钱，冰片三钱，广排草三两（以交趾出产的为妙），苏合油五两，大黄五钱，官桂五钱，黄烟即金颜香二两，广陵香一两（用叶）。把上列香料研为粉末，加进合油调和均匀，再加炼好的蜜拌和成湿泥状。最后装进瓷瓶，用锡盖加蜡密封瓶口，烧用时一次取二分。

《聚仙香》

黄檀香一斤，排草十二两，沉、速香各六两，丁香四两，乳香四两，研末郎台三两，黄烟六两，研末合油八两，麝香二两，橄榄一斤，白及面十二两，蜜一斤。以上成分研成细末作香骨，先和上竹芯子，作为香的第一层，趁料湿再滚一层药。

檀香二斤，排草八两，沉、速香各半斤。将以上三料研为末，滚成第二层。于是制成了香，用纱筛后将湿香晾干。

《黄香饼方》

沉速香六两，檀香三两，丁香一两，木香一两，黄烟二两，乳香一两，郎台一两，奄叭三两，苏合油二两，麝香三钱，冰片一钱，白及面八两，蜜四两。将以上成分拌和成药剂，用印模制成饼状。

《印香方》

黄熟香五斤，速香一斤，香附子、黑香、藿香、零陵香、檀香、白芷各一两，柏香二斤，芸香一两，甘松八两，乳香一两，沉香二两，丁香一两，馥香四两，生香四两，焰硝五分。以上各料一块研为末，放到香印模中，模印成形后就可以焚烧了。

《春香方》

沉香四两，檀香六两，结香、藿香、零陵香、甘松各四两，茅香各四两，丁香一两，甲香五钱，麝香、冰片各一钱。以上各料用炼蜜拌为湿膏，装进瓷瓶密封，就可以烧了。

《撒兰香方》

沉香三两五钱，冰片二钱四分，檀香一钱，龙涎五分，排草须二钱，奄叭五分，撒乐兰一钱，麝香五分，合油一钱，甘麻油二分，榆面六钱，蔷薇露四两。以上各料研为末，拌匀，用印模制成饼烧。

《芙蓉香方》

沉香一两五钱，檀香一两二钱，片速五钱，排草二两，奄叭二分，零陵香二分，乳香一分，山奈一分，撒乐兰一分，橄榄油一分，榆面八钱，硝一钱。以上各料研为末，拌和后用印模成饼烧或者散烧。

《龙楼香方》

沉香一两二钱，檀香一两二钱，片速五钱，排草二两，奄叭二分，片脑二线五分，金银香二分，丁香一钱，山奈二钱四分，官桂三分，郎台三分，芸香三分，甘麻油五分，橄榄油五分，甘松五分，藿香五分，撒乐兰五分，零陵香一钱，樟脑一钱，降香二分，白豆蔻二分，大黄一钱，乳香三分，硝一钱，榆面一两二钱。以上各料研为末，拌匀，用印模制成饼烧。

《黑香饼方》

四十两料加炭末一斤，蜜四斤，苏合油六两，麝香一两，白及半斤，橄榄油四斤，其琛奄叭四两。先把蜜炼熟，加橄榄油把炼蜜化开，再加奄叭。然后加进一半料。将白及打成糊状，加进炭末，再加进一半料，之后加进苏合，麝香，揉均匀后用印模制成饼。

·第九章·

香道

第一节　鉴别沉香

很多人玩香，却不明白为什么沉香的品质会有差异。下面简单地介绍一下影响沉香品质的九大因素。

沉香品鉴方法——隔火香

宋代之后，"隔火熏香"深得文人雅士的青睐。虽然"熏"香不如"烧"香来得简单，但其香气更为醇和宜人，而且也能增添更多情趣。

隔火香炉：因为香灰里面要埋香炭，所以香炉要求口宽15～20厘米，高25～30厘米左右为宜。

工具/原料：

香席、香道灰、香碳、灰押、七件套、沉香、香炉、打火机、云母片

步骤1：烧炭

点燃木炭（炭块或炭球），待其烧透，没有明火并变至红色。这样品香时就没有炭味的干扰了。如果方便，还可以准备一个金属的网状器具，把木炭放在网上会燃烧得更均匀。

步骤2：制备香品

将各个不同产地及等级的沉香准备好，体积不宜过大，应将香品分割为薄片、小块、粉末等形状。

步骤3：香灰的置备

在香炉内放入充足的香灰，先用香铲使香灰均匀、疏松，再将表面轻轻抚平，然后用香匙于炉灰中心慢慢开出一个较深的空洞作为炭孔。

步骤4：入炭

用香筷将烧透的炭夹入炭孔中，再用香灰盖上，抹平。香灰表面可以是平整的，也可以隆起成山形。用细棒（香棒）在香灰中"扎"出一个气孔，通

达木炭，以利于木炭的燃烧（或者不让木炭完全埋入香灰，而是微微露出）。可以借助香灰控制木炭的燃烧速度。木炭埋入香灰的程度视香品的特点而定，需要木炭的温度较高就可以埋得浅一些，反之则可以深一些。

步骤5：隔片

在气孔开口处放上薄垫片（云母片、银箔、金属片等），将香品放在垫片上。

步骤6：置香

用香匙将香品置于垫片之上。若出烟，可以稍等，待其无烟时再开始品香；或将香灰加厚一点，即可减少烟气。

步骤7：品香

若是小香炉，可以一手持炉底托起香炉，一手轻罩以聚集香气，头部靠近香炉缓缓吸气品香。注意呼气时不宜正对香炉，可将头转向一侧换气。

沉香产区及地理分布

沉香产地国家分布：中国沉香、越南沉香、老挝沉香、柬埔寨沉香、印尼沉香、泰国暹罗沉香、缅甸沉香、印度沉香、菲律宾沉香、文莱沉香、帝汶沉香、马来西亚沉香、巴布亚新几内亚沉香。

沉香的主要集散地：惠安沉香、芽庄沉香、伊利安沉香、新加坡沉香、柬埔寨菩萨沉香、东马来西亚沉香、西马来西亚沉香、加里曼丹沉香、达拉干沉香、马泥涝沉香、加雅布拉沉香、安汶沉香、索隆沉香、帝汶沉香、马拉OK沉香、苏美沉香。

中国主要沉香产区与集散地：海南沉香、广东沉香、广西沉香、云南沉香、福建沉香、广州沉香、东莞沉香。

越南主要沉香产区与集散地：芽庄沉香、顺化沉香、岘港沉香、福森沉香、广平沉香、林同沉香、广义沉香。

印尼主要沉香产区与集散地：伊利安省沉香、亚齐省沉香、苏门答腊岛沉香、苏拉维西岛沉香、隆木省沉香、安汶岛沉香、加里曼丹岛沉香。

老挝沉香主要沉香产区与集散地：眶威昂沉香、琅勃拉邦沉香、占巴色沉香、阿苏坡沉香。

国产沉香

国产沉香，这其中以海南沉香最享声誉，自古以来就被文人墨客、香茗大家誉为列国沉香之首。从历史记载来看，海南岛产香记录最早可追溯至晋时。任昉《述异记》云："香洲在朱崖郡，洲中出异香，往往不知名，千年松香闻十里，亦谓之十里香也。"海南出产沉香的历史已达1400～1500年。

东莞

沉香又称莞香，这是中国唯一以地方为名的植物。莞香又名白木香、土沉香。据史书记载，木香在唐朝已传入广东，宋朝普遍种植，因为主要集中于东莞地区，所以又名莞香。早在400多年前的明代，广东就以香市、药市、花市和珠市形成著名的四大圩市，其中以买卖土沉香的香市最为兴旺。明代，广东每年的贡品都有莞香。当时莞香经加工后由人力挑到香港出售，并大量远销东南亚，据说香港因之而得名，可见"香港"之名源于莞香。

广东其他地区及广西

粤西地区早在1000年以前就产沉香，也早在800多年前，古代香界大师范成大便将海北（广西部分及粤西地区）和交趾的光香与栈香列为同等品。

云南

主要产于勐腊（悠乐山）、双江；生长于海拔1200米左右的山坡杂木林中。

台湾

台湾所产沉香，古籍鲜有记载。可能是因为台湾的沉香用量每年居世界前列，近代开始引种。

马来沉与星洲沉

在坊间，有所谓的"马来沉"及"星洲沉"，实际上其均仅是个名词而已。

"马来沉"意指产自马来西亚之沉香，但原产于婆罗洲北部属马来西亚之沙巴及沙捞越省山区之沉香现已严重枯竭；且以马来西亚的高工资，早已难以应对开采成本，目前仅有少数印尼人在边界开采，因此，"马来沉"只是个过去的名词而已。

"星洲沉"之星洲，是指新加坡。新加坡目前为印尼沉香的最大集散地，其本身当然不产沉香，但以其灵活的贸易手腕，几乎掌握印尼沉香的主要出口量，甚至于出口时以新加坡币计价。因此，"星洲沉"指的是产自印尼、集散于新加坡的沉香。

此外，中国古籍上亦记载在中国南方有种植沉香树，当时种植该种树的目的，是在于其树龄尚幼时，即在其外皮割痕以取其汁液制药，此种汁液不同于目前所言自然形成于枝干内部之油脂状聚集物，且现已无人种植，在此不多介绍。

越南沉与印尼沉

越南连接中国，其沉香之开采已有百年以上历史，且大多输往中国，因此，国人较习惯于越南沉香的气味。相对的，印尼沉香的普及开采是最近二十多年的事，且距中国较远，输入者少，加上印尼沉香气味较浓郁，不如越南沉香之清香，所以，以制香用而言，国人偏好越南沉香气味者较多。

越南沉香质地较为松软且油脂层较薄，加上越南沉香树的自然生长环境因素，现今在越南要找到重量200千克以上且厚度达3厘米以上的沉水黑沉香块已几乎不可能；然而，由于土壤及气候因素，在印尼婆罗洲的一些原始森林内，仍有少数珍贵的沉水黑沉香块被开采出来，由于数量极为有限（不及沉香总产量的千分之一），因此，均被视为珍宝般收藏。

以用途而言，台湾制香业普遍采用合于国人气味喜好的越南沉香片，尤以"会安沉"的等级最受国人钟爱。然而，若要用于雕刻佛像或制作圆珠，则以珍贵的印尼黑沉香块为宜。

沉香的分类与品名

古代对沉香的分类、赋名

最早对沉香进行分类与分级，是宋朝的香茗大家——丁谓，他将沉香分为"四名十二状"。"名"是对沉香的分级，四名指四种不同品级；"状"则从外观来分类。

"四名"：沉香、栈香、黄熟香、生结香。

"十二状"："沉香"分八"状"：乌文格、黄蜡、牛目、牛角、牛蹄、雉头、洎髀、若骨（自牛目态以下，土人别曰：牛眼、牛角、牛蹄、鸡头、鸡腿、鸡骨）。"栈香"有二"状"：昆仑梅格、虫镂。"黄熟香"二"状"：伞竹格、茅叶。"生结香"一"状"：鹧鸪斑一状。

"四名十二状"可视作熟香与生香两大系统。

熟香又称"脱落香"，是自然成香。沉香、栈香、黄熟香，皆属之。

生香即生结香，取不候其成，非自然者也。又细分为：生结沉香、生结栈香、生结黄熟等。

此后各朝代的香学名家论香，也都是以此为宗，略作修改。

现代国产沉香业内人士对沉香的分类、品名

野生香：采集自野外野生树木、非人工为求量产而致伤或加以其他手段令沉香树所结的沉香。

人工香：为求量产而人工致伤或加以其他手段令沉香树种所结的沉香（不论野生或种植树木）。

各种野生香的品名多按形状确定。

板头——白木香树整棵被锯、砍掉或大风吹断，树桩经长年累月风雨的侵蚀，在断口处形成的沉香。

包头——断口周边已被新生的树皮完全包裹的木头。"板头"和"包头"又分"老头"和"新头"。

老头——断口经风雨侵蚀的时间较长、断口处的木纤维已完全腐朽脱落，断口处呈黑色或褐色而且质地坚硬的板头或包头。腐朽面质地越硬、颜色越深者越佳（腐朽面质地极硬、颜色深褐或黑色俗称"铁头"）。

新头——断口经风雨侵蚀的时间较短、断口处的木纤维尚未腐朽或未完全腐朽脱落，颜色很浅或呈黄白色，质地松软的板头或包头。

吊口——白木香树身被砍伤之后，结出的沉香。

虫眼——（亦即"虫漏"）白木香树因受虫蛀，分泌油脂包裹住受虫蛀的部位而结成的沉香。

壳沉——白木香树树枝受风吹断落，断口经风雨侵蚀，分泌油脂而形成的呈耳壳状的沉香。

锯夹——白木香树上有锯痕，树在锯痕周边分泌出油脂而形成的沉香。

水格——枯死的白木香树经雨水侵蚀或浸泡，油脂沉淀而形成的沉香（或者有其他解释，具体笔者还无法弄清），一般呈均匀的淡黄色、土黄色或黄褐色，油线不明显或没有油线，闻之有较其他国产沉香香味浓郁的沉香。木质越硬、香味越浓、颜色越鲜者越佳。

地下革——（亦即"土沉"）枯死的白木香埋于地下所形成的沉香，多为树头树根，一般颜色较浅。

枯木沉——（俗称"死鸡仔"）枯死的白木香树含油脂的部分，因长时间沉积发酵，颜色变浅，呈灰色或浅灰色的沉香。

皮油——指白木香树皮下层分泌出油脂，形成的一层沉香，多呈竹壳状。

夹生——沉香成品中夹杂有新生的白色木质部分。

奇楠——含油脂非常丰富、刮之能刮下粉蜡状物质且能捏成团而不散；尝之麻嘴麻舌，嚼之有点黏牙，而且气味清香凉喉；燃之香味醇厚、黑烟浓密的沉香。颜色呈绿色、深绿、土黄、金丝黄、黑色等。传说有白色、紫色等色的奇楠，但难得一见。

沉香的真假鉴定

沉香真假的鉴别方式非常简单，目前市面上假冒沉香的方式主要有以下两种，兹分别介绍辨别方式以供参考。

以沉香之其他杂木冒充沉香者

真正的沉香圆珠或雕件来自沉香原木，经切割雕制而成，表面新鲜，会自然地散发出和沉香原木相同之独特气味，其他的冒充杂木有些外观上纹路类似真的沉香，但闻起来毫无味道，极易辨别。因此，只要是闻起来没有沉香味的，就不要贸然购买。

以泡油方式冒充者

沉香为天然的野生植物品质。再上乘的沉香亦不可能全黑，必然会在黑色的浓厚油脂中夹杂有或多或少白色至深褐色的木质，造成黑白相间的状况。然而，有人以品质较差（全然没有油脂或油脂极少者）的沉香木先作成圆珠，然后将其浸煮于加温的沉香油中，使沉香油渗入其内，造成整个圆珠均为完整的黑色，全然没有一点白色至深褐色的斑点或条纹。此种欺骗方式常见于市面，不可不慎。

综上所述，对于任何沉香圆珠或雕件其真假的判别方式为：

看：全黑者，绝非真品，而为泡油而成，其仍有些香味，但味道持续时间不会很久。

闻：只要是真品，绝对会有特有的淡淡的沉香味，没有香味者，少碰为妙。

烧：若还想进一步确认，则可用烧得灼红的针尖，触到圆珠或雕件较隐秘处（如圆珠洞或雕件底部），真品必然会有熟悉的沉香味散发出来，真假无所遁形。

剖：泡油的沉香若自中间剖开，其内为全黑色，且泡油珠燃烧时会膨胀并冒黑烟。真品则为黑白均有。

此外，对于沉香旧品，由于表面已有污渍，且可能经过其他香料之涂抹，因此，除了以燃烧或针尖测试的方式外，不易以闻或看的方式辨其真假。

沉香的等级分类

沉香等级分类的依据为三大要素：香、重、黑。兹分述如下。

香

沉香之所以受到世人珍爱与作为供佛时重要的宝物，乃在于其具有独特而无可取代的清香气味。品质上乘的沉香，在未燃烧时即可散发出令人舒适的淡淡香气，以手掌紧握后，手心仍留香味；燃烧时，更是如万马奔腾般散发出令人无法抗拒的迷人香气。

重

沉香含油越多者，其密度越大，越是有厚重感者，越受人钟爱。一般而言，分辨沉香的含油量多寡，通常以"沉水"或"不沉水"为依据，重且沉水者为不可多得之珍物。

黑

通常，越黑的沉香其含油脂量越丰富。乌黑泛光者为此中极品，相对的，灰黑或褐色就次之。

奇楠与沉香

事实上，奇楠就是沉香的一种，其亦产自沉香树（世上没有奇楠树，且"奇楠"一词，仅见于越南沉香，印尼沉香无此称呼）。一般而言，奇楠较易呈块状，而非片状，若以口嚼之有轻微辣味。燃烧时，味道中夹有奶油味，并不一定为黑色。有人即以其色泽不同区分为黄奇、红奇、白奇、黑奇等。由于数量少，且带有神秘色彩，因此市场上价格很高。其实，奇楠和沉香本为同一物，两者间不易界定，非有闲钱者不宜把玩。

沉香的药用作用

沉香乃聚集天地精华之宝物，其不但可作为高级中药材，更是制香业最上乘的材料。

在宗教上，平时佩戴或使用沉香，表示对诸佛、菩萨之恭敬，且沉香的气味有助于迎请佛菩萨，利益法界众生。

静坐时，使用沉香，可助禅定，并避免魔扰，深具避邪效果。

以恭敬心，持用沉香念珠念佛，有助于去除妄想心，净化心灵，找回本来污染者的真面目，使生命得到升华和自在。

平时随身佩戴沉香念珠或配件，如同有守护神，可驱魔避邪。

家中摆置沉香块或雕件，可镇宅平安。

沉香的保养

沉香雕件或圆珠在正常状况下，不需任何处理，数百年后亦可有其怡人的沉香气味。

佩戴沉香手珠时，需尽量避免其沾染上油污或清洁剂，以长期保有其原来的品质及气味。

建议在使用沉香佛珠做完功课后，将其放置布质或塑料质之袋中，以保持佛珠之洁净。

我们现在市场上常见的沉香手串，严格地说应该叫沉香木。其中含沉香优质且较多者为上品。但市面上现在多为纯黑色或灰黑色假沉香所充斥，购买时需要有丰富的经验方能辨别真假。

第二节　香的器具

中国文化博大精深，香器、香具也大有学问。精美绝伦的香器具不仅可以为品香活动增加韵味和视觉享受，同时也是品香环境的装饰和点缀。

器具种类

香炉

香炉是最常见的香具，其外形各式各样，如博山炉、筒式炉、莲花炉、鼎式炉，等等。材质多为陶瓷或铜、铝等金属，也有石、木等材料。明清以来流行铜炉，铜炉不惧热，而且造型富于变化。其他材质的香炉，常在炉底放置石英等隔热砂，以免炉壁过热而炸裂。

手炉

手炉是可握在手中或随身提带（带有提梁）的小熏炉，用于取暖，也可熏香。多为圆形、方形、六角形、花瓣形等；表面镂空，雕琢成花格、吉祥图案、山水人物等各式纹样；材质多为黄铜或白铜。

香斗

香斗，又称长柄手炉，是带有长长的握柄的小香炉，多用于供佛。柄头常雕饰莲花或瑞兽，常熏烧香粉或香丸。唐代即已流行。

香筒

香筒是竖直熏烧线香的香具，又称"香笼"（以区别于插香用的小筒）。造型多为长而直的圆筒，上有平顶盖，下有扁平的承座，外壁镂空成各种花样，筒内设有小插管，以便于安插线香。其质材多为竹、木或玉石，也有高档的象牙制品。

卧炉

卧炉，用于横向点燃线香，也称横式香熏。类似香筒，但横竖方向不同。

熏球

熏球又称香球，呈圆球状，带有长链，球体镂空并分成上下两半，两半球之间以卡榫连接。内套数层小球，皆以承轴悬挂于外层，最内层设有焚香的小杯，无论熏球如何转动，小杯始终能保持水平，杯内香品也不会倾倒出来。其设计精巧，即使把熏球放到杯子里也不会倾覆熄灭，故也称"杯中香炉"，其原理与现代的陀螺仪相似。

香插

香插是用于插放线香（或棒香）的带有插孔的基座。基座高度、插孔大小、插孔数量有各种款式，以适用于不同规格的线香。

香盘

香盘，是焚香用的扁平承盘，多以木料或金属制成。

香盒

香盒用于放置香品，又称香笪、香合、香函、香箱等。形状多为扁平的圆形或方形，多以木、铜、铝等制成，大小不等。既是容器，也是香案、居室的饰物。

香夹

香夹用于夹取香品。

香箸

香箸即"香筷"，多为铜制。

香铲

香铲常用来处置香灰，多为铜制。

香匙

香匙用于盛取粉末状或丸状香品。

香囊

香囊用于盛放香粉、干花等香品，以便随身携带或挂佩，多为刺绣丝袋，也常把绣袋再放入石、玉、金、银等材质的镂空小盒内。

香具的发展历史

香具是使用香品时所需要的一些器皿用具，也称为香器（严格来说，制香时使用的工具称为"香器"，用香时使用的工具称为"香具"）。随着制香用香的日益广泛，各种香具应运而生。

炉香袅袅，既馨且逸。香具对中国人而言同时具备实用与装饰功能。中国人在室内焚香自战国时代即已开始。但专为焚香而设计的炉具却迟至汉代才出现。

历代使用的香具有香熏或称香炉、博山炉、花熏、香筒及香囊等。以散发香气的方式而言，可分燃烧、熏炙及自然散发。如香草、沉香木及作成香丸、线香、盘香和香粉的合香，则必须燃烧。龙脑之类的树脂性香品，必须用熏炙，也就是将香品放在炙热的炭块上熏烤。至于调和成香油的香品，则用自然挥发的方式散发香气。各式各样香气浓郁的香草、香花，也被中国人装入花熏、香囊之内，让其自然散发香气。混合数种香的香粉，也常用薄纸包裹，装入香囊。

炉之制始于战国时期的铜炉，以后历代出现各种式样的香炉，质料包括陶器、瓷器、铜器、鎏金银器、掐丝珐琅、内填珐琅、画珐琅、竹木器及玉石等器。

汉代有博山炉。博山，相传为东方海上的仙山。博山炉盖上雕镂山峦之形，山上有人物、动物等图案。用此香具焚烧香草或龙脑，袅袅香烟，宛如神山盘绕终年的云气。博山炉盛行于神仙之说流行于两汉及魏晋时期。

"博山炉"出现之后，香炉的使用与熏香的风习更加普遍。熏炉是现在发掘的汉代王墓中最多见的随葬物品。

除了香炉，汉代还出现了能直接放在衣物中熏香的"熏笼"，以及能盖在被子里的"被中香炉"，即"熏球"。

唐代流行有提链的金属香球、香熏。唐代的多足带盖铜香熏十分独特，也有附提链者。带长柄的手炉常见于佛画的引路菩萨图及罗汉画中。此外还出现了大量金器、银器、玉器香具，虽然模仿前朝博山炉的制式，但外观更加华美。

此时熏球、香斗等香具开始广泛使用。在敦煌壁画里就常能见到香斗、博山炉等丰富多彩的唐代香具。

宋代烧瓷技术高超，瓷窑遍及各地，瓷香具（主要是香炉）的产量甚大。宋代最著名的官、哥、定、汝、柴五大官窑都制作过大量的香炉。瓷炉虽然不能像铜炉那样精雕细琢，但宋代瓷炉却自成朴实简洁的风格，具有很高的美学价值。宋人焚香，常同时使用香炉和香盒。从古代绘画中可以看到取香的动作。添香者以食指、大拇指拈出香丸，放入堆满白灰的炉具内。宋代也流行燃烧"香篆"，将粉末状的香料用模子压出固定的形状，然后燃点。

此外，元明清流行成套的香具。元代流行"一炉两瓶"的成套香具。明代16世纪的绘画中就已出现"炉、瓶、盒"。这种组合式香具乃以香瓶作为储放香箸、香铲之用。传世的器物中有明嘉靖官窑的"五供"。五供是一炉、两烛台、两花瓶的成套供品，使用于祭祀及太庙、寺观等正式场合。明代盛行铜香炉，这与宣德时期大量精制宣德铜炉有关。明朝宣德年间，宣宗皇帝曾亲自督办，差遣技艺高超的工匠，利用真腊（今柬埔寨）进贡的几万斤黄铜，另加入国库的大量金银珠宝一并精工冶炼，制造了一批盖世绝伦的铜制香炉，这就是成为后世传奇的"宣德炉"。"宣德炉"所具有的种种奇美特质，即使以现在的冶炼技术也难以复现。

第三节　中国古人的香雅生活

古代熏燃之香

中国古代的达官贵人很早就注意到香的妙用，通过熏染香料来驱逐异味。那时香大多产于西域诸国，离中原路途遥远，同时海外贸易还没发展起来，宫中仅有的香料都是通过西域诸国的朝贡得来的，熏香也最早成为宫中的习俗，大多用来熏制衣被。当时熏香的器具很多，主要有熏炉和熏笼。在河北满城中靖王刘胜墓中，发掘的"铜熏炉"和"提笼"就是用来熏衣的器具；湖南长沙的马王堆一号墓出土的文物中，也有为了熏香衣而特制的熏笼。

唐代熏笼更为盛行，覆盖于火炉上供熏香、烘物或取暖。《东宫旧事》记载："太子纳妃，有漆画熏笼二，大被熏笼三，衣熏笼三。"反映此时宫中生活用来熏香的熏笼，如"熏笼玉枕无颜色，卧听南宫清漏长。"（唐王昌龄《长信秋词》）"红颜未老恩先断，斜倚薰笼坐到明。"（白居易《宫词》）就考古而言，在西安法门寺也出土了大量的金银制品的熏笼。雕金镂银，精雕细镂，非常精致，都是皇家用品。

除了大量的熏笼，还有各种动物形状的熏炉，用来取暖，特别是唐以后使用得比较广泛。宋代一些官宦士大夫家比较流行的是鸭形和狮形的铜熏炉，称为"香鸭"和"金猊"。和凝作的《何满子》中有"却爱熏香小鸭，羡他长在屏帷"，此处的"香鸭""睡鸭"都是用来熏香取暖的器具。词中所写的闺闱绣闼或厅堂书房，围炉熏香、剪灯夜话则是古代士大夫之家充满情致生活的具体反映。

一般来说，相对于北方而言，南方熏香更为普遍，其原因，一是正如周邦彦《满庭芳》里所说"地卑山近，衣润费炉烟"；二就是南方多瘴疠，用熏香驱邪辟秽去疾的观念非常普遍，正如明代屠隆在《考盘余事·香笺》里论香说的"仓山极目，未残炉热，香雾隐隐，绕帘又可祛邪辟秽，随其所适，无施不可。"还有就是南方多水，多水则蚊虫易于繁殖，熏香是驱除蚊虫的好办法。

古人悬佩之香

古代很早就有佩戴香的风俗，《尔雅·释器》记载："妇人之祎，谓之缡。"郭璞注："即今之香缨也。"这种风俗是后世女子系香囊的渊源。古诗中有"香囊悬肘后"的句子，大概是佩戴香囊的最早反映。魏晋之时，佩戴香囊更成为雅好风流的一种表现，东晋谢玄就特别喜欢佩紫罗香囊。后世香囊则成为男女常佩的饰物，秦观《满庭芳》里有"消魂当此际，香囊暗解，罗带轻分"的句子就是明证。

不仅仅身体佩戴香囊，香还被用来散撒或悬挂于帐子之内。据载，后主李煜宫中有主香宫女，持百合香、粉屑各处均散。洪刍在《香谱》中则提到后主自制的"帐中香"，即"以丁香、沉香，及檀香、麝香等各一两，甲香三两，皆细研成屑，取鹅梨汁蒸干焚之。"

不唯帐中用香，宋代贵夫人的车里也悬挂香囊，成为一时的风尚。陆游在《老学庵笔记》里特别记下了当时的这种风尚："京师承平时，宋室戚里岁时入禁中，妇女上犊车皆用二小鬟持香球在旁，二车中又自持两小香球，驰过，香烟如云，数里不绝，尘土皆香。"

在宋词中常有"油壁香车""香车宝马"这样的词，大概就是指的这种悬挂香囊的犊车。如晏殊的"油壁香车不再逢，峡云无迹任西东"。李清照的"来相召，香车宝马，谢他酒朋诗侣"。

古人涂傅之香。此类香的种类很多。一种是傅身香粉，一般是把香料捣碎，罗为末，以生绢袋盛之，浴罢傅身。一种是用来傅面的和粉香。有调色如桃花的十和香粉，还有利汗红粉香，调粉如肉色，涂身体香肌利汗。

有一种是香身丸，据载是"把香料研成细末，炼蜜成剂，杵千下，丸如弹子大，嚼化一丸，便觉口香五日，身香十日，衣香十五日，他人皆闻得香，又治遍身炽气、恶气及口齿气。"还有一种佛手香，用阿胶化成糊，加入香末，放于木臼中，捣三五百下，捏成饼子，穿一个孔，用彩线悬挂于胸前。

此外还有香发木樨香油，亦可为面脂，乌发香油，此油洗发后用最妙。合香泽发，既可润发，又可作唇脂。五代词《虞美人》"香檀细画侵桃脸，罗裙轻轻敛"此处的"香檀"就是指的一种浅红色的化妆品。韦庄《江城子》"朱唇未动，先觉口脂香"，这儿的口脂香大概就是用某种香料调配而成的。在汉代还有上奏言事口含鸡舌香的风俗，为的是除去口气。

唐代妇女的化妆品中，已经出现了补鬓油和润面油。蜀地供给宫中，也用到了乌沉香、白脑香，宫中称锦里油。此后经宦官之手传到民间，富人家大多称之为西蜀油。见诸诗词的温飞卿《菩萨蛮》中有"蕊黄无限当山额，宿妆隐笑纱窗隔"，另有《归国遥》"粉心黄蕊花靥，黛眉山两点"此处的"蕊黄"和"黄蕊"都是指的此间流行的一种眉妆，是贵族女子用花蕊研制成的一种黄色香料，涂在额角，以增美观，叫作额黄。

第四节　香之仪

中国的传统文化即礼仪文化，孔子曰："不学礼，无以立。"在中华文化的发展漫漫长河里，这种礼的教育、礼的传习、礼的规范一直被优化沿袭，成为中华传统文化的重要组成部分。

香道是一种拥有古老历史的民族文化，很早就与礼仪有着密不可分的关系。早在西周时期，香道与礼仪就开始了它们的渊源。《礼记·内则》："男女未冠笄者，鸡初鸣，咸盥漱，拂髦总角，衿缨皆佩容臭。"这里讲的是古代少年在拜见长辈时，在鸡第一次打鸣的黎明，就梳好头发，佩戴好香囊，以示尊重和礼貌。

后世基本形成了传统的习香成人礼，给中华民族带来了一股雅正新风，形成彬彬有礼的君子之风。礼仪于香道又有着特殊的要求，可以说，中国的传统礼仪，离不开香的存在，同样香道文化的发展也离不开礼仪的存在。

传统节俗活动与香道礼仪

新年是一年中最重要的节日。在古代皇宫里，宫女、宦官们从正月初一五更起，便"焚香放纸炮，将木杠于院地上抛掷三度，名曰'跌千金'"。新年迎岁，民间也在五更时起，人们焚香，燃放爆竹，开门迎年，焚香接神、拜天地、祭祀祖先。

元旦时人们常佩戴香包，传说可以辟邪驱疫。《遵生八笺》引《清异录》云："咸通俗，元日佩红绢囊，内装人参豆大，嵌木香一二厘，时服，日高方止，号迎年佩。"

立夏之日，古人各家各烹新茶，富人更是互相攀比，名目众多，"富室竞奢，香汤名目很多，若茉莉、林禽、蔷薇、桂蕊、丁檀、苏杏、盛以哥、汝瓷欧，仅供一吸而已"。

清明节，宋代东京五岳观就有万姓市民焚香游观："每岁清明日，放万姓烧香，游观（五岳观）。"另外，自上层贵族至下层社会百姓，往往焚香烧纸、祭扫祖先故墓。

四月八日，浴佛节，佛生日。东京"十大禅院，各有浴佛斋会，煎香药糖水相赠，名曰浴佛水"。南宋临安浴佛节"僧尼辈竞以小盆贮铜像，浸以香药糖水，覆以花棚，铙钹交迎，遍旺邸宅富室，以小勺浇灌，以求施利"。

五月五日端午节，宋代人吃香粽、姜桂粽，焚香、浴兰。端午节食谱须有："紫苏、菖蒲、木瓜，并皆茸切，以香药相和。"

七夕节，这一晚人们设香桌，摆出摩侯罗、酒朱、花瓜、笔砚、针线，姑娘们个个呈巧，焚香列拜，称为"乞巧"。

冬至，换上新衣，备办食物，大多是吃馄饨，也有用馄饨作供品焚香祭祀祖先。

除夕，民间都洒扫门间，除尘秽，净庭户，换门神，挂钟馗像，钉桃符，贴牌，并焚香祭祀祖先。晚上则准备迎神的香、花、供品，以祈新年的平安。

除了节俗，人生各种礼仪，都要用到香。香料还成为宋代平民百姓娶妻育子等活动的重要聘物、贺礼、礼仪用品。

嫁娶之时"女家接定礼合，于宅堂中备香烛酒果"，而迎亲之日"男家刻定时辰，预令行郎各以执色，如花瓶、花烛、香毯、纱罗……前往女家迎娶新人"。

育子的仪式较多，其中便有用香汤洗婴儿："会亲宾盛集，煎香汤于盆中洗儿，下果子、采钱、葱蒜等，用数丈线绕之，名曰围盆。"在丧葬礼里，行香是宫中和民间丧葬必需的仪式。明人丧葬重视操办，常"僧道兼用"。这些传统礼仪也一直流传至今。

祭祀活动的香仪、香道

祭祀是一种宫廷礼仪，在五礼中属于吉礼，主要是对天神、地祇、人鬼的祭祀典礼。西周时期，朝廷就开始设有掌管熏香的官职，专门打理香草香木熏室、驱灭虫类、清新空气。宫廷主要用香来祭祀，其行为由国家掌控，由祭司执行。

《明史·礼志》载明代祭祀，其可分为大祀、中祀、小祀。每年的宫廷祭祀中，大祀有十三，中祀有二十五，小祀为八，祭祀仪式大为复杂。祭品中有："合用祭品：猪二口、羊二口、祭帛二段、降香二往、官香二束、牙香二包、大中红烛四对……"可见，香料是祭祀活动中重要的祭品，香料的使用成为一种固定的礼仪。进香是君臣祭祀先祖的重要活动。无香不成礼，香在古代社会可谓美好而尊贵。

古代三日一发，五日一沐，用皂角来洗，是为了自己的洁净，也是为了交往当中，身上有一种清香，其实为了更加尊重别人。洗涤好衣服后，用丁香、茴香、樟脑等香料，把它们磨成粉，用作熏香。一方面，衣服会散发芬芳馥郁的气味，另一方面，也可以有杀虫祛病的功效。

其实，早在西汉就记载着以焚香来熏衣的风俗，衣冠芳馥，更是东晋南朝士大夫所盛行的。在唐代时，由于外来的香输入量大，熏衣的风气更是盛行。

在《宋史》中记载，宋代有一个叫梅询的人，晨起时，必定焚香两炉来熏香衣服，穿上之后再刻意摆动袖子，使满室浓香，当时人称之为"梅香"。

北宋徽宗时，蔡京招待访客，也曾焚香数十两，香云从别室飘出，蒙上满座来访的宾客衣冠。

古代不仅仅熏衣，还有口服香丸，用白芷、藿香、大枣等，磨粉，晾干，进行配伍等。含而吞并，使得口香五日，身香十日。徐香妙音，可谓香气逼人。

第五节 香室、香席规矩

品香时小香室比大香室要好（16平方米左右即可），除香席主人（炉主）外，香客以二三人为宜。主客在炉主之左方顺次入席。同时，进入香席，身上不可有香水或各种异味、臭味，防止破坏香的醇厚、甘甜。

双手要清洗干净，尤其要特别清除指尖污秽。否则，是对香席的不尊重，也是对主人和其他客人的不尊重。

递香方式

品香炉之传递依顺时针方向，从炉主左方出。传递时，炉主左手持炉上端传出，主客伸出右手掌接炉。非炉主不得搬弄香灰、香片；执炉品香，应安定稳重，身体坐直、坐正，手肘自然下垂，不可平肩高肘做母鸡展翅状。

品香方法

接炉后品评三次。一初品，去除杂味。二鼻观，观想香意。三回味，肯定意念。三次毕，如前所示传炉。品香三次之后即传炉，不可霸炉不放；香席之上禁止大声喧哗、高谈阔论，要保持香席的安静，便于品味香的静谧，达到安神养性的目的。

品香活动中的五事与五要：五事是指品香的道具，为炉、香、灰、炭、火；五要是指品香的要诀，讲究"端正优雅，以炉就鼻，紧慢有致，界"。

品香需要注意的事项

不要凑着鼻子去闻线香。

刚点燃的线香不会有香味只有烟味，这个时候请先插入香座，不要去闻烟。

香炉不要像礼佛那样，放得很高，放在与自己头部平行或者低于头部的位置为宜。

插好线香，等1分钟后，香韵就会随着香烟飘逸出来，这个时候可以品味飘逸过来的香味。

保持品香环境的通风，让香韵自然飘逸，适合扩香。

您可能看到品香有诸多要求，其实品香很简单，只要您静下心来，深呼吸，您就能体味到香的静谧，而那些要求也就不再是束缚您的枷锁了。

·第十章·

香对世界经济的影响

第一节 香文化

在中国数千年香文化中，许多能人创造出了许多美妙的香方，直到千年后，仍引人遐思。花蕊夫人是五代后蜀皇帝孟昶之贵妃。花蕊夫人是我国历史上著名的才女之一，以才华横溢、天生丽质、文武全才而闻名于世。传世有《宫词》百首，香方数款。夫人信奉佛教，故所组香方既有佛家之庄严又不失宫廷香品之华贵，为历代喜香者所钟爱。

五代宋初文学家徐铉性喜香，亦是制香大家，每遇月夜，露坐中庭，焚佳香一炷，澄心伴月，他把自己制的这种香称为"伴月香"。其香气、香性清幽淡雅，芳泽溢远，留香持久，有清和正气、养性虞神、调和身心之功。伴着清幽的月色，点上一支伴月香，摒弃尘世纷扰，独享焚香赏月之乐。香品高雅，历来为后世文人所推崇，代代相传，以至于今世。

除此之外，中国还有江南李主帐中香、寿阳公主梅花香、汉建宁宫中香等香方流传于世。对于爱香、惜香、懂香之人，购买天然香材香料，寻闲暇之时，尝试按照香方合香一炉，不光能享受千年前古人智慧凝结而成的雅香，更能体会合香之乐趣。

各种香谱尤以宋代为盛，代表性的是洪著《香谱》和陈著《香谱》。通常所说《香谱》指的是北宋洪刍（驹父）所著的《香谱》，分"香之品""香之异""香之事""香之法"四个部分，属于中国香专论较为完备的第一本著作。

而宋末元初的陈敬所著《香谱》可谓这一时期的集大成者，通常也称为《陈氏香谱》，收录了诸多前人所著典籍，包括沈力《香谱》、洪刍《香谱》、武冈公库《香谱》、张子敬《续香谱》、潜斋《香谱拾遗》、颜持约《香史》、叶庭珪《香录》等。

此外，明朝也是一个用香繁盛的朝代，晚明周嘉冑所著《香乘》算得上是香事的百科全书，是中国香文化的集大成之作，内容包括对香材的辨识、香方、典故趣事、香具使用等，内容最全的莫过于此书。

此外，《遵生八笺》《本草纲目》《本草拾遗》《长物志》《梦溪笔谈》等均有和香有关的内容，或是香材，或是香具器物摆放使用，此处不再赘述，以后慢慢道来。现代人撰写的香类书籍，也有几本推荐。

首先是扬之水所著《香识》，对宋代香炉、沉香、蔷薇水的研究很深。孟晖女士的《画堂香事》算是香方面文章收录得比较全的了，除了熏香，还讲了香食、香串、澡豆等和香有关的趣事，写得浅显易读，是理想的闲书。另外再推荐孙机老先生写的《中国古代物质文化》，可以从家具看香几，从纺织和玉器看香囊，从炼铜看宣德炉，从瓷器看宋代香炉源流，换个思路理解香。

此外还有刘良佑、傅京亮等人的著作，属于进阶阅读的选择。

沉香世界里的文化品位

大家都知道的中国四大文化，除饮食文化、酒文化、茶文化之外，还包含了沉香文化。沉香的香味比较特别，而且十分难得。沉香不是木材，而是由比较特殊的一种香树溢出凝结而成的，混合了油脂的成分与木质的成分的一种固态凝聚物。沉香文化里面包括了沉香的品评技法与艺术鉴赏以及品香环境等几方面的内容。整个品香过程是一种美好的意境。这种过程体现了形式上与精神上的相互统一，也是品香活动中形成的一种文化现象。

沉香文化的性质与其内涵并不只是闻香料的味道以及香席仪式的一种展示，而是一种综合性的艺术文化。例如某些香具的功能以及造型，甚至纹饰的本身，都是历代人们对于艺术跟哲学的思考以后形成的，这些都是沉香文化极其重要的组成部分。总的来说，沉香文化是由香料、香具以及香席等组成的一种出香活动，帮助人们实现从生理感受到心理变化的升华过程。

中国传统的香文化，跟其他的文化一样，共同承载着中华民族的哲学观，也是对世界各种香文化的特殊贡献。一些不了解历史文化的国人，认为"茶道"与"香道"以及"花道"都来自日本，实际上，这些都是"回流文化"。早在宋代，一些文人士大夫就有了"琴、棋、书、画"的"四雅"与"点茶、焚香以及插花、挂画"的"四艺"。要恢复中国沉香文化应有的历史性地位，从更多不同的角度宣传沉香文化，让更多的人知道沉香，了解沉香文化的悠久历史。

香典故

历史上的诸多名人生活中与香都有着不解之缘。西施凝香成渠；杨贵妃以助情香独揽圣眷；米芾焚香拜石；徐铉焚香拜月；韩熙载喜对花焚香；梁武帝烧香邀高僧。读书以香为友，独处以香为伴；书画会友，以香增其儒雅；参玄论道，以香致其灵慧；衣需香熏，被需香暖；调弦抚琴，清香一炷可佐其心而导其韵；幽窗破寂，绣阁助欢，香云一炉可畅其神而助其兴。

中国与西部地区及中亚、西亚和欧洲各国的医药文化交流，秦汉时主要靠陆路交通。汉武帝建元二年（公元前139年），张骞奉命率领百余人出使大月氏，历时13年，于汉武帝元朔三年（公元前126年）返回长安。汉武帝元狩元年（公元前123年），张骞再次奉命，以中郎将的身份率领300余人，至乌孙国，他又派出许多"副使"分别到大宛、康居、大月氏、大夏、安息（波斯）、条支（约在今阿拉伯地带）、黎轩（约在今土耳其境内，或说是大秦罗马帝国）等国。于元鼎二年（公元前115年）回到长安。从此，西域各国的使臣也纷纷来访。

张骞两次出使西域，拓宽了中原与西北、西南边疆地区的经济文化交流渠道，形成了驰名中外的丝绸之路。两次带回来的物品中有大量的香料，为中国香道发展奠定了基础。

东晋时期的王嘉在《拾遗记》中记录这样一段和香有关的往事。

在东汉灵帝熹平三年的时候，西域特使敬献了叫茵墀香的香料。不仅是上好的香料，还可以用来煎熬，以便治疗某些疾病。特使敬献茵墀香料时，国泰民安，无瘟疫和疾病暴发。所以，汉灵帝便将茵墀香赏赐给后宫的妃嫔们。女人天生爱香如命，妃嫔们如获至宝，为得汉灵帝宠幸，便用此香煮水沐浴或者饮用。果不其然，浴后身体散发着阵阵幽香，嗅之沁人心脾，口吐如兰，使得龙颜大悦。

这些沐浴用的水，宫女们将其倒入沟渠之中，流到宫外，就连附近路过的人都能闻到水中散发的香味，因此人们将这条沟称为"流香渠"。后来有嫔妃们在屋里点燃香料，放置于香炉或香插中，屋里香味久久不散。

虽然这段故事有奢淫浪费之嫌，却不乏透着情调。这茵墀香便成就了流香渠的故事，与宫廷的美丽女子一道，在香道的文化历史中留有一席之地。

第二节　香道与茶道禅修

香道总是作为高雅与修为的象征，浮现在人们的脑海里。历来"焚香、品茗、插花、挂画"，成为精神贵族的追求。这是一种融合财富和素养，中国式经典生活中最为亲近心灵的生活方式。

中国的"香"字，禾在上，日在下，表示大地上的青禾，在阳光的照射下，蒸腾起一份自然植物本身的气息，氤氲馥郁，正是"香"之本意。"香道"，就是在焚香、品香中，与所品之香灵性、魂魄的融入与合一。

沉香的香味独特、功效显著，香道用料，首推沉香。沉香的形成，令人心生敬意。当沉香树遭受外力的伤害，自身会分泌出树脂来修补受伤部位，某些伤口由于在开放期感染了原始森林中某种真菌，难以完成真正意义上的愈合，从此就开启了为治愈创伤而持久的沉香形成过程。这个过程要经历若干年，甚至上千年，才能诞生珍贵的沉香。

明人徐惟起说："品茶最是清事，若无好香佳炉，遂乏一段幽趣；品香雅友逸趣，若无名茶浮碗，则少一份胜缘。是故茶香两相为用，缺一不可。享清福者，能有几人！"自古以来，能兼享香道与茶道清福者，实在是凤毛麟角。

香道与禅道

《楞严经》谈修行的二十五圆通法门，有香严童子借香悟道之事："佛问圆通，如我所证，香严为上。"经中还以"香光庄严"来比喻念佛者熏染如来的功德。《维摩诘经》中对以香构成的香积佛国有生动的介绍：在遥远的天顶上方有一个叫众香的世界，国号为香积国。这里特别神奇之处在于，香积佛国土是用鼻观修法，闻着香味就可以悟道。大菩萨在那儿是坐在树下打坐，闻到树的香味，就可以成就，得到功德成就三昧，同时也具足菩萨所有功德。"其界一切，皆以香作楼阁，经行香地，苑园皆香。其食香气，周流十方无量世界。"这就是禅门中津津乐道的鼻观先参、闻香悟道典故的由来。

香为佛教中的"十供养"之一，是佛教中非常重要的供养。在《法华经》《华严经》《六祖坛经》中，都有大量的篇幅讲到了用香供佛的功德。清香一炷，普供十方一切诸佛。佛教礼仪中大多离不开香，而沉香极受推崇。

佛教谈修行，有"触欲最深"之说，这说法直探修行之幽微。香味触及身而止，使它对自己最有真实感，"如人饮水，冷暖自知"。修行人借助于有形的香，可以闻到自性心香，从而远离一切贪嗔痴慢疑，这就是香在佛教中的妙用。

沉香可以营造出使人修行增长的气场。人的眼、耳、鼻、舌、身、意六根，对应的是六尘，色、声、香、味、触、法六境。鼻根所应对的是香尘。《楞严经》中的香严童子，就是以闻水沉香、观香气出入无常，而证得罗汉果位的。

禅者，就是这样的一品沉香，经历艰辛卓绝的磨炼，经历百年千载的沉淀，超越了创伤与痛苦，把生命的芳华，毫不吝惜地燃烧，化为一缕温馨，一片芬芳，普敬法界中的一切有缘人。

香道与信仰

沉香之于宗教涵括佛教、道教、基督教、伊斯兰教等宗教共同认同的稀世珍宝。

佛教：沉香是供佛重要香品之一，以唯一能通三界的香气而著称。庄严美好的内涵中，有其特殊的时代使命，对于现代人生活环境与生命境界的追求，影响深远。

基督教：圣经约翰福音第十九章第三十九节提到，又有尼哥底母，就是前见耶稣的带着没药和沉香约一百斤前来。沉香是基督降世前，三位先知带来世间的三件宝物（沉香、没药、乳香）之一。

道教：在降魔驱邪的仪式中燃烧沉香，以铜制容器装盛沉香，终日点燃，象征天地间和合盈盛之气，称为氤氲缭绕。在道家养生中，沉香是修持中悟入圣道必备的珍品。

伊斯兰教：常使用于重要庆典中的香薰仪式，并以沉香油为往生者擦拭身体。

第三节　香与生活

我国历史上早在先秦时期就有用香记录。屈原在《离骚》中有"扈江离与辟芷兮，纫秋兰以为佩"之佩藏香的记录。另于《九歌》有以芳草沐浴，求其洁净除秽的记录。

到了现代，香依然与人们的生活息息相关，现代生活品质生活的提高，香成为品质生活的标志，从现代生活场景上，人们多把香用在以下这几个地方。

礼佛祭祖

在礼佛和祭拜祖先时，人们都拈一炷香，借着缭绕的烟雾，传达心中的那份敬意与追思。

香薰治疗

香能清心、养性。檀香香口有助于放松精神，减压以及辟邪镇气;茉莉熏香则有助于提高呼吸道机能，帮助入睡，解决失眠问题;丁香香角则有助于驱蚊灭虫，净化空气及治疗香港脚等功效。

清新空气

舫昌名香燃烧卫生，时间准确，香灰不易飞散，是现代家庭清新室内空气，杀菌除异味的理想选择。

驱赶蚊虫

香木等诸多类型的舫昌名香，可置于香炉燃烧，也可置于香袋，有熏衣防虫的效果。

居家用香

可以有效地改善居家环境，让房间里的每一个角落都充满芳香的气息，在这样的环境里生活既有利于我们身体的健康，也有助于烘托家庭的温馨与和谐。

办公室用香

可以提神醒脑，消除内心的紧张和烦躁，让你以更饱满的精神投入工作当中。另外，熏香有助于激发人的灵感，使您的工作效率变得更好，轻轻松松过好每一天。当然，如果能把这种香气与同事们一起分享，那种和乐融融的工作环境真的是再好不过的了。

茶楼用香

"香道"与"茶道"就像是一对孪生兄弟一样，都是一种深具文化意味的活动，古代文人常把斗香、品茶、插花等结合在一起，创造一种丰富多彩的艺术活动。香道有助于打造优雅的环境，增添艺术气息，让人在一呼一吸之间得到心灵的净化和情感的升华。所以，在茶楼里用香会给人带来更加富有文化意味的情感体验。

会所用香

会所以所在物业业主为主要服务对象的综合性高级康体娱乐服务设施。在这样的场合里熏香，会给人带来一种优雅和档次的感觉，在氤氲芳香的气息里，人内在的种种美好的感情都会被激发起来，心绪变得宁静，思想得到升华，从而给人留下美好而深刻的印象。

沉香在生活中的神奇作用

古代非常讲究佩香，特别是在夏日，气温高，湿气重，很容易引发暑热、头晕气喘、呕吐腹泻时，熏燃沉香，或随身佩香，其香气可以定心神，与其他香药合香，还可驱赶蚊虫，于是就有了燎沉香、消源暑的说法。又因沉香是佛家、道家之圣物，常常在诵经、法会中使用，久而久之，沉香亦成为驱魔辟邪的护身符。

清人神

人类对香气的喜好是天生的，香气对于感官嗅觉刺激，会使人暂时切断与现实的联系从而引发情绪转移和改变。沉香味道清幽儒雅，甘甜酸郁。

不似花香的浓腻，也不同于木香的清冷，永远温和纯美，宛转悠扬，动静相宜。正因如此，沉香的香气，对于忙碌紧张的现代人，有很好安抚情绪的益处。

益美容

沉香美容养生功效在古代就被人所认识。中医古籍《普济方》中记载，沉香具有活血美肤、消除黑斑、去油脂美容功效，适合于油性皮肤，易长青春痘的朋友。

沉香不止可使皮肤润泽、舒适，并可去掉难以除去的斑痕。只要极其微量的沉香末，就可使香水和脂粉的味道更加浓烈。

助感应

自古以来很多练养之人多借沉香来练神养气，开发灵觉。沉香气质醇厚，可影响人的呼吸，将浓郁香气通过呼吸融入体内，循经脉扩散吸收的过程觉知五内，即可引导人入静。

第四节　香道在日本的发展

我国的香随同佛教一起于6世纪传到了日本。中国的香文化据说是由唐代的鉴真大师传到日本的，发展至室町时代形成了日本独具特色的香文化——香道。香道是以"乐香"为基本的艺道，讲究严格的礼仪与专业的技艺，与茶道、花道一起构成日本传统的"雅道"。茶、花、香在茶室这一特殊的场所，得到了协调统一的发展，人们从中共同体味的是一份闲寂、优雅，追求的是"和敬清寂""静妙求真""心安自健康"的境界。日本香道主要有三条西派、志野派、峰谷派，传衍至今。

"香道"这门艺术被正式确立是江户时代的事，但根据大枝流芳在德川中世写的一些有关香料著述记载，南北朝时期的佐佐木道誉既是元祖，其后东山将军足利义政也很喜好香料，而志野流香道始祖宗信据传是足利将军义澄时代的人，那个时候香道就开始正规化了。香总给人以一种神秘感，随着时代的变迁，香的用途也发生着明显的变化。

在奈良时代，香主要用于佛教的宗教礼仪，人们将香木炼制成香，少数也用于熏衣或使室内空气芬芳。

平安时代，香料悄悄走进了贵族的生活，伴随着国风文化的兴起，焚香成了贵族生活中不可或缺的一部分，但香的用途还只是限于作熏物。将各种香木粉末混合，再加入炭粉，最后以蜂蜜调和凝固，这就是所谓的"炼香"。随着季节的更替共制六种熏香——"梅花""荷叶""侍从""菊花""落叶""黑方"——这都是因贵族的嗜好所需而制的。用香熏衣，在室内燃香，连出游时仍带着香物，贵族们对香的偏好为辉煌的平安王朝更披加了一件华服。熏香的配方现都由平安贵族的后人小心珍藏并一代代传下去。

到了镰仓、室町时代，贵族衰败，武士当权。一种纯粹对香的爱好的风气滋长了起来。建立在"善"的精神之上，武士尊崇香的幽远枯淡。同一时期，佛教中密教信仰与净土禅的发展，绘画中水墨画的出现等使这种强调精神性的风潮影响不断扩大。

香料越制越精细，闻香分香道具的改良进一步加快了香的普及。香的艺术性也开始逐步展现出来，从不少的和歌或物语文学作品中可看到对闻香的着重描绘。当时还有比试自己所藏的上等香的活动，而流行的连歌会也在一边燃香的环境下进行。"焚继香"与赛香活动就是现行香道的雏形。

以足利义政为中心的东山文化将闻香与茶道、连歌密切联系了起来。香道两大流派始祖—御家流的三条西实隆与志野流的志野宗信——最终确立了香道基础。

现在香道使用的组香大多是江户时代所制的。美丽的小道具以及精巧的盘物使香道更为女性所喜好。町人阶层的兴起，使香道也频频出现在平民的文化生活中，香道传播更广泛了。

然而，明治时期由于西方文化的侵入，作为日本传统文化的香道一度衰退，再次成为只有上流阶层参与的高级嗜好。二战后，随着花道、茶道的振兴，香道也向一般平民打开了大门，御家流与智野流的继承人们正在努力地扩大香道的影响。

日本香道中"六国五味"之说

日本香道中有"六国五味"之说。六国是指六个产香之地，因以地名来命名香木，故此六名也是香木之名。

伽罗沉香：即奇楠，多产于越南中部，为最上等的沉香。伽罗沉香香味温柔，苦味如仙鹤般显现出来，自然地展现优美的一面，就像皇宫中的人。

罗国沉香：产于缅甸及泰国山区。罗国沉香有白檀之味、无味，香气以苦为主，喻之以武士。

真那贺：产于马六甲地区为主。真那贺沉香无味，香气轻柔艳丽，逐渐转为淡薄，喻之以女子。

真南蛮：产于柬埔寨和老挝山区为主。真南蛮沉香甜味，比起前面的香味则显得卑微肤浅，喻之以百姓。

寸门多罗：产自苏门答腊群岛，无味和酸涩的滋味，品位比较薄，喻之以普通百姓。

佐曾罗：产于印度东部山区。地位等级含义，香气冷冽而带酸味，上品者出如伽罗，渐而转淡，喻之以僧侣。

现在我们将沉香划分为惠安、星洲两大系，它们所属位置有别，于外形、香气、用途等皆有悬殊，选择自己最适合、最有共鸣的才是重要的。

具体说说六国对应的五味。

①凉味，入鼻入舌带有小小呛辣，似椒麻入火般辛香，初尝也许突兀，然过后不蜇人，反带沁冽。在奇楠的辛凉中最可体会。

②甜味，甜滑芳醇，较强烈的甘美如稠蜜，若花间春酿；果内琼浆，属于最普遍的沉香息气。

③果酸，仿佛梅肉甜中带酸，含蓄微妙，不是扮演主角，然于变化中不可或缺，属惠安系的沉香中较常感受到。

④苦味，自古吃苦莫黄连，其苦中含补最为珍贵，随着过火慢煎的热散，通体心神越显性灵透彻，温厚药香溢满胸脾。

⑤咸味，像是炙烧海盐、苔藻的香喷；又像汪洋扑面而来，挟带几缕腥咸，清新纯透中不失细致芬芳。

世界各地的用香习俗

祖先对烧香有很明确的目的，有专门掌握烧香的人，这种现象在世界范围内也十分广泛，历史悠久。

古埃及人从阿拉伯和索马里沿海地区引进芳香类的树木，把香当作宗教仪式中使用的重要用品；巴比伦人在祈祷和占卜时往往也焚香，预告"神明"，关注祈祀之事。

公元前8世纪希腊人也有烧木头或树枝的习俗，以供奉神明或祛除恶魔；罗马人先是焚香木，后来引进了香，在公祭和私祭上使用；基督教会于4世纪开始在圣餐礼上焚香，希望教徒的心愿完成，又表示圣徒的功业；印度教、日本神道教、犹太古教也都有焚香致礼的习俗。由此可知，宗教用香是古代一种十分普遍、广泛的现象。

如果说香离不开宗教，对于日本来说，香就是生活的必需品。日本香道每年都会举行香道仪式。最常见的香道仪式有三种，即竞马香、十种香和组香。竞香要求参加香道仪式的人，必须根据香的气味，依次在答题用的香牌上，逐一写出某香属于试香时使用的哪一种香。

十种香是组香的基础，任何形式的组香都是一种香变化的结果。具体做法是：①首先选出底香。②用三种香同底香搭配试香。③将三种香各分为三份，共九份。另加上一份没有参加过试香的香，共十份，然后打乱顺序。④参加仪式者根据香味，判断该香属于试香时使用的哪一种香，以猜中多数决胜负。

还有一种香道仪式名组香。组香必须使用两种以上的香，以文学作品和诗人的情感为基础，将其体现在香的创作之中。例如："古今香"必须由莺、蛙、歌三部分组成，所以必须首先相应地选三种香代表莺、蛙、歌。将代表莺、蛙的香各分成五包，首先取其中的任一份参加试香。闻"古今香"的人，脑子里必须反映出《古今集》（古诗集）中的诗歌，为香增添了诗意。

今天日本的组香方法约有七百多种，而每一组香都是极其复杂的组合。可以说日本的香道与文学有着十分密切的联系。

第五节　从文玩角度看沉香的国际影响力

沉香和香文化从沉寂百年，到如今又重新被我国人民认识，其中文玩沉香出力不小。而沉香作为天然香料中的王者和香文化的主体，即使是以文玩的方式存在，也有许多过人之处。因为文化上的差异性，很多的文玩类产品出了国价值就会大打折扣，而沉香的过人之处就在于其价值在很多国家、地区都被承认，是全世界认可度最高的文玩产品之一。

在古代，因为交通不便，香料的价值远比现代高。许多地方香料是可以直接当作货币来使用的，而一些名贵的香料甚至可以作为传家宝代代相传。

阿拉伯人是香料贸易的专家，他们穿梭于东西方之间做着倒爷的生意，当遇见盗匪的时候就把金银首饰交出来，以掩护真正的宝物——沉香。而日本天皇则学习我国，会把沉香赐给那些立下大功的臣子。

这种特殊的历史经历，让沉香的价值在世界上的许多国家都能得到高度的认可。直至如今，世界上的许多国家，依然把沉香视为珍贵的宝物。不少传统上的沉香出口国，已经采取了严格的管控措施，但这反而进一步刺激了沉香价值的增长。

沉香就像被人偶然发现的沧海遗珠，仿佛一夜之间异军突起，价格急遽攀升，这在近几年的收藏市场上实不多见。据统计，进入沉香收藏界的各路资本已有近数百亿元。

沉香的香气玄美奇妙，丰富而多变，世上诸香中唯其独有，加上结香周期长，在短期内是不可再生的资源，这决定了其本身就拥有不菲的身价。而经过加工、雕刻的沉香，又被赋予了意义不凡的艺术价值，利润空间再次得到巨大提升，使其成为值得投资收藏的文玩。

物以稀为贵，好沉香价格近年来一路飙升，短短数年间，价格已经上涨了数十倍不止。然而，对中国人来说，最看重的还是在沉香深藏的内涵中所具备的传世意义。沉香体现了中国文化的精髓，它是儒家"德"的代表，这也是中华文化的根。无论你是佛家弟子，还是天主信徒，信仰诸神天尊也好，信奉耶稣基督也罢，只要在中华文化圈内成长，这种影响就如影随形，这就是我们的"根"。正是这个植根于每个中国人心中的信念，使得中华文明能够历经五千余年薪火不灭，而沉香作为这一文化的具象之物，传世意义非同一般。

香的未来

北宋诗人黄庭坚所作的《香之十德》，称赞香的好处有：感格鬼神，清净身心，能拂污秽，能觉睡眠，静中成友，尘里偷闲，多而不厌，寡而为足，久藏不朽，常用无碍。

香虽细微，却能集宗教、艺术、医疗、休闲、生活日用诸功能于一体，我们从中正可以体味天台宗所阐扬的"一色一香无非中道"的道理。

中国香文化历经千年风雨，留给民族与历史的是一笔不可多得的财富。瞻念它在今日之气象，固然使人心生忧虑，但令人欣喜振奋的是，21世纪的中国人，正开始以更加清澈的目光审视传统文化的是非功过，对其精华灿烂报以更加睿智的热爱与珍惜；更有众多知香、好香、乐香的人们，兴味于传统文化的人们，共同关心着它的发展；而涉过千年之河的中国香文化，自当使人满怀信心，必能跨越波折，再次展示出迷人的光华。

结　语

　　酒、茶、香在中华民族及人类的历史进程中一直扮演着极为重要的角色，在现代经济文明中促进了国与国之间的人文经贸发展。在快节奏的生活中，人们开始关注如何快速实现亲近心灵的生活方式。在亲近心灵的生活方式中，与酒、茶、香的相知能给人们带来极佳的体验。品一杯美酒可以温暖彼此的内心，喝一盏清茶可以感悟人生百味，闻一缕幽香可以放下疲劳。我想，最美生活也不过如此！

　　愿所有热爱酒、茶、香的朋友都可以因为本书而结缘，共同探讨酒、茶、香的过往千年，续写酒、茶、香的未来！